高等学校“十三五”规划教材

静电防护理论与技术

主编　薛　兵　翟学军　朱长军

西安电子科技大学出版社

内 容 简 介

本书共分6章，前3章主要介绍静电的基本概念、静电产生的物理效应以及不同状态物质产生静电的过程和数学描述，为后续内容提供必要的理论基础。后3章主要介绍静电放电形成危害的条件和预测分析，处理静电危害的一般原则和方法，并且针对不同的生产环境和工艺条件给出了不同的防护措施。对于传统的工业行业，主要采取安全防护，以保证人员和生产场所的安全，防止火灾与爆炸灾害。对于微电子、通信等电子信息行业，则主要采取产品防护，并提出技术防护措施与管理措施并重的理念，以提高工艺成品率，确保产品、成品的工作可靠性。

本书可作为大专院校相关专业的教材和有关技术人员的培训参考书。

图书在版编目(CIP)数据

静电防护理论与技术/薛兵，翟学军，朱长军主编. —西安：西安电子科技大学出版社，2019.8
ISBN 978-7-5606-5410-2

Ⅰ. ① 静… Ⅱ. ① 薛… ② 翟… ③ 朱… Ⅲ. ① 静电防护—高等学校—教材
Ⅳ. ① TN07

中国版本图书馆CIP数据核字(2019)第188857号

策划编辑 戚文艳
责任编辑 宁晓蓉
出版发行 西安电子科技大学出版社(西安市太白南路2号)
电　　话 (029)88242885 88201467　　邮　　编 710071
网　　址 www.xduph.com　　电子邮箱 xdupfxb001@163.com
经　　销 新华书店
印刷单位 陕西天意印务有限责任公司
版　　次 2019年10月第1版　　2019年10月第1次印刷
开　　本 787毫米×1092毫米　　1/16　印张 11.5
字　　数 268千字
印　　数 1～3000册
定　　价 26.00元
ISBN 978-7-5606-5410-2/TN

XDUP 5712001-1

＊＊＊如有印装问题可调换＊＊＊

前　言

静电是人类认识比较早的一种物理现象，在生活中普遍存在。但在相当长的时期内，静电问题并未引起人们的广泛重视。自20世纪中期开始，一方面，由于石油化工行业的高速发展，塑料、合成橡胶、化纤、涂料等高绝缘材料相继问世，并越来越广泛地应用于日常生活和工业生产中，使人体、工装和设备上的静电量积累到很高的程度。另一方面，随着科学技术的发展进步，人们开发、使用的静电敏感材料和产品不断增多，如轻质油品、高效火炸药、电火工品(起爆器、电雷管)等，以及微电子器件、电子计算机等各种信息化装备。

这两方面情况结合在一起，使得静电危害的问题日益凸显。这不仅表现为静电力的吸引和排斥作用会严重干扰诸如纤维、粉尘等轻小物体的正常运动规律，带来诸多生产障碍，而且表现在静电放电所产生的热、光和电磁等效应会形成易燃易爆场所的点火源，从而引发一系列重大危害。

近年来信息化技术的高速发展，使静电危害呈现出了一些新情况、新动向。例如银行采用计算机系统后，成为了静电放电的侵袭对象，不仅导致微机硬件受损，工作失灵，还会造成储户信息丢失、错误。再如，太空中飞行的卫星会因静电放电的影响而出现姿态失控。这些都是因为静电放电会产生电磁脉冲，其频宽可达数千赫兹至数兆赫兹，成为信息化设备和精密电子装备的干扰源。

所以，研究静电起电与放电的规律，了解静电危害机理，掌握静电防护原理和技术，对于现代化工业生产和高科技电子装备的研制、生产和管理都具有十分重要的意义。可以说，防静电危害的理论与技术已成为现代企业生产技术人员、新产品研发人员和管理人员必须具备的基本知识。正是基于这一背景和发展趋势，我们针对应用物理、微电子和光电子专业开设的“静电防护理论与技术”课程编写了本书。

本书从静电的基本概念、定义、特点以及描述静电特性的参数出发，对静电的物理效应进行了详细的阐述，介绍了固体、液体、气体的起电规律，以及与静电密切相关的静电放电产生的效应，并对不同状态物质的静电产生和放电过程进行了理论分析和数学描述；结合一些典型的静电危害实例，通过实验现象和理论知识对静电危害的形成进行分析，得出处理静电危害的一般原则与方法，进而归纳出在不同行业、不同环境、不同工艺过程中的防护措施和方法；最后对现代电子行业从元器件生产到人员操作过程中的静电放电防护进行了较为全面的论述。

编　者

2019年4月

目　录

第 1 章　静电的基本概念

1.1　物质的电结构和电学性质

1.1.1　电荷与电荷守恒定律

电性是物质的基本特性之一。两种不同材料的物体，例如干燥的丝绸和玻璃互相摩擦后，都具有吸引毛发、羽毛、纸屑等轻小物体的性质。物体有了这种吸引轻小物体的性质，就说明它带了电荷。带电的物体称为带电体。使物体带电的过程叫起电，上述用摩擦的方法使物体带电的过程叫摩擦起电。实际上，摩擦起电本身并不是一种单一的起电方式，而是包含多种起电机理在内的复杂过程。

带电体吸引轻小物体能力的强弱与它所带电的多少有关，表示物体所带电荷多少的量称为电量。习惯上也常以“电荷”一词代表带电体及其所带电量。

实验证明，物体所带电荷有且只有两种：一种是与丝绸摩擦过后玻璃棒所带电荷相同，叫正电荷；另一种是与玻璃棒摩擦过的丝绸所带电荷相同，叫负电荷。将一系列物体按如下的顺序排列起来：玻璃、人发、尼龙丝、羊毛、丝绸、纸、麻、钢、合成橡胶、腈纶、聚乙烯，从中取任意两个物体摩擦，则前面的物体带正电，后面的物体带负电(但应注意，这个排列顺序往往受物体的表面状态和环境温湿度的影响)。实验还发现，任何带电体之间都具有相互作用，而且带同号电荷的物体相互排斥，带异号电荷的物体相互吸引，吸引力或排斥力的大小与物体所带电量有关。通常把带电体之间的相互作用称为电力。根据电力的大小可以确定物体所带电量。

物体带电的实质究竟是什么？下述一些实验事实，可以帮助我们了解这一问题。当把负电荷逐渐加到一个原来带正电的物体上去时，发现物体所带电的正电荷先是逐渐减少以至完全消失，只有在完全失去正电荷之后，该物体才开始显出带负电的性质；反之，一个原来带负电的物体，也必须在负电荷逐渐减少以至完全消失后，才能带上正电。由此可见，异号电荷可以互相中和。在摩擦起电中，两个原来不带电的物体，经过摩擦后都带了电，而且总是一个带正电，另一个带数量相等的负电。从这些实验事实可以推想：原来不带电的物体中也有正、负电荷，只不过正、负电荷同时存在且数量相等，因而不显示电性。而要使物体带正电或负电，就是使物体的正、负电荷分离，结果一个物体带上正(负)电荷，另一物体带上负(正)电荷。当这两个物体接触时，正、负电荷相互中和，两物体都不再显示出电性，但两物体的电荷总量不变。

因此，电荷既不能被创生，也不能被消灭，它只能从一个物体转移到另一个物体上，或者从物体的一部分转移到另外一部分。在一孤立系统中无论发生怎样的物理过程，系统的总电量(即正、负电量的代数和)恒保持不变。这就是自然界中守恒定律之一的电荷守恒定律。

1.1.2 物质的电结构

物体的静电起电过程及物质的电学性质除受到外界电磁场与环境条件的影响外，主要取决于物质本身的结构。按照物理学的观点，任何物质都是由分子组成的，而分子又由更小的粒子即原子组成，原子则由核及核外电子组成。

1. 电子及原子的核式结构

实验表明：电子是自然界具有最小电量(负电荷)的粒子，所有带电体或其他微观粒子的电量都是电子电量的整数倍。电子的电量 $e=1.602\times10^{-19}$ C，质量 $m_e=9.1095\times10^{-31}$ kg，电子的半径约为 10^{-15} m。由此可见，物体所带电荷不是以连续方式出现的，而是以一个个不连续的量值出现的，这称为电荷的量子化。然而，电荷的最小单元，即电子电量的绝对值 e 是如此之小，以致电荷的量子性在研究宏观电现象时一般并不表现出来。

物质的最小结构——原子具有典型的核式结构，即原子中央有一个带正电的核，几乎集中了原子的全部质量；电子则以封闭的轨道绕核旋转，与行星绕太阳旋转的情况相似。原子核的半径约为 $10^{-15}\sim10^{-14}$ m，比原子的半径(约为 10^{-10} m)小得多。就原子核而言，又是由一定数量的两种基本粒子质子和中子所组成的。其中质子带正电，中子不带电，而且一个质子所带的正电量与一个电子所带的负电量相等，也是1.602×10^{-19} C；整个原子核所带的正电荷与核外所有电子的负电荷量值相等。

原子核外电子的运动遵守量子力学的规律。各电子的运动并没有固定的轨道，但因每个电子的能量是量子化取值的，即电子是分布在一系列分立的能级上的，所以可等效地将它们看成是分布在不同的层次上，构成所谓的壳层分布。由主量子数 n 决定的壳层称为主壳层，如对应于 $n=1$、2、3、4…的主壳层分别被称为 K、L、M、N…壳层；每个主壳层按副量子数的不同又分为若干分壳层，如 s、p、d、f…。一般来说，主量子数 n 越小的壳层，电子的能级就越低，因而也越稳定；又因为每个壳层只能容纳一定数量($2n^2$)的电子，所以电子总是优先排列在最低能级的壳层上，排满后再依次往能级较高的壳层上分布。如第一层容纳 2 个电子，第二层容纳 8 个电子，第三层容纳 18 个电子，等等。

由于异号电荷相吸，在正常状态下原子中的电子不能脱离原子核，而核外电子的数目又与核内质子的数目相等，所以原子呈电中性。但如果在某种作用下，中性的原子、原子团或分子失去或得到电子时，它们的正、负电荷不再相等，就分别变成了带正电或带负电的正离子或负离子。因此，所谓物体带正电，就是物体比正常状态失去若干电子；而物体带负电，就是物体比正常状态有过多的电子。这表明物体带电的基础在于电子的转移。

各种原子得失电子的能力，主要取决于原子最外壳层上的电子——价电子的势能大小。而价电子势能的大小又与原子的壳层结构、原子半径的大小和原子核内质子的多少有关。除惰性气体外，原子最外壳层电子越少，核对电子的吸引力越小，就越容易失去电子。反之，原子最外壳层的电子越多，原子半径越小或核内质子数越多，则得到电子形成稳定电子层的能力越强。由此可见，物质得失电子的能力亦即物体带电的能力是与物质的电结构密切相关的。

2. 分子结构

分子是由原子组成的，是保持物质化学性质的最小粒子。各原子间是靠一种被称为化学亲和力的相互作用而形成分子的，这种相互作用又可称为化学键。化学键分为离子键、共价键和金属键三种。

1）离子键

当电离能比较小的金属原子和电子亲合能比较大的非金属元素的原子相互接近时，前者可能失去价电子成为正离子，后者容易得到电子成为负离子，正、负离子间由于存在着库仑力而相互吸引，从而形成稳定的化学键，称之为离子键。由离子键所形成的化合物称为离子型化合物。这种化合物的分子其等效正电荷中心与等效负电荷中心不相重合而带有极性，故属于极性分子。

2）共价键

由共用电子对把两个原子结合起来的化学键叫共价键。每个原子外层的价电子若其电子组态不同(例如自旋方向相反)，则会组成电子对，这些共用电子对共同围绕两个成键原子核运动，为两个成键原子所共有。一些双原子分子，如 H_2、N_2 的化学键就属于这一类。除同类原子可通过共价键组成分子外，不同种类的原子也可通过化学键结合成分子，如 H_2O、SO_2、CH_4 等。由共价键形成的分子，有些正、负等效电荷中心不相重合，属极性分子，有些正、负等效电荷中心是重合的，属非极性分子。

3）金属键

金属键是指自由电子和组成晶格的金属离子间的相互作用。由于金属原子的价电子与原子核联系比较松散，故容易失去电子而成为正离子。在金属中由于正离子相互之间靠得很近而形成某种有规则的排列——晶格。各原子的价电子能脱离各自的原子核成为共有的电子，且能在晶格中自由移动，故称之为自由电子。

1.1.3　导体和绝缘体、聚合物

1. 导体

能传导电流的物体叫导体。从物质的电结构可知，金属由于其内部有自由电子，所以是良好的导体。电解液也是导体，不过在其中发生电荷传导的不是电子，而是溶解在溶液中的酸、碱、盐等溶质分子离解成的正、负离子，这种正、负离子称为自由电荷。电离的气体也是导体，起传导作用的自由电荷也是正、负离子，但负离子往往是电子。

2. 绝缘体

几乎不能传导电荷的物体叫绝缘体，或称电介质，如空气、木材、玻璃、石英、陶瓷、云母、塑料、橡胶、化纤等。电介质的分子结构有两种形式：一种是由共价键结合的气体、液体和固体，由于原子核与电子对彼此紧紧束缚，不能产生自由电子或离子，故导电能力极弱。有机介质材料的分子绝大多数由共价键结合。另一种是由离子键结合的固体化合物，在一般情况下，其电子被原子核紧紧束缚，正、负离子也紧密结合在一起，因此缺乏自由电子或离子而表现为绝缘体。总之，在电介质中，极少有可供自由移动的电荷，绝大部分电荷被牢固地束缚在化学键中，或充其量只能在一个原子或分子的范围内作微小的位移，所以

介质由于某种原因带电后，电荷几乎只能停留在产生的地方。电介质的基本特性还在于，在外电场作用下介质将会产生极化，即宏观上呈现带电的状态；而当外电场足够大时，介质中产生宏观的电荷移动，介质失去绝缘性能，而在某种程度上成为“导体”，这种现象称为介质的击穿。

从静电灾害及其防止的角度来看，研究电介质电结构和性质具有十分重要的意义。由于介质几乎不能传导电荷，所以介质以某些方式带电时就会引起静电的迅速积累，并达到引起灾害的程度。同样因为介质传导电荷能力极差，带电后很难泄漏，即使用导线将其与大地相连，电荷也不会像导体那样瞬间转移到大地，所以为防止电荷大量积累就不能采用像导体那样的简单接地的方法。此外，在工业生产中常会遇到运动液体介质、气体介质和粉尘，它们在各种不同条件的作用下带电后，虽然电荷在其内部不能移动，但液体、气体本身可以流动、扩散，粉尘也可在管道内输送或在空间扩散，因此它们所携带的静电荷也可以随之转移到其他地方，如到达易燃易爆的危险场所，就可能形成灾害的发生源。

3. 聚合物

聚合物又称高分子材料，是指分子量在 $10^3 \sim 10^6$ 之间的高分子化合物，而且通常是指碳氢化合物及其衍生物构成的有机聚合物。聚合物的分子是由特定结构的单元多次重复组成的。例如，聚苯乙烯的分子结构为

$$\cdots-\underset{\displaystyle\overset{|}{C_6H_5}}{\overset{}{}}\!\quad \cdots-\overset{\overset{\displaystyle C_6H_5}{|}}{CH}-CH_2-\overset{\overset{\displaystyle C_6H_5}{|}}{CH}-CH_2-\overset{\overset{\displaystyle C_6H_5}{|}}{CH}-CH_2-\cdots$$

也可以写成

$$\left[\begin{array}{c} C_6H_5 \\ | \\ CH-CH_2 \end{array}\right]_n$$

式中，$\overset{\overset{\displaystyle C_6H_5}{|}}{CH}-CH_2$ 是聚苯乙烯分子的单元结构，又叫链节；n 是单元结构重复的次数，又叫聚合度。链节相当于一条长链里的一个环节，而聚合度则相当于长链里环节的数目，因此聚合物也称高聚物。

虽然某些高聚物具有半导体的导电性能乃至导体的导电性能，但绝大多数聚合物材料，特别是量大面广的橡胶、塑料、化纤等都属于绝缘体的范畴。其根本原因仍是由于这类化合物中大分子的化学键都是共价键，它们不会电离，也不能传递电子或离子，因此绝缘性能很强。但应当指出的是，高聚物由于特殊的电结构，毕竟不能等同于一般的电介质。首先，高聚物大分子中原子间的结合主要是共价键(可称为主价键)起作用，而范德华键和氢键(次价键)也起着重要的结合作用。其次，直接影响固态高聚物性能的基本单元不是孤立的原子，也不是单个的链节，而是整个大分子的组成、构型、构象及分子聚集态等。同时，其导电性能还受合成、加工及使用条件的影响。例如含有强极性基团的聚合物，当表面吸附水分时可发生电离而产生导电的离子；而更多的是在制备单体、聚合、加工及使用过程中往往会混入或添加催化剂、水分或各种杂质，这些都为高聚物提供了导电离子。

对于高聚物，一方面因其具有易加工、机械强度高、耐腐蚀等特殊功能，除可制成塑料、橡胶、纤维外，还可制成合成油料、涂料、黏合剂等，在生产和生活中应用十分广泛；另一方面，高聚物材料一般又具有高绝缘性，极易产生和积累静电，形成静电危害源。因此在静电防护的研究和实践中，聚合物的防护占有很重要的地位。

1.1.4　物质的电阻率(固体介质的电阻率)

物质导电性能强弱如何定量地加以表征？这就要用到物质电阻率(常用符号 ρ)或电导率(常用符号 γ)这两个概念。物质电阻率越小，其导电性能越好；而电导率定义为电阻率的倒数，即

$$\gamma = \frac{1}{\rho} \tag{1.1}$$

因此物质的电导率越大，其导电性能越好。

必须指出，对于导体和电介质来说，其电阻率的意义是不同的，以下分别加以介绍。

1. 导体的电阻率和电导率

当在导体两端加上直流电压 U 时，通过导体的电流强度 I、所加电压 U 及导体电阻 R 之间的关系为

$$I = \frac{U}{R} \tag{1.2}$$

其中

$$R = \rho\frac{L}{S} \tag{1.3}$$

式中，L 是截面均匀的导体长度，S 为横截面积，而比例系数 ρ 称为导体的电阻率。

$$\rho = R\frac{S}{L} \tag{1.4}$$

在式(1.4)中，令 $S=1\,m^2$，$L=1\,m$，则 $\rho=R$。可见，导体电阻率在数值上就等于单位长度和单位横截面积的一段导体的电阻。在SI制中，电阻率的单位是 Ω·m，而在工程上常用 Ω·cm作为单位。

从金属导电的经典理论得知，金属导体的电阻率 ρ 与自由电子密度 n、平均自由程 $\bar{\lambda}$、热运动的平均速率 $\bar{v}$ 及电子的质量 m、电量 e 等微观量的关系为

$$\rho = \frac{m\bar{v}}{ne^2\bar{\lambda}} \tag{1.5}$$

如前所述，电阻率的倒数称为物质的电导率，故导体的电导率为

$$\gamma = \frac{L}{RS} \quad \text{或} \quad \gamma = \frac{ne^2\bar{\lambda}}{m\bar{v}} \tag{1.6}$$

在SI制中电导率的单位是 1/(Ω·m)，又写为 S/m。

2. 固体介质表面的电阻率和电导率

如图1.1所示，把固体介质试样置于面积为 A、间距为 d 的两个电极板之间，在两极板之间加直流电压 U 时，发现其导电情况与导体有很大的不同。导体在导电时，只有一种电流，即导体体积内的载流子(电荷的载体，对于金属就是自由电子)移动所形成的电流 I；

但对于固体介质则不然，发现有一部分电流是流经介质试样体内的，称为体积电流，以 I_v 表示，而另一部分电流是流经介质试样表面的，称为表面电流，以 I_s 表示；而总电流 I 则等于 I_v 与 I_s 之和。之所以这样是因为对于导电性能好的材料，导体载流子主要存在于材料的内部，因而电流主要通过材料内部流动，材料表面载流子的移动可以忽略。而对于导电性能差的材料如介质，其内部载流子很少，这样的材料表面可能存在的载流子的移动所形成的电流不能忽略。

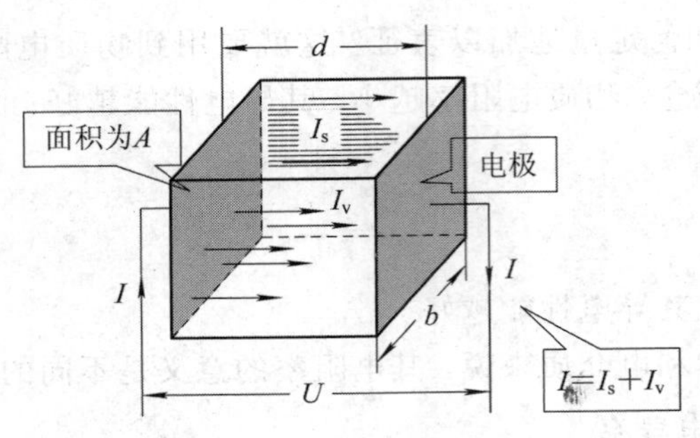

图 1.1 固体介质导电示意图

既然介质材料导电时所形成的电流有体积电流与表面电流之分，那么固体介质的电阻相应地也就分为两部分。一部分是表征介质内部对体积电流阻碍能力的，叫体积电阻，以 R_v 表示；另一部分是表征对介质表面电流阻碍能力的，叫表面电阻，以 R_s 表示。设固体介质的总电阻为 R，则由此叙述可得出如下关系式：

$$\left.\begin{aligned} R &= \frac{U}{I} \\ R_v &= \frac{U}{I_v} \\ R_s &= \frac{U}{I_s} \\ I &= I_v + I_s \end{aligned}\right\} \tag{1.7}$$

将式(1.7)中四个方程式联立，可求得

$$\frac{1}{R} = \frac{1}{R_v} + \frac{1}{R_s} \tag{1.8}$$

这表明：固体介质的总电阻 R，可视为其体积电阻 R_v 和表面电阻 R_s 并联的结果。其中 R_v 反映了内部的导电性能，R_s 反映了介质表面的导电性能。

必须指出：R_v 和 R_s 不仅与介质本身的特性有关，还与介质的形状、尺寸有关。为了更本质地表征介质内部和表面的导电性能，并对不同介质泄漏电荷的能力加以比较，应采用与试样尺寸、形状无关的量。仍由图 1.1 可见，介质试样的体积电阻 R_v 的大小应与试样沿 I_v 方向的长度，即试样的宽度 d 成正比，而与试样的面积 A 成反比，可表示为

$$R_v = \rho_v \frac{d}{A}$$

式中的比例系数

$$\rho_v = R_v \frac{A}{d} \tag{1.9}$$

ρ_v 称为介质材料的体积电阻率，它是本质地表征介质材料内部导电能力(或泄漏静电能力)的物理量。

在式(1.9)中，令 $A=1\,\mathrm{m}^2$，$d=1\,\mathrm{m}$，则有 $\rho_v=R_v$，这表明 ρ_v 在数值上等于边长为单位长度的立方体介质试样两个相对面之间的那部分体积电阻。在 SI 制中 ρ_v 的单位是Ω·m，工程上常用Ω·cm 作为单位。

仍由图 1.1 可见，如果表面电流为 I_s 的电流通道的宽度为 b，则介质试样的表面电阻 R_s 应与试样沿 I_s 方向的长度 d 成正比而与 b 成反比，可表示为

$$R_s = \rho_s \frac{d}{b}$$

式中的比例系数

$$\rho_s = R_s \frac{b}{d} \tag{1.10}$$

即为介质材料表面的电阻率，它是表征介质材料表面导电能力(或泄漏静电能力)的物理量。

在式(1.10)中，令 $b=d=1\,\mathrm{m}$，则有 $\rho_s=R_s$，由此可见，ρ_s 在数值上等于边长为单位长度的正方形试样两个相对边之间的那部分表面电阻值，与试样的宽度及正方形的大小无关，在 SI 制中 ρ_s的单位是Ω。由于 ρ_s 与 R_s 的单位都是Ω，为了将二者之间加以区别，工程上常把表面电阻率的单位计为Ω/□(每方块欧姆)。

有时还使用质量电阻率 ρ_m 的概念，它是指介质材料的体积电阻率 ρ_v 与材料质量密度 D 的乘积，即

$$\rho_m = D\rho_v \tag{1.11}$$

在 SI 制中，ρ_m 的单位是 $\Omega \cdot \mathrm{kg/m^2}$。

还需说明的是，工业生产加工或使用的介质材料，有许多是疏松和非致密的，如各种粉体纤维末、织物、海绵等。这些材料中有许多细小的空气隙，即具有一定的可填充性，可引用填充度描述介质材料的非致密程度，其定义是介质材料实际具有的体积与介质材料的全部体积之比。对这类材料，由式(1.9)和式(1.10)所定义的 ρ_v 和 ρ_s 将不可能是真正意义上的体、表电阻率，因为这其中包含有空气隙电阻的作用。此时，ρ_v 和 ρ_s 只能作为固体材料体积导电性能和表面导电性能表观上的相对比较，所以分别称之为材料的体积比电阻和表面比电阻。

已如前述，物质电阻率的倒数被定义为电导率。由于固体介质有体积电阻率和表面电阻率之分，故其电导率也相应地分为体积电导率和表面电导率两种。

$$\gamma = \frac{1}{\rho_v} \tag{1.12}$$

$$\delta = \frac{1}{\rho_s} \tag{1.13}$$

在 SI 制中，体积电导率的单位是 $1/(\Omega \cdot \mathrm{m})$，即 S/m(每米西门子)，表面电导率的单位是 $1/\Omega$，即 S(西门子)。同样，为了区分表面电导和表面电导率，表面电导率的单位写为 S/□(每方块西门子)。

3. 固体介质导电的微观机制

1）微观结构和解释

材料导电性是由于物质中有能够传递电荷的载流子，对于金属导体来说，载流子就是自由电子。固体介质的导电机制比较复杂，按载流子的不同可分为电子导电传导和离子导电传导两种类型。电子导电传导的载流子就是电子和空穴，离子导电的载流子就是正、负离子。离子导电又可分为本征离子导电和杂质离子导电两种，所谓本征离子，是指由组成介质的基本分子离解而产生的离子，杂质离子则是指外来杂质分子，如水、酸、碱、盐等或组成介质的基本分子老化生成物离解而生成的离子。从微观角度看，介质材料的体积电导率为

$$\gamma = nq\mu \tag{1.14}$$

式中，n 为载流子的浓度（m^{-3}），q 为每个载流子所带电量（C），μ 为载流子的迁移率（m^2/Vs）。

载流子浓度和迁移率是决定介质材料电性能的主要物理量。由于绝大多数电介质，特别是高聚物载流子浓度和迁移率都很小，因而其导电能力很差。

2）离子导电型介质的导电特点

离子导电型介质的导电性除与载流子浓度和迁移率有关外，还与外界环境有关，表现为下面两个方面。

(1) 其导电能力随压力的增大而减少。这主要是因为施加在介质上的压力增大时，介质特别是聚合物材料内部的自由体和缺陷均会减少，这样就妨碍了离子迁移和活动能力。

(2) 其导电能力与温度有较明显的关系。可以证明：固体介质的体积电导率与绝对温度之间满足下面的关系：

$$\ln\gamma = \ln A - \ln \frac{B}{T} \tag{1.15}$$

式中，A 和 B 是由电介质的微观结构所确定的两个常数。上式表明：介质的体积电导率的对数与温度的倒数的对数呈线性关系。但根据上述离子导电的特点，已间接证实了聚合物材料的主要导电机理是离子导电，而聚合物中离子的主要来源是大分子链极性部分的分解物，此外还有一些残存的杂质离子。一些本身含杂质或掺杂的聚合物则可能同时存在离子和电子两种载流子。

4. 影响固体介质电阻测试结果的因素

1）环境温、湿度的影响

介质材料的表、体电阻率一般会随着环境的温、湿度的升高而减小。相对而言，体积电阻率对温度的变化比较敏感，而表面电阻率则对湿度比较敏感。这是因为温度升高时，载流子运动速率加快，介质材料的电导电流会相应增大，即电阻率降低；而当环境湿度提高时，由于材料或多或少都具有一定的吸湿性能，吸湿后会使表面泄漏和体积泄漏增大，即电导电流也会增大，导致电阻率降低。据有关资料报道：一般介质材料在70℃时的体积电阻率仅为20℃时的10%。云母在相对湿度从10%升高到90%时，则表面电阻率由 $10^{14}\ \Omega/\square$ 降至 $10^{9}\ \Omega/\square$，而聚氯乙烯（PVC）的表面电阻率也从 $8.0\times10^{14}\ \Omega/\square$ 降至 $1.0\times10^{11}\ \Omega/\square$。

2）测试电压的影响

与导体不同，介质材料的电阻率一般不能在很宽的电压范围内保持不变。欧姆定律对其并不完全适用。在常温条件下，在比较低的范围内，介质材料的电导电流可随外加直流电压的增加而线性增加，即材料的电阻(率)值保持不变。但超过一定电压后，由于离子化运动加剧，使得介质电导电流的增加远比测试电压的增加更快，这样材料呈现的电阻值更会迅速降低。由此可见，外加测试电压越高，材料的电阻值就越低，以致在不同的电压下，测试得到的电阻值出现较大的差别。如某真空合成膜的电阻在测试电压从10 V增大到10 kV时，其电阻从$2.6\times10^{12}\,\Omega$降至$3.2\times10^{10}\,\Omega$。

3）测试时间的影响

当一定的直流电压加到待测介质材料上时，由于介质的吸收作用，被测材料的表面电流或体积电流并不是瞬时就能达到稳定值，而是需要一段时间才能达到平衡，被测电阻值越高，达到稳定所需的时间越长。因此为正确读取被测电阻值，应在稳定后读取数值。为了统一比较，一般是加压1 min后读取数值。

4）外界干扰带来的影响

由于介质材料加上电压后通过其上的电流是非常微小的，所以很容易受到外界可能存在的干扰电流的影响，造成较大的测量误差。常见的外界干扰主要有热电势、接触电势、电解电势、静电感应产生的电势等引起的相关电流以及被耦合的杂散电流，主要的干扰因素是杂散电流的耦合及静电感应电势形成的电流。为避免这些干扰，被测介质试样、测量电极和测量系统均应采取严格的屏蔽措施。

5）电极与试样接触状态的影响

金属电极与待测试样之间往往存在很大的接触电阻，这会给测试结果带来很大的误差(偏大)。为此必须保持电极与试样紧密贴合的状态，尽量减小其间的接触电阻。这就需要对试样的贴合部位进行电极化处理，常用的方法有：将金属箔(铝、锡、铅箔)用导电黏合剂粘贴到试样的贴合部位；将导电橡胶(体积电阻率不大于$10^3\,\Omega\cdot\text{cm}$，邵氏硬度为40～60)加于试样贴合处；利用真空镀膜技术喷镀到试样贴合处等。

典型固体介质的体积电阻率如表1.1所示。

表1.1　典型固体介质的体积电阻率

材料名称	体电阻率/(Ω·cm)	材料名称	体电阻率/(Ω·cm)
石英玻璃	10^6	环氧树脂	$10^{12}\sim10^{17}$
白云母	$10^{14}\sim10^{17}$	醋酸纤维	$10^{13}\sim10^{14}$
氧化铝陶瓷	10^{14}	聚乙烯(高密度)	$10^{15}\sim10^{16}$
石棉	$10^{10}\sim10^{13}$	聚四氟乙烯	$>10^8$
硅橡胶	$10^{14}\sim10^{15}$	聚氯乙烯	$10^{16}\sim10^{17}$
天然沥青	$10^{15}\sim10^{17}$	三聚氰胺	$10^{12}\sim10^{14}$
丝绸	$10^9\sim10^{15}$	聚苯乙烯	$>10^{16}$

1.1.5　液体介质的电阻率

液体介质主要是体积带电，其导电性能可以用体积电阻率和体积电导率表征。又因体积电导率比体积电阻率便于测量和读数，故主要用体积电导率表征。液体电导率的 SI 单位是 S/m，但工程上常采用“导电单位”(Conductive Unite，CU)，其与 S/m 的换算关系为

$$1\,\text{CU} = 1 \times 10^{-12}\ \text{S/m} = 1\,\text{pS/m} \tag{1.16}$$

液体介质的导电机制按载流子的不同分为电子电导、离子电导和胶粒电导三种。在离子电导中，又按离子的来源不同分为本征离子电导和杂质离子电导两类。电子电导和离子电导机制与固体介质类似。

理论和实验都表明：一般工业纯液体介质在常温下以杂质离子电导为主要的导电机制，且体积电导率为

$$\gamma = nq\mu$$

同时液体的电导率与温度的关系也满足：

$$\ln\gamma = \ln A - \ln\frac{B}{T}$$

上面两式中各量的意义与式(1.14)和式(1.15)相同。

现简要说明所谓“胶粒电导”。在工程应用中为改善液体介质的某些物理化学性能，需在液体介质中加入一定量的树脂(如在矿物油中混入松香)，此时形成胶体溶液，其中胶粒在外加直流电压(电场)作用下定向迁移形成的电传导叫胶粒电导，又称电泳电导。液体中电泳电导的大小与液体介质的黏度(η)有关。用 γ_d 表示与电泳电导相关的电导率，则有

$$\gamma_d \eta = C \tag{1.17}$$

式中，C 是胶体溶液微观状态所确定的常数。式(1.17)说明：当胶体状态微观溶液状况不变时，其电导率与黏度成反比，这个结论称为华尔顿定律。

典型液体介质的体积电导率如表 1.2 所示。

表 1.2　典型液体介质的体积电导率

材料名称	体电导率(CU=1 pS/m)	材料名称	体电导率(CU=1 pS/m)
蒸馏水	1.0×10^{8}	汽油	1～100
乙醇	1.0×10^{6}	甲醇	3×10^{7}
苯	24	蓖麻油	0.1

1.2　静电的定义及特点

1.2.1　静电的定义

静电虽是人类认识较早的一种物理现象，但是长期以来并未对其下过一个比较科学、确切的定义。什么是静电？比较传统的说法是相对于观察者静止不动的电荷叫静电。还有

一种说法，摩擦所产生的电荷就是静电。这两种说法如果作为静电的定义来看都是不确切的，因为就静电的产生方式而言，摩擦起电只是其中方式之一，还有许多与摩擦本质上无关的方法也能产生静电。另外绝对静止不动的电荷也是不存在的，正如水总是由高处流向低处一样，物体上或空间中的电荷也总是由高电势向低电势移动。只不过移动的速率随电势差和物质电导率的大小而有很大的差异。所以严格意义上可把静电定义为：相对于观察者在物体上或空间里极其缓慢地移动，以致其磁场效应较之电场效应可以忽略不计的电荷。由此可见，静电与动电(即电流，由电荷定向移动后所形成)是相比较而言的。动电主要表现出的是磁场效应，而静电则主要表现出电场效应，它是一种相对稳定或移动极为缓慢的电，是物质中正、负电荷局部范围内失去平衡的结果。静电的作用仅仅取决于电荷的位置、分布、多少及周围的环境，而电磁和电热现象则主要取决于电荷运动的电流。

必须指出：静电的上述定义虽然是目前学术界比较一致认可的，但仍不能说是最科学、最确切的定义。在未发生静电放电时，静电主要表现的是电场效应，但在发生静电放电时，伴随着放电电流的形成，则会表现出非常明显的磁场效应和电磁效应。而正是静电放电的电磁效应，给人类生活和工业生产造成了大量的危害，对这一点必须给予足够的注意。

1.2.2　静电的特点

1. 对导体、绝缘体的划分标准与流电不同

从流电和电工学的角度来看，凡电阻率 $\rho<10^{-5}$ $(\Omega\cdot m)$ 的物质为导体；$\rho>10^{7}$ $(\Omega\cdot m)$ 的物质为绝缘体(电介质)；10^{-5} $(\Omega\cdot m)\leqslant\rho\leqslant10^{7}$ $(\Omega\cdot m)$ 的物质为半导体，见表1.3。

表1.3　流电对导体、绝缘体的划分标准

	导体	半导体	绝缘体
电阻率/$(\Omega\cdot m)$	$\rho<10^{-5}$	$10^{-5}\leqslant\rho\leqslant10^{7}$	$\rho>10^{7}$

从静电特别是从防静电危害的角度划分，则与上述标准有很大的不同，具体说明如下：

$\rho_v\leqslant1.0\times10^{6}$ $(\Omega\cdot m)$ $(\gamma\geqslant1.0\times10^{-6}$ S/m)的物质以及 $\rho_s\leqslant1.0\times10^{7}$ Ω/□($\gamma\geqslant1.0\times10^{-7}$ S/□)的固体表面称为静电导体。这类物质具有较强的泄漏静电的能力，除非使之完全对地绝缘，否则其上不会积累足够的致害电荷。

$\rho_v\geqslant1.0\times10^{10}$ $(\Omega\cdot m)$ $(\gamma\leqslant1.0\times10^{-10}$ S/m)的物质以及 $\rho_s\geqslant1.0\times10^{11}$ Ω/□($\gamma\leqslant1.0\times10^{-11}$ S/□)的固体表面称为静电非导体。这类物质泄漏静电的能力很弱，其上容易积累足以致害的电荷。

把 1.0×10^{6} $(\Omega\cdot m)<\rho_v<1.0\times10^{10}$ $(\Omega\cdot m)$ $(1.0\times10^{-10}$ S/m $<\gamma<1.0\times10^{-6}$ S/m)的物质以及 1.0×10^{7} Ω/□ $<\rho_s<1.0\times10^{11}$ Ω/□(1.0×10^{-11} S/□ $<\gamma<1.0\times10^{-7}$ S/□)的固体表面叫静电亚导体，这类物质泄漏静电的能力介于静电导体与静电非导体之间。以上划分标准依据GB12158—2006《防止静电事故通用导则》，见表1.4。

表 1.4 静电对导体、绝缘体的划分标准

	导体	亚导体	非导体
体积电阻率/(Ω·m)	$\rho_v \leqslant 1.0\times10^6$	$1.0\times10^6 < \rho_v < 1.0\times10^{10}$	$\rho_v \geqslant 1.0\times10^{10}$
体积电导率/(S/m)	$\gamma \geqslant 1.0\times10^{-6}$	$1.0\times10^{-10} < \gamma < 1.0\times10^{-6}$	$\gamma \leqslant 1.0\times10^{-10}$
表面电阻率/(Ω/□)	$\rho_s \leqslant 1.0\times10^7$	$1.0\times10^7 < \rho_s < 1.0\times10^{11}$	$\rho_s \geqslant 1.0\times10^{11}$
表面电导率/(S/□)	$\delta \geqslant 1.0\times10^{-7}$	$1.0\times10^{-11} < \delta < 1.0\times10^{-7}$	$\delta \leqslant 1.0\times10^{-11}$

理论和实验都表明，物质的静电带电性能(如带电电位)与其自身的电阻率密切相关，其对应关系如表 1.5 所示。

表 1.5 物质带电性能与其电阻率之间的对应关系

带电电位指标/kV	静电带电描述	体积电阻率/(Ω·m)	表面电阻率/(Ω/□)
<0.1	几乎无	$<10^8$	$<10^{10}$
0.1 ~1.0	少	$10^8\sim10^{10}$	$10^{10}\sim10^{12}$
1.0~10	中间	$10^{10}\sim10^{12}$	$10^{12}\sim10^{14}$
>10	多	$>10^{12}$	$>10^{14}$

基于上述对应关系，静电导体与非导体的划分也可以物质的带电性能，即其带电电位的大小作为分界的参考。把基本上不带电的物质称为静电导体，稍微带电的称为亚导体，明显带电的称为非导体。

需要注意的是，物质的电阻率对其静电性能的影响是一个渐变的过程，期间并不存在明显的界限，所以不同国家或不同行业领域对静电导体、非导体的界限规定也有所差别，但其划分原则都是基于物质泄漏静电的能力或带电的能力。

以上所提出的按物质电阻率划分静电导体、非导体的界限是基于 GB12158—2006《防止静电事故通用导则》中的有关规定。这一划分标准适用于防止静电放电引燃、引爆领域。

以下再给出其他国家或其他行业领域的划分标准以供参考。

2. 其他国家的标准或规定

(1) 德国工业标准的规定，见表 1.6。

表 1.6 德国工业标准

	不可带电材料	可带电材料
固体表面电阻率/(Ω/□)	$\rho_s < 10^9\sim10^{11}$	$\rho_s > 10^9\sim10^{11}$
液体体积电导率/(S/m)	$\gamma > 10^{-8}\sim10^{-10}$	$\gamma < 10^{-8}\sim10^{-10}$

凡属不可带电材料的固体或液体均属静电或防静电材料(即静电导体或亚导体)

(2) 日本《静电安全指南》(日本劳动省安全研究所编制的技术指南)的规定，见表 1.7。

表 1.7　日本《静电安全指南》

	体积电阻率/(Ω·m)	表面电阻率/(Ω/□)
非带电材料	$\rho_v<10^8$	$\rho_s<10^9$
低带电材料	$10^8\leqslant\rho_v<10^{10}$	$10^9\leqslant\rho_s<10^{11}$
带电性材料	$10^{10}\leqslant\rho_v<10^{12}$	$10^{11}\leqslant\rho_s<10^{13}$
高带电性材料	$10^{12}\leqslant\rho_v<10^{14}$	$10^{13}\leqslant\rho_s<10^{15}$
超高带电性材料	$\rho_v\geqslant10^{14}$	$\rho_s\geqslant10^{15}$

(3) 美国军方标准《保护电气和电子元件、组件和设备的静电放电控制手册》的规定(标准号 DOD－HDBK－263)，见表 1.8。

表 1.8　美国军方标准《保护电气和电子元件、组件和设备的静电放电控制手册》

	表面电阻率/(Ω/□)
导电保护材料	$\rho_s<10^{15}$
静电耗散材料	$10^5\leqslant\rho_s<10^9$
抗静电保护材料	$10^9\leqslant\rho_s\leqslant10^{14}$

(4) 中华人民共和国军用标准 GJB 3007—97《防静电工作区技术要求》，见表 1－9。

表 1.9　中华人民共和国军用标准 GJB 3007—97《防静电工作区技术要求》

	体积电阻率/(Ω·m)	表面电阻率/(Ω/□)
静电耗散材料	$1\times10^2<\rho_v<1\times10^9$	$1\times10^5\leqslant\rho_s<\times10^{12}$
导静电材料	$\rho_v<1\times10^2$	$\rho_s<1\times10^5$

(5) WilSon 的分类法，见表 1.10。

表 1.10　WilSon 的分类法

	表面电阻率/(Ω/□)
优秀的防静电材料	$\rho_s<10^{10}$
良好的防静电材料	$10^9\leqslant\rho_s<10^{10}$
好的防静电材料	$10^{10}\leqslant\rho_s<10^{11}$
一般的防静电材料	$10^{11}\leqslant\rho_s<10^{12}$
防静电效果差的材料	$10^{12}\leqslant\rho_s<10^{13}\,\Omega$
无防静电效果的材料	$\rho_s>10^{13}$

(6) 工业粉体分类，见表1.11。

表1.11 工业粉体分类

	体积电阻率/(Ω·m)
第一类粉体(低电阻粉体)	ρ_v 为 $10^1 \sim 10^2$
第二类粉体(高电阻粉体)	$\rho_v > 10^8$

按照上述静电导体、亚导体、非导体的划分法，金属以极低的电阻率自然应属于“极好的”静电导体，但在工业生产中并未采用单纯的金属材料制造静电防护制品，如金属地坪、金属贴面的工作台、金属制的元件盒、周转箱等。这主要出于以下两方面的考虑。

首先，如果使用金属制品作为各种防护用品，一旦操作者不慎接触工频电压或硬接地时容易发生人身伤害事故；被绝缘的金属制品一旦发生静电放电，其能量会一次性地全部释放，这种很大的放电能量更容易引发燃爆灾害事故，对电子元器件造成击穿损害或电磁干扰损害；在金属台面上操作时电子元器件的管脚或印制板的连接导线会接触导电金属表面，从而会引起短路，造成损坏；金属容器板坚硬的表面几乎不能为放置其中的物品受到的机械冲撞提供保护。

其次，衡量材料本身静电性能的参数与衡量物体(制品)的静电性能参数是不同的。表、体电阻率是衡量材料静电性能的参数，表、体电阻则是衡量制品性能的参数。

可能有人会问，为什么各国、各行业都采用电阻率作为划分材料的参数？这是因为相对于其他指标(如静电位、电量、静电半衰期等)，材料的表、体电阻率可在实验条件下按照一定的标准进行测量，其可比性、可信度较高，同时测量方法也比较简单。但尽管如此，各国测量材料表、体电阻率的方法也不尽相同。

3. 静电具有高电位、小电量、低能量的特点

在一般工业生产中，设备、工装、人体上的静电电位(或叫静电压，即对地的电位差)最高可达数万伏至数十万伏，在正常操作条件下，也常达到数千伏，这要比市用工频电压220 V或380 V高得多。表1.12和表1.13分别是通过实验得出的人体在活动中产生的静电电位和由于人体活动造成的其他物体的静电电位。

表1.12 人体在活动中产生的静电电位

活动方式	人体静电电位/kV	相对湿度
用干布抽掸油漆桌面	3.1～4.4	48%
从人造革面软椅上起立	2.5	39%
从铺有PVC薄膜的软椅上突然起立	18.0	30%
掀动桌面上的橡胶板	1.7～3.1	55%
双脚在橡胶地坪上蹭动	1.4～2.3	51%

表 1.13　由于人体活动造成其他物体的静电电位

人体活动方式	被测对象	被测对象静电压/kV	相对湿度
将医用手套在手上抽打数次	手套(电位最高点)	2.3	42%
以手摩擦有机玻璃板	有机玻璃板	8.5	38%
以手摩擦腈纶织物	腈纶织物	16.80	48%
手持橡胶板与铝板摩擦	橡胶板(电位最高点)	9.4	53%
手持涤纶纱巾摩擦有机玻璃	有机玻璃(电位最高点)	10.0	40%

此外，各国报道的人体带电极端值为 10～60 kV 不等，一般都是数万伏。

虽然物体静电电位很高，但因其静电电容很小，所以物体上的静电带电量和所储存的静电能量都很低，一般静电电量为微库或纳库量级，静电能量为微焦或毫焦级。所谓静电的小能量是相对于流电而言的，而就其引发的静电危害的可能性来说，静电电量和能量并不低。这是因为对静电敏感的电子元器件，设备的静电损害或电磁干扰的阈值都非常小，而易燃爆物质的最小点火能也非常小。

举例来说，当人体带上 $U=1000$ V 的静电压时，若取人体对地电容 $C=400$ pF，则它储存的静电能量 $W=1/2CU^2=0.02$ mJ；由于人体电阻 $R=1.5$ kΩ(一般值)，故人体放电的常数 $\tau=RC=0.6\times10^{-6}$ s$=0.6$ μs，即人体储存的 0.2 mJ 的能量可通过静电放电在 $T=3\tau=1.8$ μs的极短时间内释放。这样水平的能量可引燃许多易燃爆物质与空气的混合物。例如氢气的最小点火能为 0.02 mJ，二硫化碳为 0.009 mJ，结晶氮化铅为 0.004 mJ，对于微电子元器件的击穿损害也是如此。实验表明：0.002 mJ 的静电放电通过 MOS 结构时，就足以使其栅氧化膜击穿，而放电脉冲的能量仅为 3.2×10^{-8} mJ 时，就足以使 TTL 电路发生电平反转。我们还注意到由于静电放电脉冲持续的时间极短，所以所造成的瞬时放电功率是非常高的，即会形成数值很大的放电电流，其热效应引起的危害是非常严重的。

4. 静电较之流电在测量时重复性差、瞬态现象多

静电产生的方式是复杂多变的，同时静电现象受物体的表面状态、生产加工工艺条件的影响很显著，静电带电量对环境条件的变化非常敏感。这里应特别指出，环境相对湿度对物体带电程度有影响，当空气湿度较高时，物体表面就容易形成一层极薄的水膜，加快了静电的分散和泄漏，从而使物体带电程度降低。

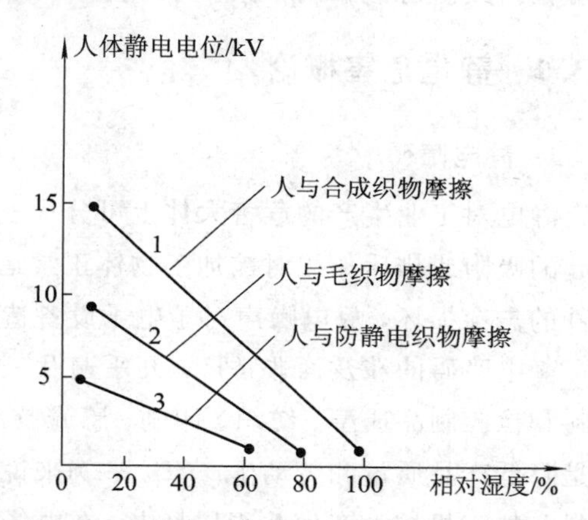

图 1.2　环境相对湿度对人体静电电位的影响

图 1.2 给出了环境相对湿度对人体静电电位的影响，图中曲线 1、2、3 分别给出了操作者在不同相对湿度条件下与合成织物、毛织物及防静电织物接触摩擦时可能发生的人体静电电位。由图看出，无论操作者与哪

一种材料的织物接触，人体所产生的静电电位都随相对湿度的升高而急剧减小。

1.3 静电工程学的建立

静电工程学发端于经典静电学，与经典静电学有着千丝万缕的联系，另一方面静电工程学又是在解决静电防护和静电应用的问题中发展建立起来的，故从以下三方面来说明静电工程学的建立。

1.3.1 经典静电学的发展简史

自然科学史和物理学史告诉我们，人类对电磁现象的认识最早是从研究静电开始的，但在相当长的一段历史时期内，人类对电现象的认识基本停留在定性阶段且进展很缓慢，直到18世纪才有所改观。1785年库仑通过扭秤实验提出库仑定律，这是静电学的基本定律，也奠定了经典静电学的基础。在以后的100年间，在此基础上又发现了许多重要的电现象并确立了有关规律，主要有静电场的概念、电场强度和电势的概念、电场力和电势能的概念、静电场的高斯定理和环流定理等，形成了经典静电学理论，同时在此期间泊松和格林等人对静电场的解析计算进行了一系列数学研究，使经典静电学有了较系统的数学理论。但是，自从1800年，伏达研制出了加伐尼电池的原形——伏达电堆以后，人们开始把注意力从静电转达向了对动电——电流的研究，在此后的几十年里，静电成了被人们遗忘的角落。

到了20世纪三四十年代，上述状况有了很大的改观。一方面随着工业特别是石油、化工的高速发展，塑料、合成橡胶、化纤等高分子材料相继问世，并且其应用范围日益广泛。这些高绝缘的合成材料或制品较之原来使用的天然材料或制品(如木材、天然橡胶、棉麻、蚕丝、羊毛等天然纤维)更容易产生积累静电，使其静电带电水平远远超过了以往，又加之机器设备转速的提高，也增大了静电产生的积累量。另一方面随着科学技术的进步，对静电敏感的材料及制品也越来越多，这就使得原来默默无闻的静电在工业生产和日常生活中经常会给人们留下深刻印象，有时会导致令人触目惊心的危害。

1.3.2 静电危害概论

1. 静电障碍

静电对工业生产的危害大体上可分为三类：第一类是静电障碍，即由静电的力学效应引起的吸附或排斥作用对被加工物体正常运动规律的干扰，由静电放电效应引起的电子元器件的击穿损坏，放电噪声对于电子设备造成的电磁干扰和损坏。以上危害称为静电障碍。

静电障碍的涉及面非常广，几乎遍及一切生产部门和国民经济各个领域。如粉体加工、塑料和橡胶制品成型、纺织、印刷、感光胶片以及电子、航空、航天等领域，其直接后果往往是降低产品质量和劳动生产率。举例来说，纺织材料在生产加工中受各种因素作用而在材料和加工机械上产生并积累静电，在电场力作用下，带电的纤维或纱线、丝条、织物在各道工序中的运动规律就会受到干扰，从而影响正常生产。一般认为，当纤维或机件上静电荷的质量电荷密度(单位质量物体所带的电荷量)大于 10^{-8} C/g；或其上静电电位大于 100 V 时，纤维或纱线的正常运动规律就会明显受到干扰而发生缠绕、堵塞、污染、起毛等各种生产障碍。如在纺纱时纤维或纱线会缠绕皮辊、罗拉，造成断头频繁，飞花增多。皮辊是细纱机重要的牵伸元件，一般用丁腈橡胶制成，外部涂料多为漆料。丁腈橡胶本身的体电阻率一般为 10^{14}～10^{15}(Ω·cm)，如果外面再涂上涂料(大漆)则表面电阻率可达 10^{16}～10^{18} Ω/□，所以再与绝缘性能很高的化纤纱条或机械摩擦时，很容易积累静电而发生生产障碍。现场测试皮辊上的静电电位一般为 200～300 V，最高可达到上千伏，明显超过 100 V。这表明牵伸元件的带电程度已足以扰乱纱线的正常运动规律而导致生产障碍。常见的故障是：当皮辊与纱线带有异号电荷时而出现绕花、缠花现象。缠绕不仅会降低细纱条的光洁度，而且会频繁引起细纱断头，影响纱支产量和质量，并增大挡车工的劳动强度。据现场观察，缠绕严重时甚至会造成停车。工人不得不用刀片把粘花从皮辊上一点一点刮掉。这样不仅浪费工时，而且大大缩短了皮辊使用周期。某大型纺织厂统计资料表明：该厂每月因“刀伤”而报废的皮辊多达数千只。

静电放电时会产生变化幅度很大、持续时间极短的脉冲电流，从而形成强烈的电磁辐射，其能量可通过多种途径耦合到电子计算机和其他电子设备的低电平数字电路中，导致电路电平发生翻转效应，造成错误指令和误动作，引发重大事故。20 世纪 80 年代在美国佛罗里达州某卫星发射基地就发生过一起这样的事故，当基地工作人员把覆盖在一枚火箭外面的塑料罩布取下时，火箭突然自动点火升空，事后经模拟实验和分析认为：当从火箭壳体上取下塑料罩布时，猛烈的剥离动作产生了很强的静电，并发生静电放电，所形成的静电放电电磁脉冲(ESD/EMP)诱发了火箭的自动点火控制系统，使系统发生误动作而酿成了这一事故。

2. 对人体的静电电击

1) 静电电击的概念

人体的静电电击按照形成方式可分为两种，一是带电的人体靠近接地点(即与大地相连的导体)时，由于带电人体向接地体发生静电放电，因而有电流从人体流向大地，从而引起的电击；二是不带电的人体接近其他带电体(无论是导体还是介质)时，由带电体向人体发生静电放电，因而有电流流过人体引起的电击。无论是哪一种情况，都是由于双方的电位差与间隙之比所得到的电场强度达到或超过了间隙(通常是空气)的击穿场强而发生静电放电，所形成的瞬间放电电流在从人体流出或注入时，通过人体某些部位而引起电击。

从本质上看，静电电击与通常发生的工频电击是相同的，即都有电流流过人体，对其心脏、神经或其他部位造成损伤。但又有明显的不同，区别在于：工频电击时电流可较长时间通过人体(只要人体不摆脱工频电源，就一直有电流通过人体)，而静电电击时通过人体的电流是转瞬即逝的，是一种冲击电流。这样在衡量电击危害程度的参量方面也有所不同。工频电击时用通过人体的电流强度来衡量，而静电电击时一般用电流强度对时间的积分量——电量来衡量。

电击的生理效应随电击参量(如能量、电量或电流)的大小而不同，一般可分为三种：一是电击参量在某个值以上的人体刚好能感知电击(感觉到刺激)，这个值称为电击的感知极限或感知阈值；二是继续增大电击参量值，达到某个值时，人体在电击处出现肌肉痉挛，有明显的疼痛感(指人不愿意再次接受的疼痛，如蜂刺感或烟头的灼痛感)，这个值称为疼痛极限或疼痛阈值；进一步增大电击参量值，达到某个值时，人体的心室颤动，血液循环受阻，从而导致人员丧生，这个值叫室颤极限或室颤阈值。一般认为室颤阈值用电击电流可表示为 30～50 mA。那么这个数据是怎样得来的？一般认为，能引起人心室颤动，进而中止血液循环而使人丧生的电击能量的临界值为

$$W_{\mathrm{m}} = I^2 R_{\mathrm{r}} t = 40.5\,\mathrm{J} \quad (\text{阻止血液循环能量}) \tag{1.18}$$

式中，I 为通过人体的电流的有效值(A)，t 为通过人体电流的持续时间(s)，R_{r} 为人体电阻(Ω)，工程上一般取公称值 1.5 kΩ。由此可以得出电击时能使人丧生的电流的临界值为

$$I_{\mathrm{m}} = \sqrt{\frac{40.5}{R_{\mathrm{r}} t}} \tag{1.19}$$

若取 $R_{\mathrm{r}} = 1.5\,\mathrm{k\Omega}$，$t = 10\,\mathrm{s}$，则有

$$I_{\mathrm{m}} = \sqrt{\frac{40.5}{1.5 \times 10^3 \times 10}} = 52\,\mathrm{mA} \tag{1.20}$$

关于工频电源对人体的电击程度，1980 年颁布的国家标准规定：感知阈值为 0.6～3.5 mA；疼痛阈值为 8～20 mA；室颤阈值为 30～50 mA。

对于静电电击来说，由于放电电流不可能长时间持续通过人体，而是一瞬间就消失了，且静电放电能量也很小，所以只对人体造成冲击性的电击，而不会达到引起心室震颤，中止血液循环使人丧生的程度，故目前尚无电击直接导致人员丧生的报道。静电电压造成的影响一般是痛觉和震颤，有时在生产现场也会产生指尖负伤或手指麻木等机能损伤。静电电击的危害再就是引起工作人员精神紧张，使工作效率下降，静电电击还可能造成手被机器轧压或人员从高空坠落等所谓二次事故。

2) 静电电击的感知阈值(感知极限)

对于静电电击，我们主要讨论其感知阈值，以此作为静电电击的安全界限。前已述及，由于静电电击中的电流是一种瞬时脉冲，所以，静电电击的各种阈值不像工程电击那样以电流进行衡量，而是以放电电流对时间的积分量来表示。但是放电电量是电击后的量，对于防止静电电击来说，这个量是不实用的，所以改用与这个放电电量相当的发生静电放电前人体带电电位或带电体的带电电位来表示静电电击的感知阈值。那么当放电量达到多大时人体就会有明显的电击感呢？理论和实验都表明，人体发生静电电击的电量约为 0.3 μC (即 3×10^{-7} C)，再把这个电量折合成放电前的静电电位来表示，但必须区分以下两种发生静电电击的不同情况。

(1) 带电人体向接地体放电。

由于对于静电而言人可视作导体，故这种放电可认为是导体对导体的放电，其发生放电时，所带电量(能量)一次性全部释放，故可按公式 $Q=CU$ 计算与放电电量 Q 相当的人

体静电位，即若取 $Q=3\times10^{-7}$ C(人体静电电击的感知电量)，取人体电容 $C=100$ pF(人体电容的典型值为 50～250 pF，但有关的统计规律表明，一般情况下，80%以上的人体电容在 100 pF 左右，故工程上取 $C=100$ pF 为人体电容的公称值)，则可求出人体静电电击的感知极限(用带电电位表示为 $U_m=3$ kV)，这一结果是与有关的实验事实相符的。表 1.14 是由实验得出的带电人体向接地体放电时，人体的静电电击感觉程度与人体带电电位之间的关系，此处实验人体的电容为 90 pF（接近 100 pF)。

表 1.14　人体带电电位与静电电击感觉的程度

人体带电电位/kV	静电电击的感觉
1.0	无任何感觉
2.0	手指外侧有感觉，但不疼痛
2.5	放电部分有针触的感觉
3.0	放电处有明显的针刺痛感

说明：当人体电容比 100 pF 大时，其静电电击感知极限小于 3 kV。

(2) 带电物体向人体放电。

带电物体向人体放电时，流入人体的放电电量需达到 3×10^{-7} C，人体才会有电击感。但与这个放电电量对应的物体的带电电位与该带电体是导体还是绝缘体有关，分为以下两种情况。

若带电物体是导体，此时发生静电电击的带电体的极限电位仍可由公式 $U_m=Q/C$ 求出，此时 Q 取 3×10^{-7} C，C 为带电导体的静电电容，注意不是人体的静电电容。也就是说，当发生放电的导体电容不同时，相应地使人有电击感的导体静电电位也不同。为方便起见，通常只得出产生静电电击的带电导体的电位随导体电容变化的曲线，如图 1.3 所示，图中直线上每一点对应的是在一定的导体静电电容量时，使人体产生静电电击的极限带电电位。但无论在哪一组电容和带电电位下，产生静电电击，由带电导体流入人体的放电电荷量均为 3×10^{-7}C，即都等于人体静电电击的极限电量。

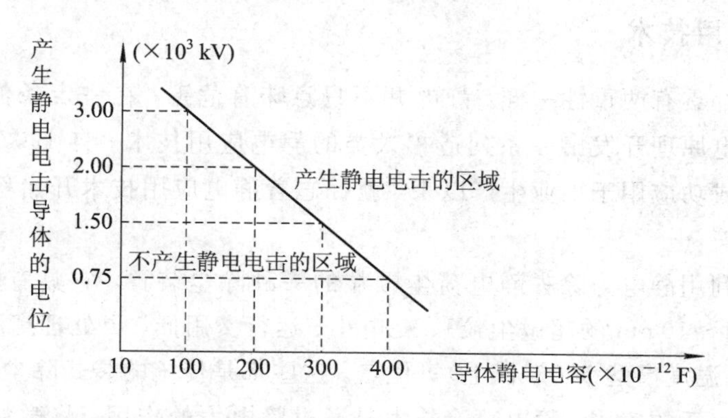

图 1.3　产生静电电击的带电导体电位随导体电容变化的曲线

由图 1.3 可知：

① 直线上每一点对应的电位 U 与电容 C 的乘积即 $Q=CU=3\times10^{-7}$ C。

② 直线上方区域任一点对应的 U 与电容 C 的乘积即 $Q=CU>3\times10^{-7}$ C。

③ 直线下方区域任一点对应的 U 与电容 C 的乘积即 $Q=CU<3\times10^{-7}$ C。

若带电体是介质(绝缘体)，因其放电具有脉冲性质，且每次放电的能量又具有随机性，所以不能像导体那样以带电电位表示，但一般认为，当绝缘体带电电位约为 10 kV 和电荷面密度为 10 μC/m^2 时就会对人体造成电击。

应当指出：大量的实验表明，放电条件相同时，不同人的电击感知阈值是有区别的，这主要取决于人的个体差异。如男性的感知阈值高于女性；老年人的感知阈值高于年轻人；身高和体重较大的人的感知阈值高于较小的人等。

因为确定疼痛阈值需要相当高的电压对人体直接放电，而受试者对高压电有恐惧心理且生理上要承受痛苦的电击感，故实验难度较大。目前所进行的实验已基本表明：人体静电电击疼痛阈值约为 3 μC(即约为感知阈值的十倍)。

3. 静电放电火花作为高危场所的点火源

第三类静电危害是由于静电放电火花使燃爆物质燃烧、爆炸的事故。这些燃爆物质包括可燃气体、可燃液体的蒸气、可燃性粉尘与空气的混合物，它能带来一次性的巨大损失，使生产设备和厂房被破坏，并造成人员伤亡。这类静电危害是三类危害中后果最为严重的，又叫静电灾害。静电灾害不仅发生在石油、化工、采矿、粉体加工、火炸药、电火工品等工业部门，也发生在油库、加油站、液化石油气站等场所，在某些特定条件下，飞机、汽车、轮船甚至宾馆、医院、家庭等处所也有可能发生这类事故。

静电危害的普遍性及其严重后果促使人们重视对静电的研究——研究工业生产中防止静电危害的技术以及与之相关的静电产生、流散与积累的规律，研究静电的力学效应的物理本质和数学模型，静电能量与对静电敏感的装置之间的耦合方式等理论问题。从 20 世纪五六十年代开始，就形成了静电防护理论与技术这一研究方向，它构成了静电工程学的一个重要部分。

1.3.3　静电应用技术

和任何事物都具有两重性一样，静电并不只意味着危害，在一定条件下，人们也可应用静电现象和静电原理开发出一系列造福人类的静电应用技术。自 1907 年科特雷尔将第一台静电除尘器成功应用于工业生产以来，就标志着静电应用技术开始稳步进入了人类生活的领域。

静电除尘是利用静电力除去静电荷尘颗粒的一种除尘装置，它具有除尘效率高(可达 99.5%，可除去 1～10 nm 的超微尘粒)、耗电小、运行费用低，可处理高温、高湿及高腐蚀性气体(处理烟气温度高达 500℃以上)等优点。这些都是传统的袋式除尘器所无法比拟的，因而目前已得到广泛的应用。静电喷涂技术是通过静电力的作用，将微粒化的涂料涂敷在物体上的过程。静电喷雾技术是通过静电力的作用使液体微粒化即雾化的方法，可应用于农业上除害灭虫。静电分选技术是利用静电现象来进行物质的分离、提纯、分级的一种技术，这是一项有着巨大潜力和广阔发展前途的技术，可用于对矿石、废弃物、农作物种子的分选等。静电成像技术是将顺序排列的电荷作为静电潜影沉淀在一种材料的表面或体内，然后经显像、转印成可看得见的形式，它包括静电复印、静电制板。在纺织方面则有静电纺纱，就是利用静电力的作用，使单纤维伸直并排列凝聚成纱条的方法。静电植绒是利用静电力的作用使短纤维植入涂有黏合剂的基布上，形成一种极富立体感的产品。静电印花技术的原理类似于静电复印。这些静电应用技术使人类生活的某些方面发生了深刻而巨大的变化。

进入20世纪七八十年代以来，对静电应用技术分支之一的静电生物效应的研究呈现出蓬勃发展的势头。静电生物效应应用技术分为对植物和动物两大类。其中对植物的应用包括静电处理种子、静电促进作物生长、静电果蔬储存保鲜等方面：对动物的应用包括静电场对人体的医疗保健作用、负离子的医疗保健作用等。当今静电应用技术的发展已开始大量接触高技术和生命技术等领域，如静电场对生物体生理生化过程的影响、静电场对生物体细胞分裂的影响、静电场诱导染色体畸变的机制等。以上静电技术的应用必然伴随着许多相关理论问题的研究，如电荷被介质吸收或附着的理论、带电粒子的凝聚理论、带电粒子在气流中的运动规律、脉冲静电放电的规律等。所以在20世纪六七十年代又形成了静电应用理论与技术这一研究方向，它构成了静电工程学的另一部分内容。

综上所述，到20世纪中后叶时，形成了一门包括静电防护理论与技术以及静电应用理论与技术的新学科，它就是静电工程学。静电工程学是从经典静电学的母体脱胎而出的，与经典静电学有千丝万缕的联系，并以其作为自己的理论支柱之一，但它毕竟不等同于经典静电学，因为它有着自己独特的理论体系、研究内容和发展方向，已发展成一门独立的学科。还需指出，因为静电带电现象主要是在诸如塑料、橡胶、化纤等高绝缘材料上表现出来的，而静电危害和静电应用涉及的行业部门又十分广泛，所以静电工程学除涉及物理学之外还涉及化学、生物学、医学、地学等学科以及电子、信息、机械工程、材料、纺织等分支学科，是一门新兴的包含众多学科领域的边缘学科。

20世纪四五十年代即第二次世界大战以后，开始对静电工程学进行较系统的研究，主要集中在日本、美国、英国、德国、苏联等发达国家。自1953年在英国伦敦召开了第一次国际静电学术会议以来，至今国际性的静电学术会议已举行了几十次，日本是国际上静电学术研究最活跃的国家。日本劳动省产业安全研究所和日本全国静电学会先后出版了《静电手册》和《静电安全指南》，几乎成为各国从事静电研究的经典文献，对包括我国在内的静电工程学的研究和发展都起到了很大的作用。我国基本是在20世纪八十年代才开始静电工程学方面的系统研究，其标志是1980年初成立的中国物理学会静电专业委员会和随后(1980年7月)在北京理工大学(原北京工学院)举办的国内第一次静电培训班。之后，在部分高校和研究单位成立了相应的研究机构，对静电应用技术、静电安全防护和静电放电控制进行了广泛和深入的研究和探讨，逐步建立和完善了自己的研究体系。

思 考 题

1. 静电的定义是什么？如何正确理解？

2. 静电危害有哪几类？主要发生在哪些场所？

3. 静电的导体、非导电和亚导体是如何划分的？

习 题

图 T1－1 是测量介质材料表面电阻率的示意图。其中边长为 a 的两块正方形金属板电极垂直于纸面放置且相互平行，间距为 d，两电极之间充满待测介质。当在两电极上施加直流电压 U 时，表面和内部分别有表面电流 I_s 和体积电流 I_v 流过。设 $a=10\ \text{cm}$、$d=5\ \text{cm}$，所加直流电压 $U=1000\ \text{V}$，试验中测出 $I_s=4\times10^{-14}\ \text{A}$、$I_v=2\times10^{-13}\ \text{A}$。试求待测介质的表面电阻率和体积电阻率。

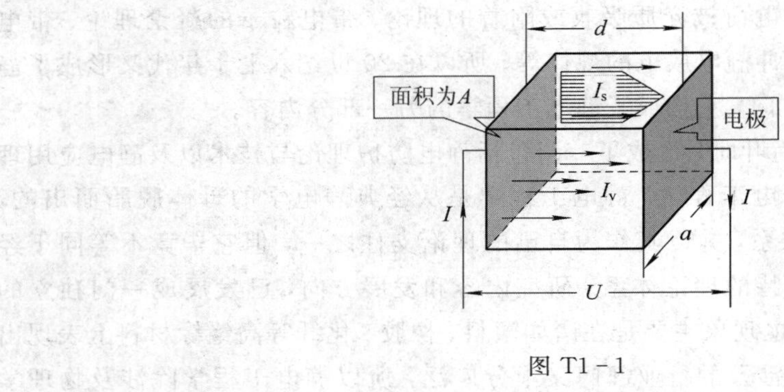

图 T1－1

第 2 章　静电的物理效应

2.1　静电放电概述

静电之所以在工业生产和社会生活中引起许多危害，主要是由于物体带电后所显现的一些物理效应。物体带电后将在周围空间激发静电场，静电场作为一种特殊的物质，其基本属性是具有能量和力的作用，因而位于电场空间的其他物体就会受到这些作用，而表现出一系列的物理现象——静电效应，特别是静电放电效应更是引发绝大多数静电危害的根源，如静电障碍、静电电击、静电灾害。作为静电工程学一个重要组成部分的静电防护，就是以静电放电及其防护为核心内容的。

1. 静电放电的定义

静电放电这个概念对于许多非专业人员来讲，也许感到比较陌生，但在日常生活中，每个人都或多或少经历过或观察过这一过程。在干燥的冬季，若从化纤衬衫上脱下毛衣，会听到噼啪的响声，在暗处能观察到明亮的火花，若用手触及衣服会有疼痛的电击感；在室内地板(甚至是一般的水磨石地板、瓷砖地板，更不用说木地板或化纤地毯了)上行走一段时间，去开门或开窗，当手触及金属门柄或金属推拉杆时，也会有电击感觉。有时在朋友见面之际，与朋友握手的瞬间，也常由于两人所带静电电位的不同而发生电击，这些都是人体静电放电的例子。另一方面，雷电作为自然界最为壮观的一种静电放电现象更为人们所熟悉，雷电实质上就是带电雷云之间或带电雷云与大地之间发生了强烈的静电放电。

所谓静电放电(Electrostatic Discharge，ESD)，是指两个电位不等的带电体(通常是一个带电体与一个接地体之间)形成的电场强度超过两者之间介质的绝缘击穿场强时，因介质发生高度电离而使带电体上电荷趋于减少或消失的现象。能够发生静电放电的带电体叫ESD 源。

2. 静电放电的特点

静电放电具有以下特点：

(1) 静电放电是一个强电场的作用过程。

由静电放电的定义可以看出，静电放电是由于带电体之间的电介质发生电击穿、电离引起的。所谓介质的电击穿，是指介质在强电场作用下，其绝缘性能遭到破坏，由绝缘体变为导体的过程。使介质发生电击穿的临界场强叫击穿场强，相应的电压叫击穿电压。各种介质的击穿电压是不同的。表 2.1 列出了不同介质的击穿场强。

必须指出：使介质发生电击穿，从而引起静电放电的最直接因素是电场强度，而不是电压，因为电压除与场强有关外，还与发生放电的带电体(又叫电极)之间的距离有关。

例如SiO_2膜击穿的击穿场强为1×10^9 V/m，这个值应该说很大，但对于MOS器件栅极的SiO_2膜来说，其膜极薄，典型厚度为100 nm，即10^{-7} m，因此该膜的击穿电压只有$1\times10^9\times10^{-7}=100$ V，即加在栅氧化膜之间的电压只有100 V时，就可能导致膜击穿而发生静电放电。

表 2.1 各种介质的击穿场强

介　质	击穿场强/(V/m)
干燥空气	3×10^6
变压器油	1.2×10^7
电陶瓷	2×10^7
SiO_2膜	1×10^9
白云母	$3.1\times10^5\sim3.3\times10^5$

由此也可以看出，静电放电是一个伴随着强电场的过程，但却不一定伴随着高电压。过去常说ESD是一个高电压、强电场的过程，这种说法是不够确切的。

(2) 静电放电在多数情况下是一个瞬态大电流过程。

发生静电放电时，介质被击穿发生电离，所产生的带电离子在电场力的作用下发生定向移动，从而形成离子电流，又叫放电电流。又因为在发生静电放电时，带电体或称ESD源上的电荷不像有源放电那样，可以得到持续的供给，所以放电电流持续的时间是极短的。一般一次放电持续的时间仅为微秒(μs)甚至纳秒(ns)量级。过去一般认为ESD过程是一个小电流的过程，主要是当时的测量电流的仪器对极短暂的放电过程不能响应，只能测量出多次放电过程中电流的平均值。现在随着测量技术和测量仪器的进步，已证明在大多数情况下，静电放电会产生瞬时大电流。例如带电的导体或手持小金属物体(如钥匙或螺丝刀)的带电人体对接地体产生火花放电时，可产生几十安培甚至上百安培的瞬时放电电流。当然也有一些静电放电类型(如电晕放电)在整个放电过程中不会形成大的放电电流。

(3) 静电放电具有脉冲性质。

静电放电从本质上说是带电体上储存的静电能量迅速释放的过程。但是对于带电的导体和介质来说，其释放能量的形式是不同的。当带电导体对接地体发生静电放电时，其储存的能量一般是一次性地全部释放，因而放电的脉冲性质不明显，有些导体的放电，如电晕放电也会表现出较明显的脉冲性质。但带电介质对接地体发生静电放电时与导体有很大的不同，不能通过一次放电释放其全部能量，而只是释放其中的一部分，随后还会发生第二次、第三次以至更多次的放电，亦即介质放电具有多次、间歇的脉冲性质。

(4) 静电放电不仅会产生热效应，而且会产生明显的电磁效应。

静电放电时形成的放电电流会形成所谓的静电放电电磁脉冲(ESD/EMP)。其频带为几百千赫兹至几百兆赫兹(即$10^5\sim10^9$ Hz)，而幅值可达几十毫伏。静电放电的热效应和电磁效应是静电在工业生产和社会生活中造成许多危害的根源所在。以往传统的静电防护主要关心的是静电放电电流的热效应引起的危害，即ESD产生的注入电流对电火工品或粉尘的引燃、引爆问题，而忽略了 ESD 的电磁脉冲效应。近年来，随着电子和通信技术的快速发展，ESD 的电磁干扰损害问题日渐突出。在 ESD 过程中形成的强烈的静电放电电磁脉冲，其电磁能量往往会引起电子系统中敏感电路翻转、误动作而酿成严重事故。目前，ESD/EMP 已得到人们的普遍重视。作为近场危害源，许多人已把它与高空核爆炸形成的核电磁脉冲以及雷电放电时形成的雷电电磁脉冲相提并论。

（5）静电放电可在各种物质形态中发生。

ESD 可在气体中发生，也可以在固态的或是液态的、粉尘态的物质中发生。

2.2　气体放电的物理过程及其特征

静电放电既可能发生在气相，也可能发生在固体和液体中，但从实际的角度出发，人类社会生活和工业生产中的绝大多数静电危害是由气体，特别是空气中的静电放电所引起的。我们下面主要讨论空气中的放电。

1. 气体放电的物理过程

1）碰撞电离阶段

气体放电是气体介质被高度电离的结果。使中性气体分子分离为正、负离子（包括自由电子）的过程叫气体的电离。

下面以空气为例来说明它的电离过程。空气是一种良好的绝缘体，然而因宇宙射线、紫外线及地面放射性元素的作用，仍会存在少量正、负离子和自由电子，这个过程称为电离。负离子和正离子相遇，即还原成中性的原子或分子，这个过程称为复合。在离子的产生和复合达到动态平衡时，气体每单位体积内离子对数量的平均值保持一定。有测量表明，在标准状态下，每立方厘米的空气中大约有 1580 对离子，即离子密度为 10^3 对/cm^3。这种离子的密度虽然非常小（例如：铜的电子密度约为 10^{28} 个/m^3），但当把空气置于外电场中时，这些少量的带电离子，特别是其中的自由电子（又称为初级电子）对于空气的电离却起着十分重要的作用。

理论研究表明，电子的平均自由程约为同压强下气体原子或分子自由程的 5.6 倍（例如，实验测出在 10^{-4} mmHg 压力下，电子平均自由程的数量级为 10^2 cm，即为几米）。在这样长的过程中，自由电子受外电场加速就可能获得较大的速度和能量。但当外电场较弱时，自由电子速度不大，它所具有的能量达不到原子激发的要求，原子不吸收其能量。这样，自由电子与原子或分子的碰撞只能是弹性的。显然，在弹性碰撞阶段空气不能发生电离。而当外电场足够强时，被加速的电子能量随之增大，其动能可能全部交给与之碰撞的气体原子或分子，并使后者激发或电离，这就发生了具有能量转移的非弹性碰撞。显然，只有弹性碰撞发展到非弹性碰撞阶段才会引起电离，这就叫碰撞电离。设电离是一次性的（即原子或分子与电子作非弹性碰撞后又失掉一个电子变成单价离子），若以 W_i 表示电离能，且自由电子的动能必须不小于 W_i 才能使原子电离，又以 $(U_1-U_2)_m$ 表示气体原子发生电离所需的最小电位差（又称电离电位），则发生电离时应有

$$W_i = e(U_1-U_2)_m \quad 或 \quad (U_1-U_2)_m = \frac{W_i}{e} \tag{2.1}$$

式中，e 为电子电量。可以用实验的方法测量各种气体的电离电位，如 H_2 的电离电位是 15.4 V，N_2 为 15.8 V，He 为 24.27 V，Ar 为 15.69 V。

2）电子雪崩阶段

碰撞电离新产生的电子与原有电子一起被电场加速，又进一步引起新的碰撞电离，每一次碰撞都使得电子与正离子数目倍增，这样，电离将连锁式地进行，如图 2.1 所示。在此过程中，笨重的正离子迁移得很缓慢，可视作静止不动，仅仅电子以雪崩的形式增加，这种现象被形象地称为电子雪崩。

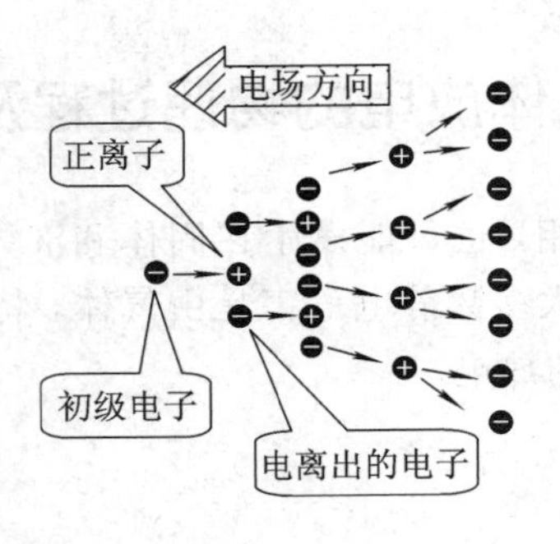

图 2.1　电子雪崩的形成

在通常放电条件下，正离子尚不足以引起碰撞电离，即不直接参与形成雪崩。但当正离子到达阴极之际，将会从阴极撞击出电子(俗称次级电子)，它担负着补给形成雪崩核的作用。此外，由于正离子移动速度缓慢，在很长的空间范围内停留，所以其电荷将对空间的电位、电场发生显著的影响，间接使电子运动发生变化，从而也对气体放电发生一定的影响，这种作用称为空间电荷效应。

设以某个电子最初的位置为坐标原点，并设引起电子雪崩后该电子逆着电场方向前进了 x(cm)，则该处的电子数目将从一个增为

$$N = e^{\alpha d} \tag{2.2}$$

式中，α 为气体的电离常数，指一个电子逆着电场方向前进 1 cm 时所引起碰撞电离的次数，即自由程的倒数，单位是 1/cm；d 是两极之间的距离，单位是 cm。应当注意式(2.2)仅适用于均匀电场的情况。

3）电离的自持阶段

必须指出，即使放电进入电子雪崩阶段，只要外加电场停止作用，放电也将中止。这是因为此时只有电子具有电离中性分子的本领，而正离子尚不能引起碰撞电离。这就使得气体放电具有单向簇射的性质，即一个电子与中性分子碰撞，从分子中击出一个电子，同时剩下一个正离子；向阳极运动的这两个电子再与中性分子碰撞，又给出两个电子与两个正离子，依此类推。但因正离子不能对中性分子电离，故外加电场一旦停止作用，则在电离电子飞到阳极后，放电也就终止了。如果加在两极上的电位差足够大，以致正离子也获得了电离中性分子的能力，则放电就具有了双向簇射性质。即正离子与中性分子碰撞时也将击出一个电子，同时得到一个正离子，如图 2.2 所示，它们在分别向两极移动的过程中都能使中性分子再电离，这时电离电流已不再是原来气体内存在的少量电子运动的结果，而是由于气体本身所产生大量电子和其他带电离子而引起的，因此称为自激导体。这时空气实

际上变成了导体，通常称为击穿，即使外加电势差消失，放电电流仍将维持下去，此时气体放电进入自持阶段(或叫自源阶段)。从理论上可以证明：气体获得自持放电的电流强度为

$$I = I_s e^{\alpha d} \tag{2.3}$$

式中，I_s 是气体未发生电离时的饱和电流，单位为 A。

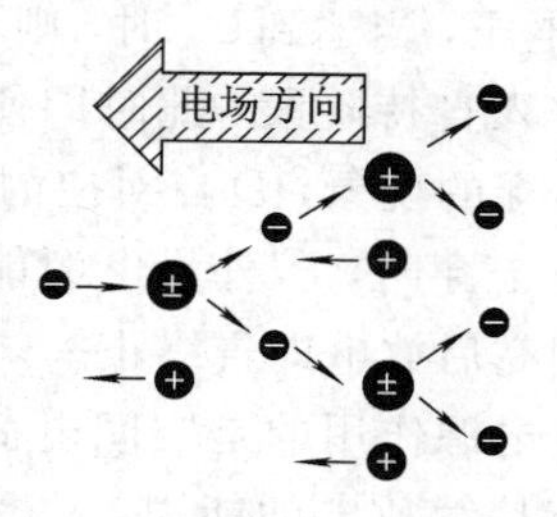

图 2.2　自持阶段示意图

4）电子及离子的消失阶段

放电时产生的电子和正离子分别达到极性相反的电极后，电子被阳极所吸收，而正离子在阴极处拉出电子复合为中性分子。此外，电离的逆过程，即电子与正离子的复合，或电子、离子由放电区域向外界扩散发生逸散，也会使得电荷载体消失。这些消失过程支配着放电通道中电子和离子的密度，对于放电形态有一定的影响。

除了复合和逸散导致电荷载体的消失外，电子还会在与某些中性分子碰撞时附着于其上形成负离子，这时它已丧失了碰撞电离的能力，有利于促进与正离子之间的复合，加快放电通道电荷载体的消失过程。因此，存在易于附着电子的气体时，一般将会抑制放电。

2. 气体放电的伏安特性

如图 2.3 所示，将空气置于电极之间，并在极板上施加可调的直流电压，测量气体放电的伏安特性，得到电流随电压变化的关系曲线——气体放电的伏安特性曲线，如图 2.4 所示。

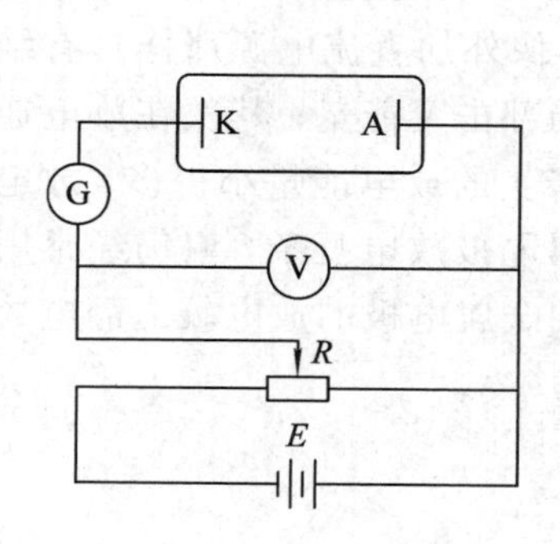

图 2.3　测量伏安特性的电路图

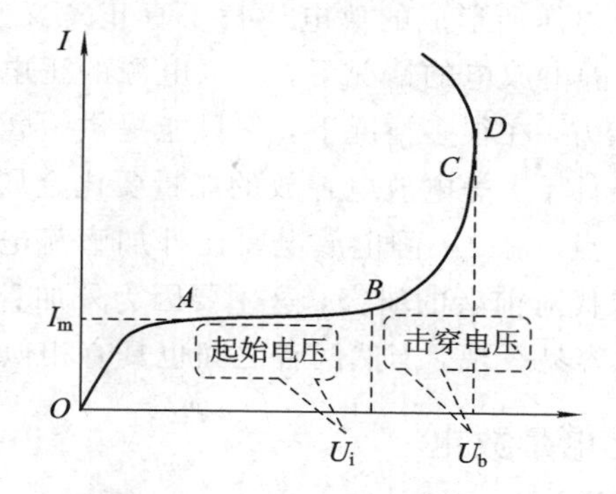

图 2.4　气体放电伏安特性曲线

当电极上所加的电压较低时，空气中原已存在的微量电子和离子在电场力的作用下，开始向两极运动，出现了上升很快的电流，但这一电流很快就达到了饱和，并在相当大的电压范围内保持不变。这就是未发生电离时的饱和电流，对应于图 2.4 中的 OA 段和 AB 段。在 OA 段随着电压的升高，极间电场也增强，到达极板的电子和离子数目也越多，所以电流随电压的升高而增大。当电压继续升高到接近 U_i 时，气体中电流基本保持不变(AB

段)，这是由于电极间空气中的少量电子和离子在极短时间内就到达电极了，而电子没有足够的能量产生新的电子，即未出现碰撞电离。当电压继续增大时，超过 U_i，此时发生碰撞电离，电流开始随电压的升高而明显增大，并且由于此后电子雪崩的发生使电流急剧增大，该过程对应图中 BC 段，其中与 B 点对应的电压 U_i 称为起始电压(与起始电压对应的场强称为起始场强)。若继续提高极间电压，当达到 U_b 时，则不仅自由电子的碰撞电离加剧，而且正离子也参与了电离，即放电进入自持阶段。此时即使外加电压不再增大，极间电流也能急剧上升，这就是气体介质电击穿的现象，D 点对应的电压 U_b 称为介质的击穿电压，相应的场强称为击穿场强。在发生电击穿时，若外界电源能提供足够的功率，则电极间可维持很大的放电电流，否则在光迹闪亮后放电即告终止。

在静电放电的情况下，起放电电源作用的是空间电荷或物体上积累的静电荷，所储存的能量既是有限的，又不具有维持持续放电的能力。故其放电情况属于后者，即光迹闪亮后放电即告终止。但在很多情况下，由于带电体上静电荷的继续积累，将会发生多次间歇放电。由图 2.4 可以看出，气体导电不遵循欧姆定律(除电流很小时)，放电电流与外加电压不成比例。

2.3 静电放电的类型

气体放电有很多种分类方法。按维持放电的条件可分为非自持放电(需要从外部提供带电粒子才能维持的放电)和自持放电(放电本身能使带电粒子的产生和复合得到平衡，即使不从外部提供带电粒子，其自身也能维持下去的放电)；按击穿程度可分为局部击穿和全路击穿；按电极间的电场分布分为均匀电场放电和非均匀电场放电；按放电形态分为电晕放电和火花放电等。从静电危害及其防护的角度考虑，我们主要介绍按放电形态的分类。

从前面的讨论可以看出，在研究静电放电和介质击穿时，我们实际上是以金属电极间施加直流电压所形成的放电代替了真正意义上的放电。事实上，这两种放电是有区别的。首先，在静电放电的情况下，放电电源的正电荷，并不像外加直流电源那样具有维持持续放电的能力，在很多情况下，它只能提供短暂发生的局部击穿能量；其次在放电通道长度相同的条件下，静电放电释放的能量要比金属电极间产生的放电能量小得多，放电波形也要复杂一点。总之，静电放电要比外加直流电源的金属电极放电复杂，但仍经常用对后者的研究取代对前者的研究，这主要因为外加直流电源的金属电极的放电较之静电放电容易实现，也容易复现，当然两者之间也具有相似的规律。

2.3.1 电晕放电

1. 电晕放电的定义

若作用于空气介质的外电场是非均匀的，如图 2.5 所示的针尖-平板电极，当在两极间施加一定电压时(如针尖电极接高压，平板电极接地)，则在两极之间形成一定的非均匀电场分布，其中尖端附近的场强要比其他地方的场强大得多，当极间电压升高至某一临界值 U_c 时，气体首先在尖端附近的高场强区域被电离，发生局部放电而形成雾状光辉区，这种放电形式叫电晕放电(Corona Discharge)。简言之，电晕放电就是带电体表面附近气体中发生局部放电的现象，或在不均匀电场中以局部击穿形式出现的一种气体放电。开始出现放电的临界电压 U_c 称为起晕电压，相应的电场强度叫起晕场强 E_c，雾状光辉区称为电晕区，能够发生电晕放电的电极(如上所述的针尖)叫电晕极。

2. 电晕放电的特点

1）电晕放电只在非常不均匀的电场中才会发生

在图 2.5 中，若从起晕电压 U_c 开始继续提高极间电压，则针尖附近的电晕区范围将随之扩大，直到扩大至对面的平板电极，放电贯穿了整个极隙间的气体从而过渡到火花放电，气体达到了完全击穿，所以可以认为电晕放电是一种不完全的火花放电。但若将尖端电极改用曲率半径很大的导体甚至采用平板电极，则随着电压的上升，放电一般不经过电晕阶段而直接发展到完全击穿。具体地说，只有当某一电极或两个电极本身的尺寸较极间距离小很多时才会出现电晕放电。例如在空气中，两根平行细导线间的放电，只有当两导线间距离 d 与细导线的半径 r 之比 $d/r>5.85$ 时，才能产生电晕放电，否则随着极间电压的升高，两极间直接产生火花放电。

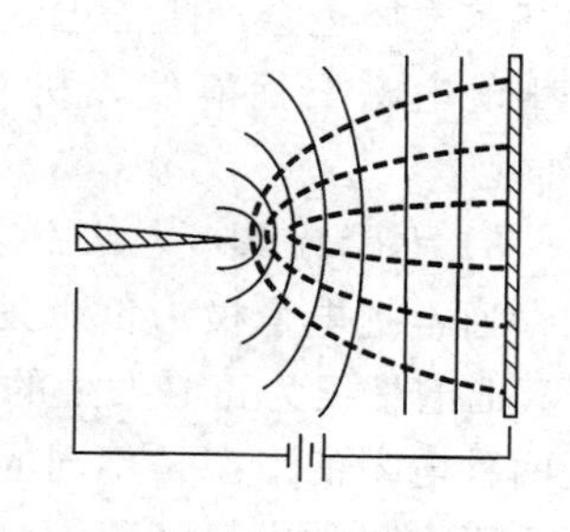

图 2.5　针尖-平板电极结构

除两平行细线电极结构外，其他能产生电晕放电的典型的电极结构有：共轴的细导线、共轴圆筒、细线-平板电极。此外，处于空气中的带电体及接地体表面上有突起或棱角处有时也会发生电晕放电，又称尖端放电。

2）电晕放电电流具有脉冲性质

在图 2.5 所示的针尖-平板电极中，若针尖接高压直流电源的负极，平板接正极，即电晕极为负，则电晕区生成的阳离子向电晕极趋近并被吸收，而电子则跑到电晕区之外，一般是电子先附着在具有电子亲合性的气体分子上形成负离子后，再趋向阳极。反之若电晕极为正，则电晕区产生的电子趋向电晕极并被吸收，而正离子则跑出电晕区趋向阴极平板，因此无论在何种情况下，在两电极间都会由于电子和离子的定向运动而形成一定的电流，叫电晕电流。在这个过程中，由于离子与中性气体分子间也要反复进行碰撞，故中性气体分子也在其运动方向上被驱动，在两极间产生每秒数米的低速气流，叫电晕风。所以在观察电晕放电时，不仅看到尖端附近的雾状光环，有时还能听到“嘶嘶”的声响，就是电晕风形成的。

理论和实验研究都表明，虽然引发电晕放电的电压是恒定的，但电晕放电电流却呈现周期性的脉冲形式，即电晕电流包含着重复的多元上升、下降和自熄灭过程。图 2.6 是电晕极为负时，电晕放电电流随时间的变化关系。每次脉冲都包含着上升的阶段，达到峰值后再下降，最后达到自熄灭，等到空间电荷适当消散后，再发生下一次脉冲放电。当电晕极性为负时，电流脉冲重复的频率可达到 10^4 Hz；而当电晕极为正时，这一频率可达到 10^6 Hz。

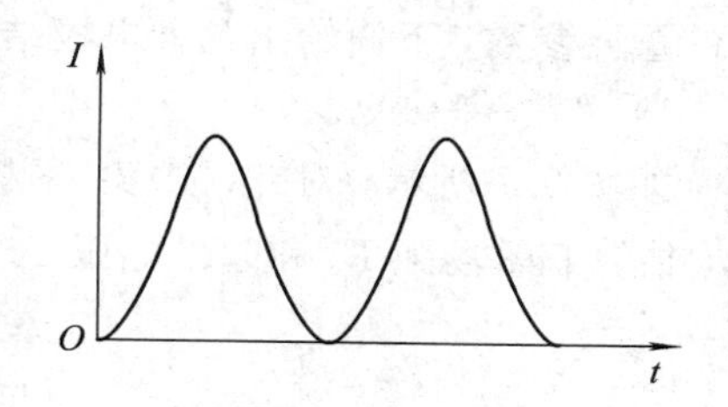

图 2.6　电晕放电电流随时间的变化关系

电晕放电电流具有周期性的脉冲形式这一现象最早于1938年由Trichel所发现，被称为Trichel脉冲，由于这些脉冲正好处于射频段，因此会产生强烈的射频(radio frequency)干扰，对于航空、航天以及武器装备中的微电子系统产生危害。例如：飞机在作穿云飞行时，机体与云层中的各种固相颗粒(冰晶、干冰、沙子等)撞击时会产生很强的静电，与气流的高速摩擦也会产生静电。这样在机翼、螺旋桨以及天线等尖端可能发生电晕放电，其所产生的电磁干扰能使飞机与地面的无线电通信中断，使无线电导航特别是电螺盘不能定向。

3) 电晕放电形态及击穿电压与电晕极性有关

通常把电晕极为负时发生的电晕放电叫负电晕，此时电晕区里存在大量电子或负离子；把电晕极为正时发生的电晕放电叫正电晕，此时电晕区里存在大量正离子。实验表明：这两种电晕的形态是不同的。负电晕的电晕区范围小，辉光明亮而集中，且颜色呈浅蓝色。相反正电晕的电晕区范围大，辉光暗淡而分散，颜色呈淡红色。此外这两种电晕在一定的极隙下，负电晕的击穿电压要比正电晕高。这一点在静电应用技术中是非常有用的。在不少场合，我们需要电晕放电得到大量带电离子，但又需避免极隙间的空气整体击穿，在这种情况下，采用负电晕放电要比正电晕好。负电晕或称负尖的击穿电压比正电晕或正尖高的理论解释是，当正尖附近发生电子雪崩后，所产生的电子很快移向正尖，并被吸收，于是在正尖附近留下大量质量较大、移动相对缓慢的正离子，这些正离子的存在使原来正尖端产生的正极性电场向外扩展，这样就有利于击穿向远处扩展，故击穿电压低。反之负尖在发生电子雪崩后，电晕区所产生的正离子由于笨重向负尖趋近很慢，所以可以认为负尖在一段时间内被正离子所包围。这样屏蔽了负尖原来产生的负极性电场，不利于击穿向远处扩展，故所需击穿电压就高。

4) 电晕放电是一种小电流，是空气被局部电离的过程

电晕放电是空气的一种局部电离或不完全击穿，故产生的放电电流很小，在直流电晕情况下一般为1微安至数百微安，而由静电放电引起的电晕放电电位就更小了，因此一般不具备引燃、引爆的能力。这一特性使电晕放电在静电应用技术和静电防护技术中都获得了重要的应用。

3. 电晕放电参数的计算

电晕放电的起晕电压 U_c(或起晕场强 E_c)和击穿电压 U_b(或击穿场强 E_b)是表示电晕放电的重要参数，下面给出几种电极结构发生电晕放电时有关参数计算的经验公式。

1) 针尖-平板电极

如图2.7所示，对针(锥)尖-平板这对电极所建立的不均匀电场来说，估算起晕场强 E_c 和起晕电压 U_c 的公式分别为

$$E_c = 31.0D\left(1+\frac{0.308}{\sqrt{rD}}\right) \qquad (2.4)$$

$$U_c = E_c r\ln\frac{2d}{r} \qquad (2.5)$$

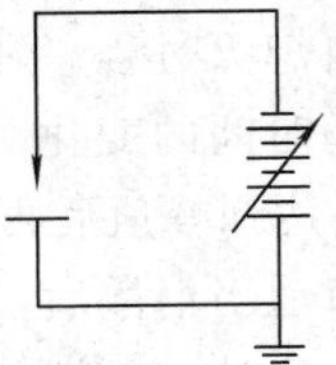

图2.7　针(锥)尖-平板电极

式中，E_c 是起晕场强(kV/cm)；U_c 是起晕电压(kV)；D 是空气的相对密度；d 是针尖与平板之间的距离(cm)；r 是针尖曲率半径(cm)。

空气的相对密度是一无量纲量，规定在 $t=25℃$，气压为 $p=760$ mmHg 的测试条件下，$D=1$。在其他温度和气压下：

$$D=\frac{0.392p}{273+t} \tag{2.6}$$

针尖电极如前所述与电晕极性有关，当针尖为负时，即对于负电晕有

$$U_b=100+8.6d \tag{2.7}$$

当针尖为正极时，即对于正电晕有

$$U_b=4.9d \tag{2.8}$$

式中，d 均为极间距离；U_b 为击穿电压(kV)。应当注意式(2.7)和式(2.8)仅当极间距离为 30～125 cm 时才适用。

2）细导线-圆筒电极

这种电极又称共轴圆筒-导线电极，如图 2.8 所示。设圆筒电极的半径为 R，细导线电极的半径为 r，则当二者之比 $R/r>10$ 时，起晕场强可表示为

$$E_c=31.5D\left(1+\frac{0.305}{\sqrt{rD}}\right) \tag{2.9}$$

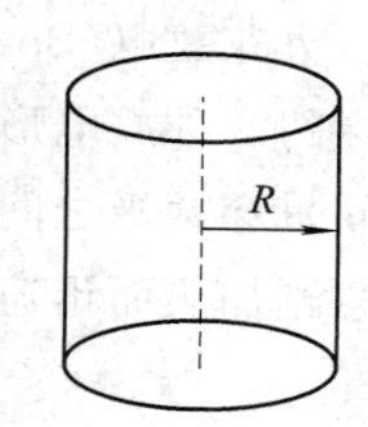

图 2.8　细导线-圆筒电极

相应的起晕电压为

$$U_c=E_ck\ln\frac{R}{r} \tag{2.10}$$

这种电极的击穿电压(指负电晕)为

$$U_b=\eta E_d \tag{2.11}$$

式中的系数 η 可查阅有关手册；E_b 为介质厚度也为 d 的一个平行板电容器电场的击穿场强，E_b 的确定与 d 值有关，当 d 约为 0.1 cm 时：

$$E_b=30+\frac{1.35}{d} \tag{2.12}$$

当 d 约为 1 cm 时：

$$E_b=30.75+\frac{1.23}{d} \tag{2.13}$$

当 d 为其他值时可参考 $E_b-\ln d$ 曲线。

3）细线-平板电极

细线-平板电极的结构如图 2.9 所示，其所产生的电场是一种极不均匀的电场，计算起晕电场的经验公式为

$$E_c=30.3kD\left(1-\frac{0.298}{\sqrt{rD}}\right) \tag{2.14}$$

式中 k 为细导线表面粗糙系数，对于光滑导线，$k=1$；r 为细导线电极的半径。相应的起晕电压为

$$U_c=E_cr\ln\frac{2d}{r} \tag{2.15}$$

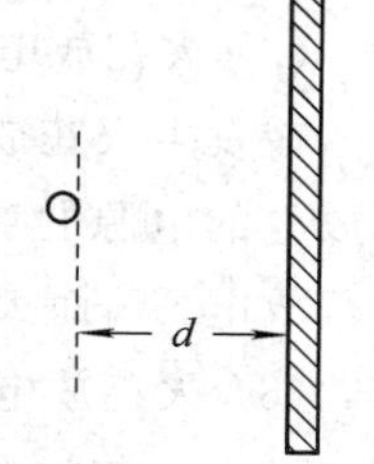

图 2.9　细线-平板电极示意图

细线-平板电极电场的击穿电压从形式上仍可用公式：

$$U_b=\eta E_bd\quad\text{(负电晕)} \tag{2.16}$$

其中的系数 η 可查阅有关资料。

有时发生电晕放电的电晕极可以同时是阳极和阴极，当阴极和阳极曲率都很大时（如针尖-针尖电极或细导线-细导线电极），两电极附近的电场都比中间区域强得多，则负电晕和正电晕两种形式同时出现，称为双极电晕。

式(2.9)～(2.16)中，E_c、E_b 的单位为 kV/cm，U_c、U_b 的单位为 kV，d、r、R 的单位为 cm。

2.3.2　火花放电

1. 火花放电的定义

火花放电(Spark Discharge)是电极间的电位差足够高时，致使极间气相空间全路径被击穿的一种放电形式，如图 2.10 所示。火花放电是一个瞬变过程，有明亮而曲折的光束在瞬间贯穿两极之间的空间，与此同时还伴随有剧烈的爆裂声响，这是由于放电通道的气体被急剧加热而迅速膨胀引起的。

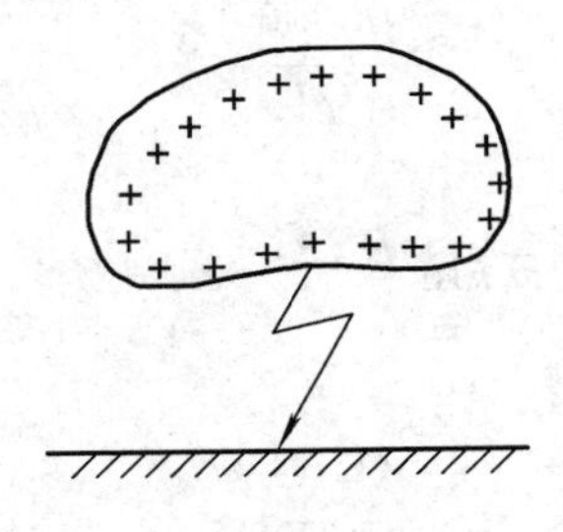

图 2.10　火花放电示意图

2. 火花放电的特点

(1) 火花放电伴随着强烈的发光和爆裂声响。

火花放电发生在两个电极的电位差足够大的情况下，两极之间介质形成导电通道，电极上积蓄的电荷瞬时被中和，如果没有充分的能量供给，则放电火花随即消失。这种全程击穿并不是指两电极间的整个区域被击穿，而是放电沿着一条狭窄曲折的路径贯穿于两极之间，一般无分叉，放电比较集中，所以放电能量大，因而会观察到明亮而曲折的光束在瞬间贯穿两极的空间。由于放电通道被急剧加热而迅速膨胀，因而还会产生剧烈的爆裂声响，有些火花放电通道上温度可达 1000℃。

(2) 火花放电也具有脉冲性质(间歇性)。

在发生火花放电时，空气被击穿由绝缘体突然变为良导体，电流强度骤增。但由于维持放电的电源的功率不够，因而电压反而下降，致使放电暂时熄灭，待电压恢复后，才再次进行放电，因而火花放电具有间歇性(脉冲性质)。

(3) 火花放电的引燃引爆能力和电磁破坏力均较强。

发生火花放电时，从时间和空间上释放的能量都是很集中的，放电通道完全成为导电通道，其所引起的热效应和电磁效应也非常强，故其引燃引爆能力很强(放电火花可以成为易燃易爆的点火源)。同时放电电流形成的电磁脉冲对敏感电子元器件和设备的破坏、干扰也很强。特别在两个电极均为导体且极间距离又较小的条件下，最易发生火花放电，而且这种火花放电的引燃引爆和电磁破坏力更强。这是因为带电导体发生放电时，几乎可以一次性全部释放其能量，故放电能量最大，又因为极间距离短，所以危险性也最大。

(4) 火花放电既可以在均匀电场中发生，也可以在非均匀电场中发生。

火花放电是两极间介质的完全击穿，在均匀电场中，则不存在预先的电晕放电阶段直接发生火花放电。在物体带电的情况下，多数电极间的电场都是非均匀的，当电场非常不均匀时，可以先形成电晕放电，然后发展为火花放电。

(5) 火花放电的类型主要决定于电极间隙和气体压强的乘积。

火花放电从发生的机制和类型上可分为汤逊(Townsend)型和流光型火花放电。粗略地讲：汤逊型放电的特性是在整个电极表面上相邻的多个点上发生放电，放电通道有扩展的趋势，而且，因在放电通道上离子行走速度较慢(雪崩进行速度约为 10^7 cm/s)，所以火花形成的时间较长。相反，流光型放电的特性是：放电不是发生在整个电极面上，而是取电极上一点，放电通道为细窄的光条状。同时在这种放电通道上离子行走速度快(雪崩进行速度为 10^8 cm/s)，所以火花形成的时间很短。

理论和实验表明：发生火花放电时究竟是哪种机制类型，主要取决于电极间隙 d 与气体压强 p 的乘积 pd。一般认为：当 $pd < 2.67\times10^4$ Pa·cm 时主要是汤逊机制起作用；而当 $pd > 2.67\times10^4$ Pa·cm 时主要是流光型机制起作用，但这只是一个大致的划分。实际的火花放电是一个非常复杂多变的过程，放电的机制和类型与带电体的形状、电场的均匀性、放电时带电电位都有关系。例如，当带电体电位较低时，发生的火花放电主要是汤逊机制起作用，而带电体电位较高时，发生的火花放电则主要是流光机制起作用。

还应当指出：人体形成的静电火花放电与一般导体形成的静电火花放电是不完全相同的。在一般情况下，带电导体发生静电放电时，形成一次火花通道便能放掉绝大部分甚至全部能量，即放电不具有明显的脉冲性质。但对于带电人体的火花放电来说，人体阻抗是随多种随机因素而变化的，例如：随人体静电电位变化而变化，人的着装也使人体与真正导体有很大不同，故人体发生火花放电时经历多次火花形成、消失的过程，即重复放电。每次放电过程仅能释放人体静电能量的一部分，呈现出一定的脉冲性。

3. 火花放电击穿电压的估算

1) 帕邢(Paschen)定律

帕邢定律是指在均匀电场中，气体间隙的击穿电压 U_b 和气体压强 p 与极间距离 d 的关系，可表示为

$$U_b = \frac{Bpd}{\ln\left[\dfrac{Apd}{\ln\left(1+\dfrac{1}{\gamma}\right)}\right]} \tag{2.17}$$

式中：B 为气体性质常数(V/Pa·cm)；p 为气体的压强(Pa)；d 是极间距离(cm)；A 是气体性质常数(1/Pa·cm)；γ 为系数，γ 的意义是一个正离子撞击阴极表面而使阴极逸出的电子数目，由实验加以确定。一些气体的 A、B 实验值如表 2.2 所列。

表 2.2　一些气体的 A、B 实验值

气　体	A (1/Pa · cm)	B (V/Pa · cm)
空气	0.113	2.74
N_2	0.09	2.57
H_2	0.038	0.98
CO_2	0.15	3.50
H_2O	0.096	2.18
He	0.023	0.26

由帕邢定律也可绘出空气的 U_b 随 pd 变化的关系曲线，如图 2.11 所示。由图看出，对于空气来说，在 1.01×10^5 Pa(即一个大气压)下，当极间距离为 7.5×10^{-6} m，$pd=0.76$ Pa · m 时，击穿电压有一最小值，约等于 327 V。

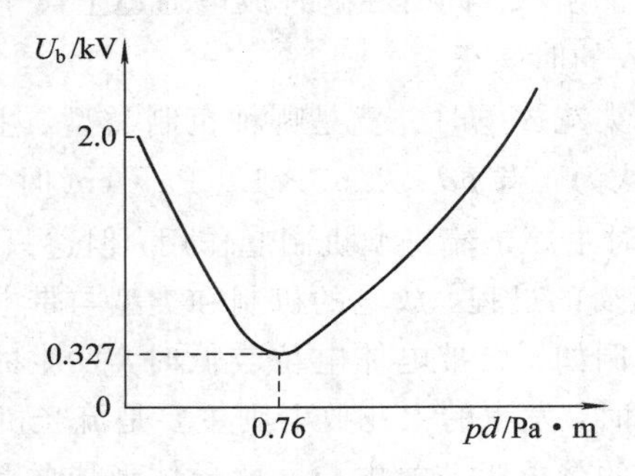

图 2.11　空气的 U_b-pd 曲线

2) 怀特赫德(Whitehead)经验公式

该经验公式按放电时气体的压强 p(以 atm 为单位)与极间距离 d(以 cm 为单位)的乘积 pd(atm · cm)取不同范围的值，有如下三种形式：

当 pd 介于 $1.32\times10^{-2}\sim1.31\times10^{-1}$(atm · cm)时：

$$U_b = 0.05pd + 0.5\ (\text{kV}) \tag{2.18}$$

当 pd 介于 $1.31\times10^{-1}\sim1.32$(atm · cm)时：

$$U_b = 0.041pd + 1.6\ (\text{kV}) \tag{2.19}$$

当 pd 介于 $1.31\sim13.2$ (atm · cm)时：

$$U_b = 0.035pd + 5.0\ (\text{kV}) \tag{2.20}$$

此外还可得出气压 $p=1$ atm 的标准状态下，均匀电场中击穿场强的经验公式：

当极间距离 $d=0.013\sim0.13$ cm 时：

$$E_b = \frac{0.5}{d} + 38\ (\text{kV/cm}) \tag{2.21}$$

当极间距离 $d=0.13\sim1.3$ cm 时：

$$E_b = \frac{1.6}{d} + 31.2\,(\text{kV/cm}) \tag{2.22}$$

当 $d=1.3\sim13\,\text{cm}$ 时：

$$E_b = \frac{5}{d} + 26.8\,(\text{kV/cm}) \tag{2.23}$$

由式(2.23)可以看出，放电间隙介于1～2 cm的范围内，均匀电场发生火花放电时，E_b以30 kV/cm为中心(相当于 $d=1.6\,\text{cm}$)上、下大约有10%的变化，故在实际遇到的极隙范围内，均匀电场的击穿场强大体上可取30 kV/cm。

2.3.3　刷形放电

1. 刷形放电的定义

刷形放电(Brush Discharge)是发生于带电的导体和绝缘体之间的一种放电，放电通道在导体一端是集中在某一点上，而在绝缘体的一端呈分散的树枝状，如图2.12所示。刷形放电的绝缘体可以是固体、液体和气体。

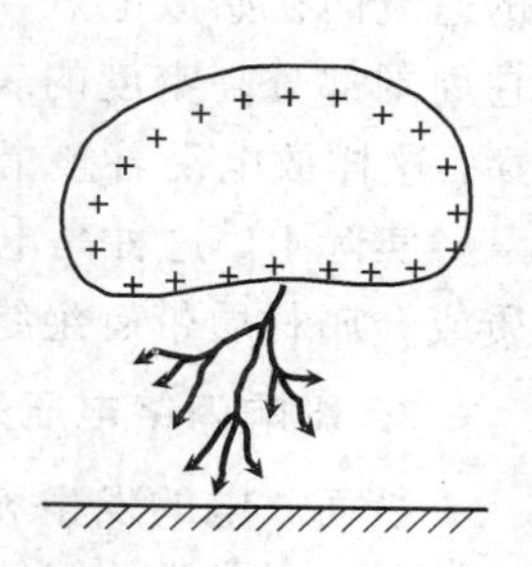

图2.12　刷形放电

2. 刷形放电的特点

(1) 刷形放电也伴有声光，但放电范围分布在较大的范围内，能量相对不够集中，故在单位空间范围内释放的能量较小，其放电等效能量约为1.0～3.6 mJ，具有一定的引燃能力，但低于火花放电，强于电晕放电。

(2) 刷形放电能量与放电的导体尺寸及绝缘体的表面积有关。在一定范围内，导体线度越大，绝缘体带电面积越大，刷形放电释放的能量也越大。

(3) 刷形放电的区域大小与带电极性有关。当绝缘体相对于导体为正电位时，发生刷形放电时在绝缘体上所形成的放电区域为均匀的圆形，放电面积比较小，所释放的能量也比较少。反之，当绝缘体相对于导体为负电位时，发生刷形放电时在绝缘体上所形成的放电区域是不规则的星状区域，放电面积也比较大，所释放的能量也比较多。

2.3.4　沿面放电

沿面放电(discharge along surface)又称为传播型刷形放电，也称利奇登别尔格(Lichtenberg)放电，它是沿气体与固体界面的一种放电现象，或者说，是固体介质在气体中的表面击穿。当沿面放电发展成贯穿性的击穿时，称为闪络。闪络时电极间的电压叫闪络电压。也可以这样理解：沿面放电是指带电绝缘体接近接地体时，几乎在与带电体和接地体之间发生放电的同时，沿带电绝缘体表面发生的一种放电。

沿面放电具有固定形状的发光，一般是树枝状，如图2.13所示，且形状一旦形成基本不再改变。沿面放电的能量很大，有时甚至达到数焦耳，因此其引燃引爆能力极强。

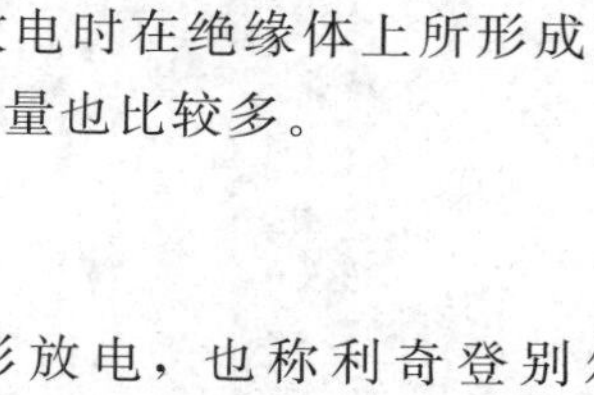

图2.13　沿面放电

1. 沿面放电发生的条件

经推算，只有当固体的表面电荷面密度大于 2.7×10^{-4} C/m^2 时，才有可能发生沿面放电，但在常温、常压条件下，这样高的面电荷密度是难以出现的。因为空气中单极性固体的表面电荷密度的极限是 2.7×10^{-5}C/m^2，超过这一数值时就会使空气电离，从而由于中和作用而使固体电荷密度降低。

但是，当固体介质两侧带有异性的电荷，且其厚度很薄时(小于 8 mm)，却有可能出现如此高的电荷面密度。此时介质内部的电场极强，而在介质表面空气中电场相对较弱，这样，虽然电荷密度很高，但却不会使空气电离。例如，当介质板的一侧紧贴有接地导体时，就能出现这种高的电荷面密度。此时若偶然有导体接近带电体表面时，介质外部电场得到增强，就能引起大范围的表面空气电离，介质表面上大面积的电荷经过邻近电离了的气体迅速流向初始放电点，形成刷形放电。放电使介质极上某一小部分电荷被中和，与此同时，它周围部分高密度的表面电荷便在该处形成很强的径向电场。这一电场会导致进一步的击穿，这样放电沿着整个介质板的表面传播开来，直到所有的电荷全部被中和。

实际上，这种高电荷密度主要发生在气流输送粉体和罐装大型容器的设备系绝缘性材质或金属材质带有绝缘层的情况。

2. 影响闪络电压的因素

沿面放电的发生和伸展条件相当复杂，要像前述的气体放电形式那样给出表面电压(即闪络电压)的定量表示是困难的。

当固体介质处于均匀电场中，且电场线与固体和气体的界面平行时，则发生沿面放电时影响闪络电压的因素有如下几个：

(1) 闪络电压与固体介质材料的种类有关。不同种类的材料闪络电压不同，且对同一种性质闪络电压随极间距离的增大而升高，如图 2.14 所示。

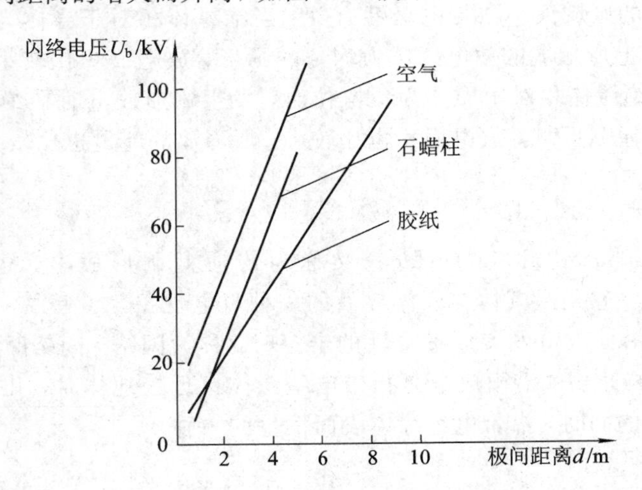

图 2.14　均匀电场中的闪络电压与极间距离的关系

(2) 闪络电压与介质表面的吸水性有关。吸水性越好闪络电压越低。

(3) 闪络电压与介质表面电阻的均匀性有关。表面电阻越不均匀和介质表面有伤痕裂纹时，闪络电压降低。

(4) 闪络电压与介质表面的沾污情况有关。有沾污时闪络电压降低。

(5) 与电极和固体介质接触的紧密程度有关。接触越不紧密，闪络电压越低。

(6) 受空气相对湿度的影响。在空气相对湿度低于 50%～60%时，闪络电压较高且随温度变化不大；当空气相对湿度超过 50%～60%时，闪络电压随温度的增大而急剧降低。

2.4　静电放电的能量特征

静电危害中很大一部分是由静电放电的热效应引起的，其危害程度与静电放电时释放出的能量有很大关系。因此，估算静电放电的能量对于分析静电危害的成因及研究其预防措施都有重要意义。但因导体和介质的放电特性不同，所以估算方法也是不同的。

2.4.1　导体对导体的放电能量

导体放电时其储存的能量一般是一次性全面释放。导体放电时之所以可以一次性释放能量，本质上还是因为导体所带电荷是分布于表面上，且处于可以自由移动的状态，故一旦出现放电通道，即可沿通道运动、转移。而介质带电后，电荷基本处于束缚状态，难于分散和转移，故放电具有脉冲性。设导体的放电间距恒定，则放电时放出的静电能量为

$$W = \frac{1}{2}C(\Delta U_1^2 - \Delta U_2^2) \tag{2.24}$$

式中，C 表示导体间的电容，ΔU_1 和 ΔU_2 分别表示放电前后导体间的电位差。导体放电能量示意图如图 2.15 所示。

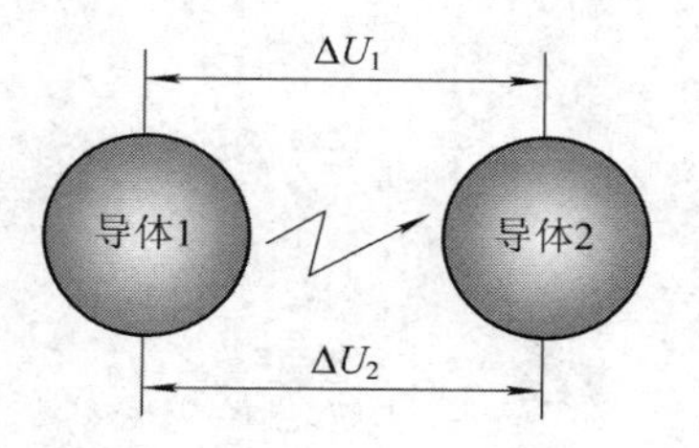

图 2.15　导体放电能量示意图

在很多种情况下，测量电量转移量更为方便，所以可将上式作如下变换。放电过程中电量的转移量为

$$Q_t = C(\Delta U_1 - \Delta U_2) \tag{2.25}$$

将其代入能量的表达式得

$$W = \Delta U_1 Q_t - \frac{Q_t^2}{2C} \tag{2.26}$$

根据式(2.26)只需测出放电前导体电位差及放电中转移的电量和导体间的电容，即可求出放电能量。

在实际情况中，很多是带电导体对接地导体的放电，设放电前导体电位是 U，即对地电位差，电容为 C 视作与大地构成的电容器的电容，则带电导体的能量为

$$W = \frac{1}{2}CU^2 \tag{2.27}$$

以上估算导体放电能量时都涉及测量或计算导体与导体的电容，或孤立导体的电容，下面我们介绍电容的概念，并给出一些典型电极的电容公式以备实际工作的需要。在静电防护中，所遇到的电极种类繁多、形状复杂，计算这些电极的电容或部分电容，需要应用很复杂的静电场求解方法，这已超过本课程的范围，故只给出结果，而不加以证明。

2.4.2 电容的概念

1. 孤立导体的电容

孤立导体可视作与大地构成的电容器，设导体带电量为 q，电位(即对地电位差)为 U，则孤立导体的电容为

$$C = \frac{q}{U} \tag{2.28}$$

即孤立导体的电容在数值上等于导体每升高 1 V 电位所需的电量。

2. 两导体之间的电容(即电容器的电容)

两个任意形状彼此靠近的导体，在周围无任何其他导体或带电体时，即组成一个电容器。设给两个导体分别带上 q 的电量，其间电位差为 ΔU，则电容器的电容为

$$C = \frac{q}{\Delta U} \tag{2.29}$$

可见，电容器的电容在数值上等于两导体间电位差为 1 V 时，导体所带的电量。它只与导体的尺寸、形状、相对位置及其间介质有关。对于其他形状的电容器有

平行板电容器：

$$C = \frac{\varepsilon_0 \varepsilon_r s}{d} \tag{2.30}$$

圆柱形电容器：

$$C = \frac{2\pi\varepsilon_0 \varepsilon_r l}{\ln(R_1/R_2)} \tag{2.31}$$

球形电容器：

$$C = \frac{4\pi\varepsilon_0 \varepsilon_r R_1 R_2}{R_2 - R_1} \tag{2.32}$$

3. 部分电容(多导体系统的电容)

在由多个导体组成的多个体系中，电容的概念就比较复杂了。我们先看一个例子，在静电测量中，有一种典型的测量，是由非接触式静电电位计测量绝缘导体的带电电位，其电路图如图 2.16 所示。这里待测物体 A、仪表的探头 P 和静电电位计 B 以及它们所组成的整体都存在对地电容。同时它们之间也存在电容，例如 A、P 之间。这些电容相互间串联或并联，构成一个电容网络。如果要计算 A、P 之间的总的等值电容，就绝不仅仅是 C_0，而是与其他几个电容也有关系，这就涉及多导体系统的电容概念，或叫部分电容，部分电容的概念可归纳为以下两种。

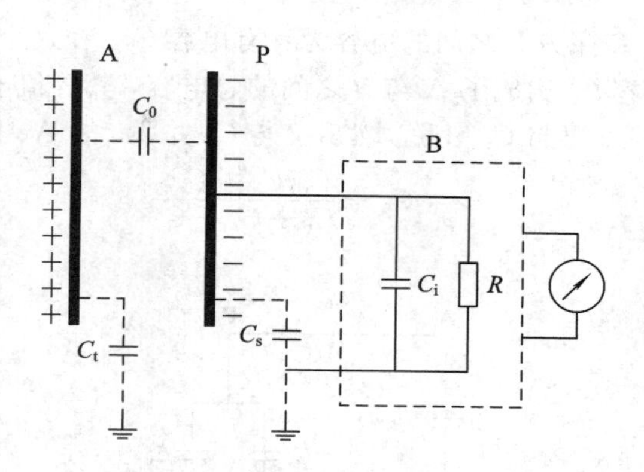

图 2.16 非接触式电位计测量原理图

1）自有部分电容

自有部分电容指多导体系统中，每一导体对参考导体（一般取大地）之间的电容。如上例中的 C_t、C_s、C_i 分别是导体 A、探头 P、仪表 B 对大地的电容，因而属于自有部分电容。某个导体的自有部分电容在数值上等于除参考导体以外的所有导体连接在一起时，为使该导体与参考导体之间建立 1 V 的电位差该导体所带的电量，如图 2.17 所示，显然它与孤立导体电容的概念是不同的（自有部分电容一般用 C_{10}，C_{20}…表示）。

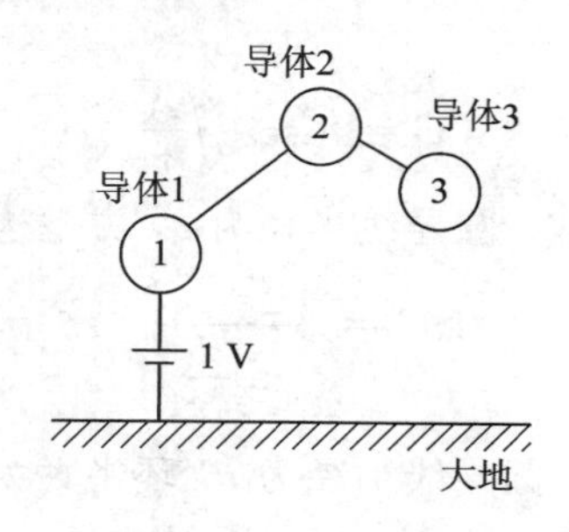

图 2.17 自有部分电容

2）互有部分电容

由于除该两导体外，周围还存在着其他导体，所以互有部分电容的概念不同于电容器的概念。如图 2.18 所示，导体 2 与除导体 1 以外的所有其他导体（包括参考导体）相连时，为使导体 2 与导体 1 之间建立 1 V 的电位差，导体 2 上所带的电量称为互有部分电容（互有部分电容一般用 C_{12}、C_{13}…表示）。

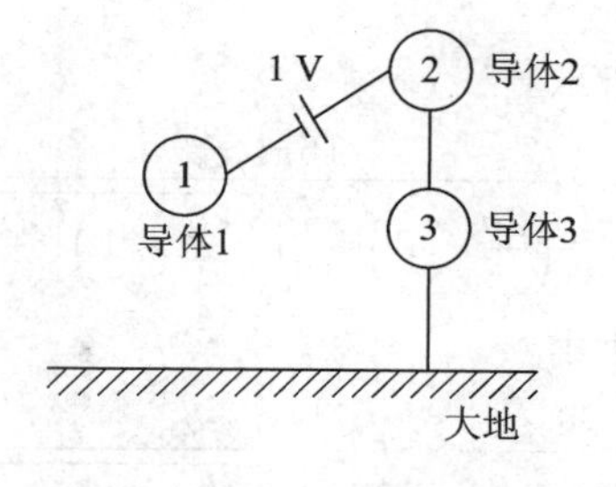

图 2.18 互有部分电容

上例中被测导体 A 和探头 P 之间的电容为互有电容 C_0。在这个多导体系统中，自有电容 C_t、C_s、C_i 和互有电容 C_0 构成了 A 与 P 之间的总电容，其等值电容的电路图如图 2.19 所示。这里 C_i 与 C_s 并联，再与 C_t 串联，然后又与 C_0 并联，故 A、P 之间的等值电容为

$$C = C_0 + \frac{C_t(C_s + C_i)}{C_t + C_s + C_i} \tag{2.33}$$

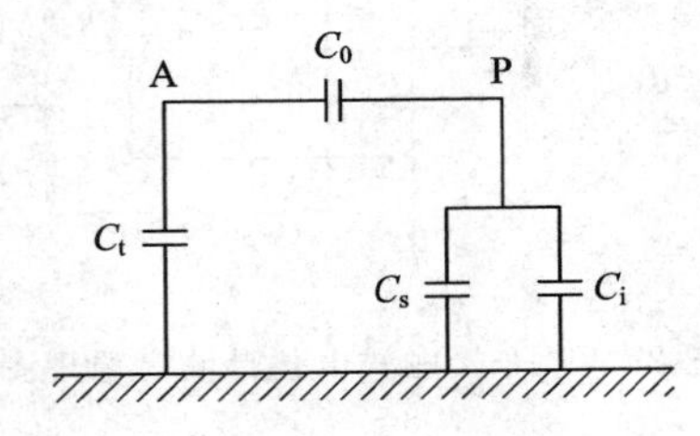

图 2.19　等效电容

4. 典型电极的电容计算公式

1) 孤立导体

孤立圆盘(半径为 R)：

$$C = 8\pi\varepsilon_0\varepsilon_r R \tag{2.34}$$

孤立平板(面积为 A)：

$$C = 8\varepsilon_0\varepsilon_r\sqrt{\frac{A}{\pi}} \tag{2.35}$$

孤立方框(方框由圆导线制成，圆导线半径为 r，方框边长为 d，且 $r \ll d$)：

$$C = \frac{2\pi^2\varepsilon_0\varepsilon_r d}{\ln\dfrac{d}{4r}} \tag{2.36}$$

孤立圆环(圆环由导线制成，圆导线半径为 r，环半径为 R)：

$$C = \frac{8\pi^2\varepsilon_0\varepsilon_r R}{\ln\dfrac{8R}{r}} \tag{2.37}$$

孤立长棒(棒长为 l，棒半径为 r)：

$$C = \frac{2\pi\varepsilon_0\varepsilon_r l}{\ln\dfrac{\sqrt{l^2 + r^2} + 1}{\sqrt{l^2 + r^2} - 1}} \tag{2.38}$$

2) 非孤立导体电极

球与平板电极(如图 2.20 所示)：

$$C = \frac{16\pi\varepsilon_0\varepsilon_r b}{\left(\dfrac{2b}{r} - 3\right) + \sqrt{\left(\dfrac{2b}{r} + 1\right)^2 + 8}} \tag{2.39}$$

球与球形电极(如图 2.21 所示)：

$$C = \frac{4\pi\varepsilon_0\varepsilon_r b}{\left(\dfrac{b}{r} - 3\right) + \sqrt{\left(\dfrac{b}{r} + 1\right)^2 + 8}} \tag{2.40}$$

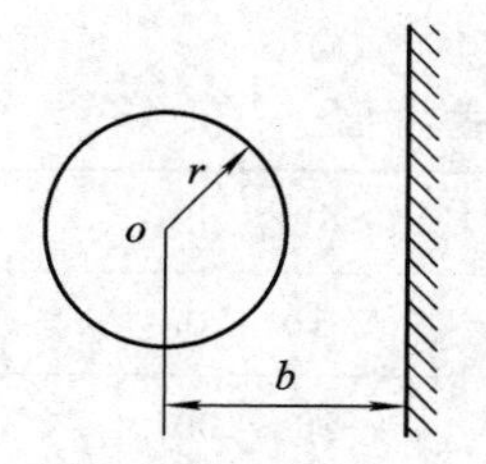

图 2.20　球与平板电极

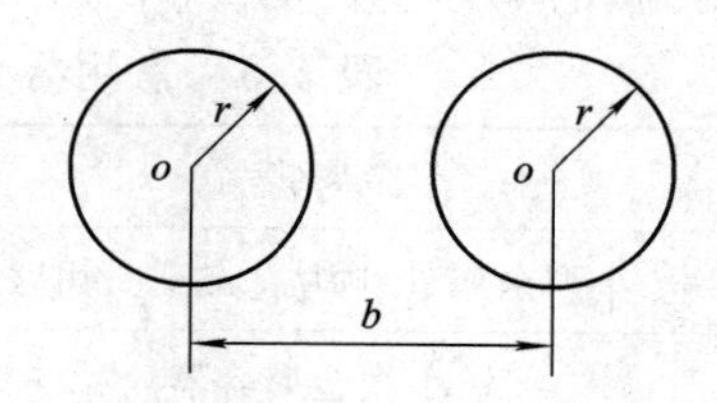

图 2.21　球与球形电极

圆柱与平板平行电极(如图 2.22 所示，l 为柱长)：

$$C=\frac{2\pi\varepsilon_0\varepsilon_r l}{\ln\left[\frac{b}{r}+\sqrt{\left(\frac{b}{r}\right)^{2}-1}\right]} \tag{2.41}$$

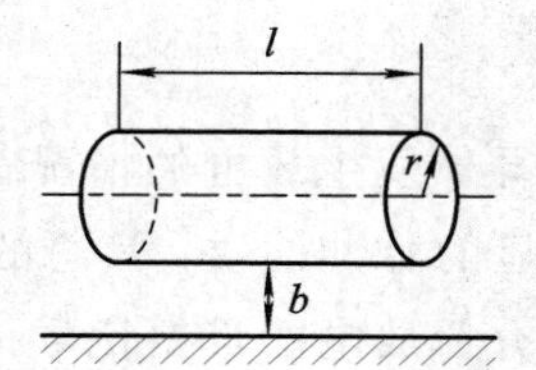

图 2.22　圆柱与平板平行电极

圆柱与平板垂直电极(如图 2.23 所示，l 为柱长)：

$$C=\frac{2\pi\varepsilon_0\varepsilon_r l}{\ln\left(\frac{l}{r}+\sqrt{\frac{4b+l}{4b+3l}}\right)} \tag{2.42}$$

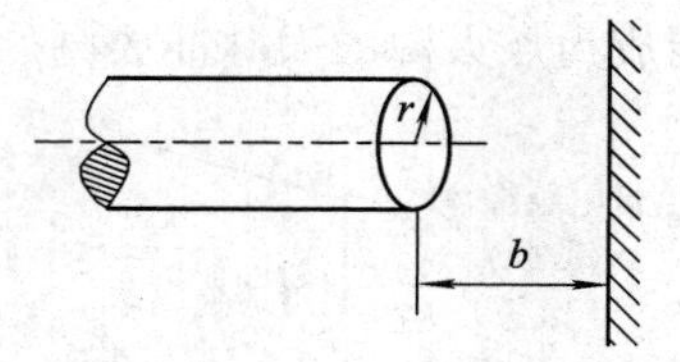

图 2.23　圆柱与平板垂直电极

平行圆柱电极(如图 2.24 所示，l 为柱长)：

$$C=\frac{\pi\varepsilon_0\varepsilon_r l}{\ln\left(\frac{b}{2r}+\sqrt{\frac{b^2}{2r}-1}\right)} \tag{2.43}$$

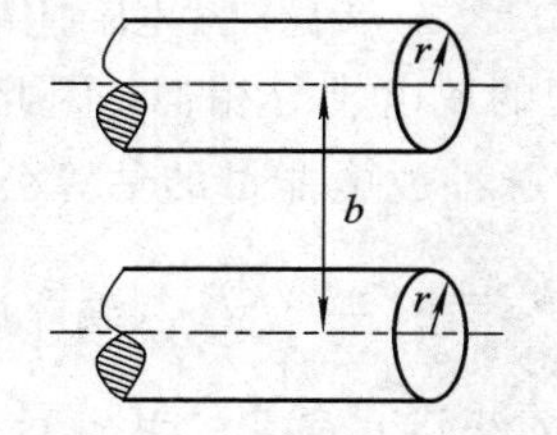

图 2.24　平行圆柱电极

常用导体(对地)的电容值如表 2.3 所示。

表 2.3　常用导体电容的参考值

金属物品	电容/pF
小型金属件(喷嘴、软管、钥匙)	10～20
小型金属容器	10～100
中型金属容器	50～300
大型反应型容器	100～1000
人体	100～400

2.4.3　介质对导体放电的能量

在实际生产中，带电绝缘体对导体发生放电的情况很多，所以估算介质放电能量也很重要。前已述及，介质放电具有明显的脉冲性质，其总的放电次数及每次放电释放能量的多少具有很大的随机性，因此估算介质放电能量要比导体复杂。下面介绍基于实验方法的大脉冲放电测试法和一次性放电测试法。

1. 大脉冲放电测试法

前面已得出导体对导体释放能量的计算公式，现在以此为基础讨论带电绝缘体与导体放电，如带电的塑料薄膜对接地金属球的放电。如图 2.25 所示，当金属球不断向带电塑料表面接近时，也具有间歇性的脉冲性质，其脉冲间隔和峰值电压虽然都是随机的，但因是刷形放电，所以偶尔会出现可能成为点火源的大脉冲放电。

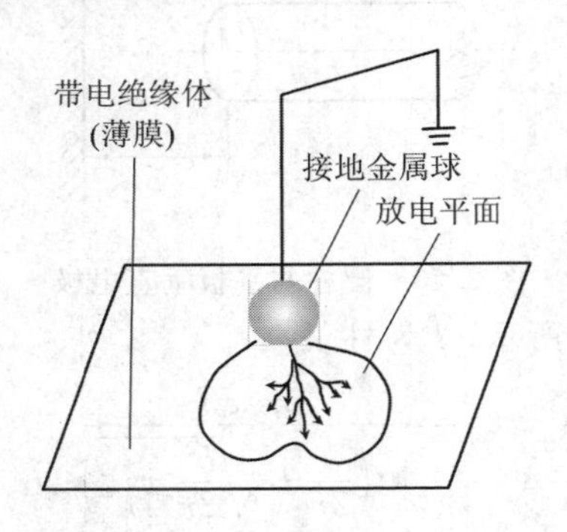

图 2.25　大脉冲放电原理图

大脉冲放电的特性与导体之间的放电十分相似，因此可以从式(2.26)出发并通过实验对其修正，得出带电介质对导体大脉冲放电能量的估算公式：

$$W = \alpha\left(\Delta U_{1d} Q_{td} - \frac{Q_{td}^2}{2C_d}\right) \tag{2.44}$$

式中：W 表示大脉冲放电能量；α 表示修正系数；ΔU_{1d}表示带电介质放电前的表面静电位；Q_{td}表示大脉冲放电时的电荷转移量；C_d 表示微分电容。微分电容的含义是大脉冲放电时的

电荷转移量与相应的电位之比，即

$$C_{\mathrm{d}} = \frac{Q_{\mathrm{td}}}{\Delta U_{\mathrm{d}}} \tag{2.45}$$

大脉冲放电的电量转移量也可按以下经验公式求出：

$$Q_{\mathrm{td}} = 0.14D^{1.7} \tag{2.46}$$

式中 Q_{td}的单位是 nC，D 为金属球直径，单位是 mm。

2. 一次性放电测试法

设介质放电时与转移无限小的电荷元 $\mathrm{d}q$ 所对应的放电能量为 $\mathrm{d}W$，则有 $\mathrm{d}W=u\mathrm{d}q$，其中 u 是放电轨迹上的起始点和最终点之间的电位差，故带电介质一次放电中释放的总能量为

$$W = \int_0^q u\mathrm{d}q \tag{2.47}$$

虽然原则上可按式(2.47)计算带电介质的放电能量，但因带电介质表面一般不是等位面，而且带电表面的形状、尺寸也难以精确地加以确定，所以在具体应用该式时是相当困难的。为此，可用带电介质表面的最大电位，亦即介质与接地体之间的最大电位差 u_{m} 取代式(2.47)中逐点变化的电位 u，这样可近似估算出介质的放电能量为

$$W = \frac{1}{2}qu_{\mathrm{m}} \tag{2.48}$$

式中，q 是带电介质发生一次放电中所转移的电荷总量。为确定 q，可采用示波器法和直接检查静电放电火花法。

2.5　静电放电模型

我们多次强调，静电放电(ESD)是一个复杂多变的过程。这主要表现在以下几方面：静电放电有各种不同的类型，能产生静电放电的物体(ESD 源)是多种多样的。同一 ESD 源对不同的物体放电时，往往产生不同的结果；同一 ESD 源对同一物体放电的结果也因环境条件的不同而异。这种复杂多变性使得人们难以深入地研究 ESD 规律，难以准确有效地对 ESD 危害进行评估。针对这一问题，人们将实际生产、生活中常见的 ESD 源划分为若干个类型，对每一类型及其静电放电过程进行合理的抽象和近似，以突出主要矛盾，建立其简单的电气模型(R、L、C 等)，并赋予模型中每个电气元件以适当的取值，这就是 ESD 模型。借此模型即可深入研究其规律。根据 ESD 源的主要特点可建立相应的静电放电模型，典型的有人体模型、器件带电模型、电场感应模型等。建立 ESD 模型的一个主要目的是可以根据模型来设计、制作 ESD 模拟器。

2.5.1　人体模型(HBM)

人体模型用来模拟带电人体向其他物体发生静电放电的过程。人是生产和科研活动的主体，人体是产生静电危害最主要的 ESD 源。人体在日常活动和生产操作中都可能产生不同数值的静电，其静电电位从数十伏至数万伏不等。人体作为导体存在电容和电阻，尽管

人体也有电感，不过量值通常为零点几微享，在大多数情况下可不予以考虑。基于以上认识，人体的电气模型可视为电容器与电阻器串联所组成的系统。为建立人体的 ESD 模型，需首先估算典型的人体电阻值和电容值。

1. 人体电阻

1）人体自身电阻

人体自身电阻是指由人体皮肤和体内机体组织（如血液、肌肉、骨骼等）所决定的电阻。它决定了人体静电放电特征和承受静电电击的能力。自身电阻具有相当宽的取值范围，根据文献报道约在 25～10 MΩ 之间变化。但在静电条件下，主要考虑 0.5～5 kΩ 的变化范围（公称电阻一般取 1.5 kΩ）。

人体自身电阻虽然主要取决于人体皮肤和内部组织本身，但受外界条件的影响也非常明显，主要是受水分的润湿、测试电压及对地绝缘程度（鞋子与地面）等因素的影响。

人体各部位电阻及其受汗湿、水润湿的影响情况如表 2.4 所列。

表 2.4 人体各部位电阻及其受汗湿、水润湿的影响情况

人体部位	电阻值/kΩ	备 注
手掌表皮	10～50	汗湿时减小到 1/2；水润湿时减小到 1/25
手腕表皮	2～25	汗湿时减小到 1/2；水润湿时减小到 1/25
人体内部	0.1～0.2（平均值）	内部电阻值按血液、神经、肌肉、骨骼的顺序依次增长

人体自身电阻和测试电压的关系曲线如图 2.26 所示。由图可见，二者之间的变化是非线性关系，测试电压升高时，人体自身电阻呈下降趋势。

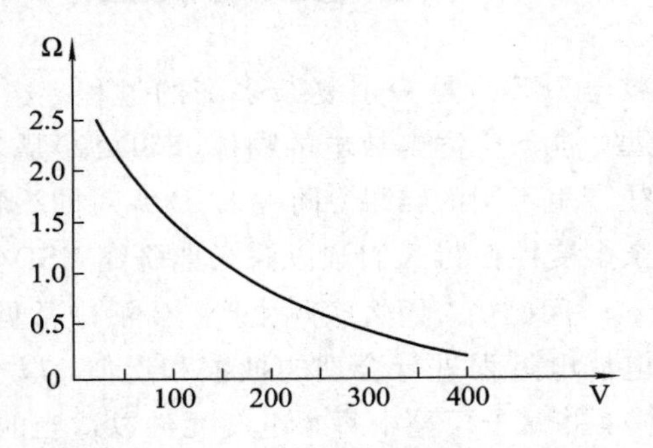

图 2.26 人体电阻和测试电压的关系曲线

2）人体对地电阻

人体自身电阻决定了人体静电放电特性和人体抗击静电电击的能力。但就实际情况而言，人的生产操作和日常活动都是着装（包括鞋子）条件下在地面上进行的，所以在静电防护技术中，讨论人体对地电阻也是非常重要的。人体对地电阻是指人体在正常穿戴情况下对大地的泄漏电阻值，即放电回路中人体的等效电阻。它主要取决于鞋袜和地坪的材料，表 2.5 和表 2.6 分别是人体赤脚站在不同材料地坪上的对地电阻以及人体穿不同种类的鞋子站在导体地面上的对地电阻。

表 2.5 人体赤脚站在不同材料地坪上的对地电阻

地坪种类	PVC贴面	木胶合板	普通橡胶	水泥	导电性水磨石
对地电阻/Ω	$10^{12}\sim10^{15}$	$10^{10}\sim10^{13}$	$10^{9}\sim10^{13}$	$10^{8}\sim10^{10}$	$10^{5}\sim10^{7}$

表 2.6 人穿不同材料鞋子站在地面上的对地电阻

鞋子种类	PVC塑料凉鞋	模压底皮鞋	塑料底布鞋	厚麻布鞋	薄麻布鞋
对地电阻/Ω	72×10^{12}	$>1\times10^{9}$	2×10^{8}	2.5×10^{6}	4×10^{5}

由上面的讨论可以看出，人体就其自身来说，确实相当于一个具有一定电阻的导体，至少是一种静电导体。本来是不会积累电荷的，但由于人体通常条件下是被衣服包覆的，所以就相当于与大地绝缘的孤立导体，不仅能积累电荷，还可引起十分可观的静电电位。

2. 人体电容

一般认为人体的电容由两部分组成，一部分是人体双脚对地面的电容，它可等效为双脚通过鞋底与地面构成的平行板电容器的电容；另一部分是人体其他部分(主要是躯干)对地面及周围导体的电容，它可等效为一个孤立导体的电容。在估算这部分电容时需把人体等效为几何形状较为规则的导体(如十字架、柱形、球形)，其中最常用的是球形，并把这一孤立导体球的半径取作人体身高的一半，而人体总电容则为以上这两部分电容并联的结果。由此可得人体电容的估算公式为

$$C=\frac{\varepsilon_0\varepsilon_r S}{d}+4\pi\varepsilon_0\left(\frac{H}{2}\right) \tag{2.49}$$

为方便起见，将上式化为 pF 为单位，并将 $\varepsilon_0=8.85\times10^{-12}$ F/m 代入后则有

$$C=\frac{8.85\varepsilon_r S}{d}+55.6H \tag{2.50}$$

式中，ε_r 为鞋底材料的相对电容率，S 是两个鞋底的总面积，d 是鞋底的厚度，H 是人体的身高。

按照上面的计算方法. 以人体身高为 1.73 m，鞋底的总面积 $S=0.036\text{m}^2$，鞋底的厚度 $d=0.01$ m，鞋底材料的相对电容率 $\varepsilon_r=5$ 可求出第一部分电容为 159 pF，第二部分电容为 96 pF，并且还可以算出第一部分电容(即双脚对地面的电容)约占人体总电容的 62%，第二部分电容(人体其他部分的电容)仅占 38%。

应当指出，按照式(2.49)计算出的电容要比一些报道中测量的人体电容值偏大。造成这一结果的原因是：总的来说人体的高度要比其宽度和厚度大得多，在计算时取球体半径 $r=H/2$，往往会过高地估计了第二部分的电容。考虑到这一点，有些学者提出在计算时不管人体身高如何，都取等效球的半径 $r=0.5$ m，这样得到的第二部分电容为 56 pF(或者按孤立圆柱体电容器计算第二部分电容，可称为静态电容)。

还需指出，式(2.49)只是作为人体在静态下电容的近似估计。实验表明，人体电容还与人体的器质特征、姿势、动作以及地坪等因素有关。而且当人体走动时，其电容值也是变化的。一般情况下，人体电容值可按数百皮法考虑。

3. 人体 ESD 模型

1）早期的人体 ESD 模型

1962 年，美国国家矿务局通过对 22 个人进行电容测试，得出人体电容在 90～98 pF 之间，而对 100 个人进行两手之间电阻的测试，得出人体电阻的平均值为 4 kΩ。这些测试结果为建立人体 ESD 模型提供了最早的依据，并一度被许多公司和机构采用。

2）中期的 ESD 模型

20 世纪六七十年代，人体静电放电对微电子元器件造成的击穿损害已相当严重，因此电子行业中的很多研究者致力于对人体 ESD 模型的研究。他们用比较真实的人体放电和各种模拟人体放电电路在放电时对元器件的损坏情况，来确定典型的人体模型参数。如 1976 年 Kirk 等人用这种方法得到人体参数为 $C=132\sim190$ pF，$R=87\sim190\ \Omega$。

3）现代标准的人体 ESD 模型

在广泛研究考察了电子行业中各种 ESD 模型后，美国海军司令部在 1980 年 5 月发布的 DOD1686 标准中规定了标准的 ESD 模型，即用 100 pF 的电容器串联 1.5 kΩ 的电阻作为标准的人体 ESD 模型。这种模型参数很快被人们普遍接受。其原因与其说是这种模型比较准确，不如说人们希望达到统一。此后在 1988 年和 1989 年分别发布的美国军标 MIL-STD-1686A 和 MIL-STD883C 中仍使用这一人体电气模型。

从实用的角度看，人体的 ESD 模型是基于带有静电的操作者在工作过程中与电子元器件的管脚接触，将储存于人体的静电通过元器件放电而使之失效而建立的。标准人体 ESD 模型对敏感电子元器件测试电路如图 2.27 所示。

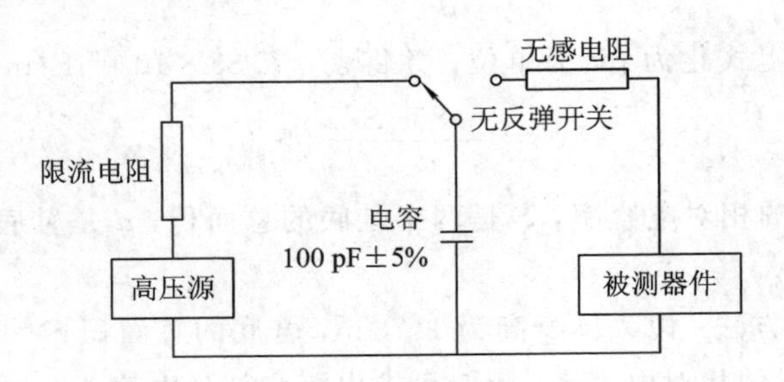

图 2.27 人体 ESD 模型对敏感电子元器件的测试电路器件带电模型

应当指出，上述模型主要用于对微电子元器件敏感度的测试。而在另外一些行业中，根据行业特点所采用的人体 ESD 模型与此有所不同。例如，对电火工品（电雷管、电引信）进行静电敏感度测试时，人体 ESD 模型的参数为 $C=500$ pF，$R=5$ kΩ，而在汽车制造业中，则为 $C=330$ pF，$R=2$ kΩ（以上均系美国军用标准 MIL-STD-1521 规定）。

2.5.2 器件带电模型（CDM）

器件带电模型是以模拟的带电元器件向其他物体发生静电放电的过程。电子元器件特别是集成电路主要采用金属、陶瓷、塑料等材料作为封装，所以元器件在加工、处理、储运过程中可能同工作面或包装袋接触、摩擦而带电，当带电元器件接近或接触接地的导体或人体时就会发生静电放电。由于这一放电过程是由元器件本身带电而引起的，故这种模型称之为器件带电模型。

器件带电模型是 RLC 电气结构，如图 2.28 所示，其中 C 是带电器件的对地电容，其值与元器件的管脚排列形式、封装结构及器件的放置方位有关，一般仅为数皮法；R 则为放电时元器件内部放电通道的电阻，该电阻很小，只有几欧姆；L 是放电时元器件管脚的电感，由于此模型中的放电电阻很小，故管脚电感对放电的影响已不能忽略，其电感值一般为几微亨至几毫亨。这种模型中为何放电电阻 R 很小，只有几个欧姆？这是因为通过实验发现，带电器件在带电时，大部分电荷都分布在金属的管脚上，而在非金属的封装上仅带有少量电荷。因为金属管脚电阻很小，所以放电电阻很小。也正是因为如此，器件带电模型要比人体带电模型在放电时更容易造成被试元器件的静电损伤，因为前者放电电阻小，放电电流大，瞬时功率也要大得多。器件带电引起的静电放电是造成电子元器件损坏的主要原因之一，随着集成电路的日益细微化、多引脚化、芯片大型化(芯片电容增加)，器件带电模型越来越受到人们的重视。

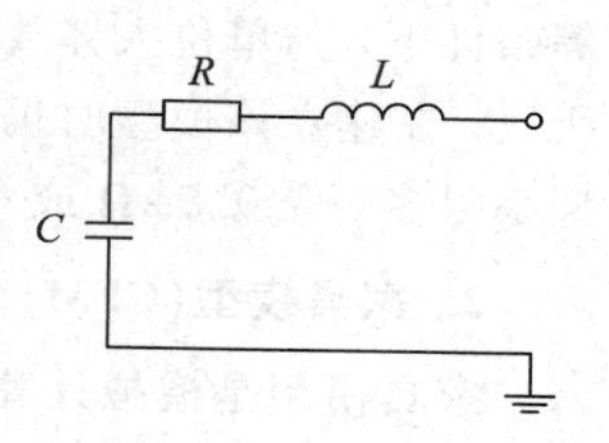

图 2.28　器件带电模型

2.5.3　电场感应模型(FIM)

当对地绝缘的人体、电子元器件或其他物体处于静电场中时，它们会因为静电感应或极化而带电；当外电场足够强时，这些物体上的感应静电位可达到足够高，从而引发这些物体与其他物体之间的静电放电。这类静电放电过程称为电场感应静电放电。

在模拟这一放电过程时，可根据参与放电的物体的不同，分别由人体带电模型、器件带电模型等模拟这些 ESD 源，相应取值参考也按前述。由此可见，电场感应模型并不是具体模拟某一 ESD 源，而是总体描述由于静电场的电场感应作用导致静电放电而引起元器件失效的一种机制。例如将 MOS 器件放入静电场后，则其栅极氧化膜(SiO_2 薄膜)在外电场中会感应出很强的电场，而使原来的电场发生畸变，这样就会导致局部区域的电场增强，从而使 SiO_2 层击穿。实验表明，MOS 器件放入 6×10^5 V/m 的静电场就有可能使 SiO_2 击穿失效，事实上这个电场远远小于 SiO_2 的击穿场强 1×10^9 V/m。

再如双极型器件置于静电场中时，由于该种器件没有绝缘栅型结构，所以在其 SiO_2 层上不会出现很大的电位差，但在静电场中，器件内金属连线上的电荷却要重新分布，以满足静电平衡的条件。此时，若器件的引出端与地或其他物体接触，为满足静电平衡的要求，器件中金属连线上的电荷会转移到地或其他物体上。这一电荷流动所形成的电流就会导致在其流经途径上的导体或元件发生损伤甚至失效。此过程与带电器件模型相比，两者之差别主要是电荷来源不同，前者来源于静电场感应，后者则来源于器件本身的静电摩擦带电。

2.5.4　其他 ESD 模型

1. 人体金属模型(HMM)

人体金属模型用来模拟带电的人体通过手持的小金属物件如螺丝钉、钥匙等对其他物体产生放电的过程。当带电人体手持小金属物件时，由于金属物件的尖端效应，使其周围的场强大大增强，再加上金属物件的电极效应，导致放电时等效电阻大大减小。因此，在同等条件下，与单位人体放电相比，它产生的放电电流峰值大，持续时间短，瞬时功率更大。所以，在建立该模型时仍取 RC 串联电路模型，放电电容取 150 pF，而放电电阻却比人体模型小得多，取 0.5 kΩ 或 0.15 kΩ。

2. 家具模型(CFM)

家具模型是模拟计算机房或实验室内那些易于移动的家具，如椅子、小仪器、搬运车、工具箱等带电后对其他仪器设备的放电过程。从原则上说，任何家具都可能由于种种原因而带电，但那些体积较大、不易搬动的家具，如大的文件柜、工作台等，它们带电对其他电子设备产生 ESD 的机会很小，因此对于家具 ESD 的研究主要针对那些容易移动且在敏感电子设备附近、经常用到的家具。进行家具 ESD 研究最早的是 IBM 公司，该公司为了加强对其产品的静电防护能力，分别对人体 ESD、人体-金属 ESD 及家具 ESD 等三种形式的静电放电进行了研究，发现在同等放电电位下，家具 ESD 的放电电流的峰值较之其他两种情况都要大，因而造成的危害也最严重。

在建立家具模型时，仍应用与带电器件模型相似的 RLC 电气结构，如图 2.28 所示。电路中 C 为家具的储能电容，L 为回路电感，R 为放电电阻，其中 C 是最重要的模型参数，在给定带电电压时，它决定了带电家具所储存静电能量的大小，该模型中一般取 $C=150$ pF。另外，因家具带电时，电荷主要分布在家具上的导体部分，故家具放电电阻比人体小得多，在模型中通常取 $R=15\ \Omega$，$L=0.2\sim0.4$ mH。

以上介绍了几种常用的 ESD 模型，对于了解 ESD 源特性，分析 ESD 的危害都有重要的意义。

3. ESD 模拟器

建立 ESD 模型的主要目的之一是根据模型来设计、制作相应的静电模拟器，以使用来实现各种模拟功能和对静电敏感元器件进行系统检测。尽管 ESD 源的电气模型非常简单，但要制作出既能反映出真实 ESD 过程的主要特点又要具有很高的放电重复性的静电模拟器，则是一件非常复杂的事情。这是因为 ESD 本身只是一个瞬变过程，涉及频率很高的高频成分，因此模拟器中各种器件的布置、寄生参数及接地线与放电电阻的几何尺寸，形状都会对放电波形产生严重的影响。另外，在 ESD 模拟器中，既有静电高压发生器又有控制和测量部分的低压线路，所以，为保证放电电流波形满足一定要求，在设计制作 ESD 模拟器时还需解决其自身的电磁兼容性问题。

在使用 ESD 模拟器对静电敏感器件或系统进行检测时，如采用的放电方式不同，所要求的模拟器件的结构及放电电极的形状也不相同。ESD 模拟器对被测物体进行测试时，使模拟器的放电电极逐渐接近被测物体，直到电极和被测物体之间形成火花击穿通道导致发生放电为止。空气放电方式的特点是放电由外部空气击穿形成火花通道而触发，同时为减小电极的电晕效应，放电电极的顶端一般都被制作成球状。空气放电方式的主要缺点是放电的重复性差，这是因为空气放电方式涉及外部火花通道的形成过程，而温度、湿度以及模拟器放电电极接近被测物体的速度都会引起放电过程的显著变化。由于这个原因，空气放电方式已逐渐被接触放电方式所替代。该方法的要点是在放电之前，先将 ESD 模拟器的放电电极与被测物体的敏感部分保持紧密的金属接触，之后由模拟器内部的高压继电器触发静电放电，从而避免了空气放电方式中影响因素很多的空气击穿过程，因此具有很好的放电重复性，也能反映实际 ESD 过程的主要特点。

ESD 模拟器的设计制作已超出本教材要求，故不再赘述。

2.6　静电放电与引燃

静电危害的主要形式之一是静电放电火花作为点火源而引起的燃爆事故，又叫静电灾害。形成静电灾害的必要条件，一是带电体积累足够高的静电电位而发生静电放电，二是带电体周围存在可燃性混合物。本节着重讨论第二个条件与第一个条件的关系。

2.6.1　可燃性混合物与燃爆的概念

1. 可燃性混合物

所谓可燃性混合物，是指可燃性物质与助燃物质，通常指空气的混合物。凡能与空气中的氧气或其他氧化剂起反应的物质都叫可燃性物质，如可燃性气体(煤气、氢气)、可燃液体(轻质油品、酒精)、可燃性固体(木材、纸张)；而助燃物质主要是氧气。由于空气中含有 21%的氧气且空气广泛存在于各个场所，所以是最常见的助燃物质。我们把可燃物质与空气的混合物简称为可燃性混合物。

应当指出：大部分可燃性物质(包括固体、液体、气体)其燃烧是在蒸气或气体状态下进行的，也就是说，固体燃烧一般并不是固体本身的燃烧，而是固体受热后先熔化，再蒸发成蒸气，然后燃烧，也有的受热后不经熔化而直接分解出可燃性气体而燃烧。同样，液体燃烧也并非液体本身的燃烧，而是液体蒸发出的蒸气被分解、氧化而燃烧。

2. 燃爆

1) 燃烧

通常所说的燃烧就是物质与氧的化合反应，且是一种伴有发热、发光的强烈氧化反应。有些还包括分解反应，如有些物质的燃烧是物质先分解，然后发生化合反应。

2) 燃爆

爆炸是什么？它与燃烧又有什么关系？爆炸是指压力在瞬间向四周猛烈扩散的现象。爆炸分为物理性爆炸和化学性爆炸。前者是指由于液体变成蒸气和气体时体积膨胀，压力急剧增加，大大超过容器所承受的极限压力而发生的爆炸。后者是由于可燃性物质本身发生了化学反应，产生大量高温气体而发生的爆炸。爆炸实际上就是可燃性物质与氧化剂混合，本质上仍是更为迅速的燃烧。这种燃烧速度极快，并出现大量热能和气态物质，使得在爆炸时产生很高的温度和压力，并发出声响。可燃的气体、蒸气、粉尘与空气的混合物的爆炸都属于化学爆炸，这种爆炸可直接造成火灾。

基于以上论述，本教材讨论的爆炸都是化学爆炸，并且由于这种爆炸与燃烧之间密切的关系，对于这两个术语一般不再加以区别，而统称为燃爆。

2.6.2　点火源和静电放电火花的引燃机制

1. 点火源

如果空间只存在燃爆混合物，而没有点火源(又叫火种)，当然也不会引起燃爆。所以，点火源是燃爆的必要条件之一。

点火源主要是热能源，常见的有以下几种：

(1) 明火：如火柴火、蜡烛火、打火机的火焰等。

(2) 高温物体：如暖气管、烟囱。

(3) 由电能以外的其他形式能量转变为热能的火种。常见的能量转换形式有以下几种：由机械能转变为热能，如摩擦发热、撞击发热，如钢铁摩擦碰撞时从表面飞溅出来的高温金属颗粒形成的火花，砂石、花岗岩、水泥等在受到外力撞击时，由于岩石的晶体破碎而产生的火花；由化学能转变为热能，如分解热、聚合热、氧化反应；由光能转变为热能，如阳光聚焦而产生的热；由核能转变为热能，如核聚变时产生的热能。

(4) 电火种。电火种有三类：电气火种、雷电火种和静电火种。其中电气火种是电荷通过电力线路或电气设备所形成的火种，又分为导体过热火种、瞬态过电压引起的绝缘击穿火种、油浸式电气爆炸形成的火种及电气火花类火种。电气火种主要指电气运行过程中产生的电弧或电火花，包括带负荷操作各种开启开关、电焊机焊接、带负荷导线故障性中断时产生的电火花。雷电火种即雷电冲击波火种、球雷火种，即通常人们所说的火球。静电火种是静电放电形成的火花。根据前面的介绍，静电火种又分为火花放电、刷形放电、沿面放电等几种类型。由此可见，静电放电火花只是诸多点火源中的一种。

2. 静电放电火花的引燃机理

1) 对可燃蒸气、气体与空气混合物的引燃

静电放电火花引燃可燃蒸气、气体混合物的机理有两种假说，即链式反应理论和纯热学反应理论。

(1) 链式反应理论。

近代关于物质燃烧的基本理论认为：燃烧是一种活性基或称游离基，如 OH 基的链式反应。最初的游离基可经热分解、电离、光照或机械作用而产生，它是一种不稳定的、瞬变的中间物，可以很快与助燃物质如氧气化合，并放出热量，这热量又促成新的游离基产生，然后再与氧化合，使燃烧连锁式地进行下去，直到终止。

那么，为何静电放电能引起链式反应呢？按以前的讨论，气体放电过程就是电荷的转移过程。在电离区，由于电场力的作用使自由电子的运动加速，从而使气体分子发生碰撞电离，质量较轻的气体(H_2)的电子被打出而带正电荷，质量较重的气体(O_2)容易俘获电子而带负电，于是分子团被离子化，自由原子(如 O 和 H)及游离基(如 OH)增多，随着放电电流的增大，在火花放电范围内形成的自由原子和游离基的数量也在增加。这些活化了的粒子扩散到可燃混合物内，并引发了燃烧的链式反应。

(2) 纯热学反应理论。

这种理论认为：放电瞬间在静电放电通道中能建立起一个点状热源，这个热源所施放出的热量能把一定半径的球形容积内的气体加热到某个极高的温度，例如达到可燃物质的燃烧温度，于是就发生燃烧反应。当放电中止后，如果在热点半径所决定的球形区域内温度下降不大，且所耗散的能量又很快由燃烧所补充，则就会使燃烧继续下去，以致酿成火灾。反之若热点能量很快通过导热及辐射而耗散，使热点周围的温度达不到燃烧反应的温度，则可燃性物质不发生燃烧。

2) 对可燃性粉尘与空气混合物的引燃

这种引燃与蒸气或气体引燃本质上是相同的，其区别仅在于粉尘与空气混合物的引燃实际上包括了两个阶段。在第一个阶段，点火源的热量使粉体物质分解，并形成蒸气或气体与空气的混合物，第二个阶段点火源引燃已形成的可燃性混合物。

由于粉体颗粒被加热和气化需要一定的能量和时间，所以，粉尘与空气混合物的引燃较之可燃性气体与空气混合物的引燃，一方面既要消耗更多的能量，另一方面也需要较长的滞后时间，在这一过程中所消耗的能量往往比引燃气体与空气的混合物所消耗的能量大几十倍。此外，对于含有大粒径粒子的粉尘，因大粒子可以起到热的屏蔽作用，阻止火焰传播，因此能提高混合物的引燃能量，即可减小粉尘与空气混合物燃爆的危险性。

综上所述，静电放电作为点火源能引燃可燃性物质，归根结底还是在静电放电通道释放出比较大的静电能量，且这种能量主要是以热的形式释放。根据前面讨论的静电放电模型，火花放电、刷形放电和沿面放电所释放的能量都比较大而且比较集中，特别是火花放电的火花柱中心温度可达上万度，外侧温度也达数千度，因而有很强的引燃能力。相反，电晕放电能量很小，属低温放电，一般不会引燃。

2.6.3 物质的燃爆性能参数

从以上引燃机理的分析还可看出，仅有可燃性物质和静电放电火花(点火源)存在，尚不足以形成燃爆灾害。当静电放电的能量很小，不致引燃可燃性混合物时时，就不会形成燃爆灾害。由此可见，当以上两个条件都具备时，还要求可燃物质本身的性能满足某些条件才会形成燃爆。这些条件可用物质的燃爆性能参数表征，其中最小引燃能量(又叫最小点火能)和爆炸浓度范围是决定燃烧与否的两个最重要的参数。

1. 最小点火能

1) 最小点火能的定义

最小点火能是指在常温常压下，将可燃性物质与空气混合，在最敏感的条件下(即各种影响因素，诸如可燃性物质的性质和浓度、电极的形状和火花间隙、电路参数等均处于各自最敏感的条件)引燃该混合物所需的最低能量。这个参数对于判断静电危害、保证安全生产十分重要。

2）最小点火能的测试方法

最小点火能的测量方法比较复杂，目前应用较多的是电容器放电火花法。即使用电容器放电来引燃可燃性物质与空气的混合物，而用刚好可引燃的电容器所储存的能量作为该种可燃性物质的最小点火能。其计算公式为

$$W_m = \frac{1}{2}CU^2 \tag{2.51}$$

式中，W_m 为电容器储存的能量，C 为电容器的电容，U 为放电时的电压。各种可燃物质的最小点火能有很大不同，表 2.7 给出了一些典型数值。

表 2.7　各种物质的最小点火能

物质名称	最小点火能/mJ	物质名称	最小点火能/mJ
氢气	0.02	斯蒂酚酸铅	0.05
硫化氢	0.068	硝化甘油	300
二硫化碳	0.009	发射火药	110
乙醚	0.33	木材粉	20
苯	0.55	棉纤维粉尘	30
汽油	0.15	玉米粉尘	30
丁酮	0.68	可可粉	100

注：(1) 表中数据均对应于该种物质与空气最敏感的混合物浓度。

(2) 表中所列被试粉尘粒径小于 47 μm，水分含量 1.5%。

3）影响点火能的主要因素

(1) 与可燃性物质混合物的气体种类有关。

表 2.7 列出的都是可燃性物质与空气混合物混合时的最小点火能，这也是使用最多的一种情况。可燃性物质的最小点火能与相混合的气体种类有很大关系。例如氢气与空气相混合时，最小点火能为 0.02 mJ，与氧气相混合时则为 0.001 mJ，与氮气相混合时为 8.7 mJ；甲烷与空气相混合时最小点火能为 0.28 mJ，与氧气相混合时为 0.003 mJ，与氮气相混合时为 8.7 mJ。可见各种可燃性气体与氧气相混合时，最小点火能降低了很多，对静电放电敏感程度提高；反之可燃性气体与氮气混合时最小点火能升高了许多，如氢气与氮气混合后最小点火能是和氧气混合时的四百多倍。利用这一性质，对可燃性气体充以氮气和二氧化碳等惰性气体可显著提高最小点火能，达到静电安全的目的。

(2) 与相混合气体的温度和压强有关。

图 2.29 和 2.30 分别表示丙烷与空气混合物的最小点火能随气体的温度(T)和压强(p)变化的关系曲线。由图可见，当温度升高或压强增大时，物质的最小点火能将降低。这是因为当温度升高或压强增大时物质的活性增大，对静电放电变得更为敏感。

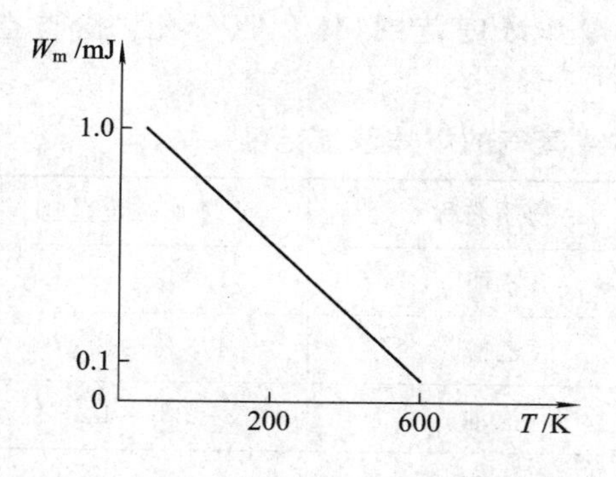

图 2.29　最小点火能与温度的关系

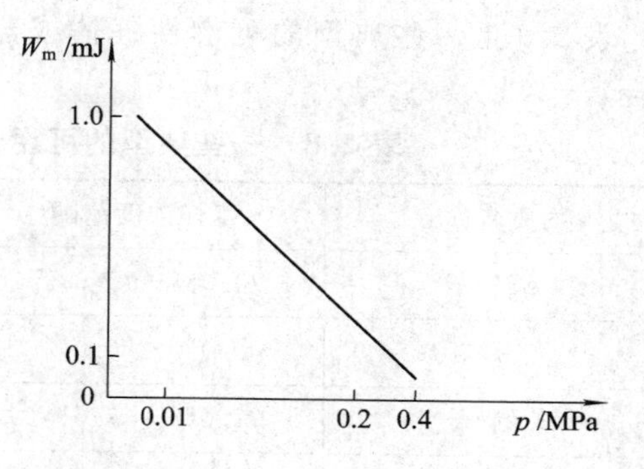

图 2.30　最小点火能与压强的关系

（3）对于可燃性粉尘，粒径越大最小点火能越高。

例如对于醋酸纤维粉尘与空气的混合物来说，当粉尘粒径由 270 目变为 350 目时，其最小点火能相应地从 0.13 mJ 上升到 1.15 mJ。这是因为粒子可起到热的屏蔽作用，从而提高了粉尘与空气混合物的最小点火能。

2. 爆炸浓度范围

1）概念及其计算

实验发现，即使放电火花的能量超过了周围可燃性物质的最小点火能，但当可燃性物质与空气混合物的浓度尚未达到一定值或已超过某个值时，仍不会燃爆。这里所谓的浓度是指可燃性物质在混合物中所占体积百分比或重量百分比。能使可燃性混合物引起燃爆的最小浓度称为爆炸下限；能使可燃性混合物引起燃爆的最大浓度称为爆炸上限。可燃性物质的浓度低于下限或高于上限时都不会引起可燃性混合物的燃爆，把爆炸下限和上限之间的范围称为该物质的爆炸浓度范围。各种物质之所以存在爆炸浓度范围或燃爆浓度上、下限，是因为当可燃性物质与空气混合时，若浓度过低则可燃性物质过于分散，即使接触点火源也不会发生燃爆；反之，若浓度过高，则由于助燃剂氧气含量太少，也不会发生燃爆。

单一种类气体蒸气的爆炸浓度范围可按下式计算。

$$A_{\min} = \frac{1}{4.76(N-1)+1} \times 100\% \tag{2.52}$$

$$A_{\max} = \frac{4}{4.76N+4} \times 100\% \tag{2.53}$$

式(2.52)和式(2.53)中，$A_{\min}$ 和 $A_{\max}$ 分别表示爆炸浓度下限和上限，N 表示可燃性气体或蒸气的一个分子完全燃烧时所需要的氧原子数。

如果是多种气体蒸气的混合物，则有

$$A = \frac{1}{\frac{H_1}{A_1} + \frac{H_2}{A_2} + \frac{H_3}{A_3} \cdots + \frac{H_n}{A_n}} \times 100\% \tag{2.54}$$

式中，A 表示多种可燃性物质混合物的下限（或上限），A_n 表示各种气体或蒸气的爆炸下限（或上限），H_n 表示各种气体或蒸气所占的百分比。

表 2.8 是一些典型的可燃性气体或蒸气的爆炸浓度范围(体积百分比，指与空气混合)。

表 2.8　一些典型的可燃性气体或蒸气的爆炸浓度范围

物质名称	爆炸浓度范围	物质名称	爆炸浓度范围
氢气	4.0%～75.0%	乙醚	1.9%～48.0%
乙炔	2.0%～80.0%	乙醇	4.3%～19.0%
天然气	7.0%～17.0%	汽油	1.3%～6.0%
市用煤气	6.0%～40.0%	甲醛	7.0%～73.0%

2) 影响可燃性物质爆炸浓度范围的主要因素

(1) 与混合的气体种类有关。

含氧量增加时，其爆炸浓度范围随之扩大。如氢气与空气混合物的爆炸浓度范围为4.0%～75.0%，但与氧气混合时，则扩大为4.0%～94.0%。反之，在混合物中掺入氮、二氧化碳等不燃气体，降低混合物的含氧量，可缩小爆炸浓度范围。

(2) 温度、压强的影响。

温度升高时燃爆速度加快，一般会导致爆炸浓度范围扩大，但远没有含氧量的影响明显。压强增大时，爆炸上限显著提高，压强减小时，上限降低，当压强降低到一定程度时，上限会降低到与爆炸下限重合，而使得爆炸浓度范围缩小成一个点，这一压强称为可燃性物质的临界压强。显然，当压强低于临界压强时，将不再发生燃爆。例如：对于一氧化碳，当压强为 230 mmHg 时，其爆炸上、下限均为 37.4%，所以 230 mmHg 即为临界压强。

(3) 容器尺寸的影响。

如果燃爆是在容器中发生，则容器尺寸对爆炸范围也有影响。容器直径越小，爆炸范围也越小，当直径小到某一定值时，燃爆不再发生，这一直径称为临界直径。如甲烷的临界直径为 0.4～0.5 m，乙炔的临界直径为 0.1～0.2 m。

2.7　静电的力学效应

静电的力学效应是指因带电体周围的电场具有力的作用，所以表现出带电体吸引或排斥附近轻小物体的现象。静电力的一个重要特性在于，它能够通过电场对处于其中的其他物体施加作用，这样不仅在常温常压下，就是在真空中，在高温、高压以及低温、低压场合，静电力都能对其他带电体进行非接触的作用。

2.7.1　静电力的分类及其特征

1. 静电力的种类

1) 库仑力

库仑力是指外电场与置于其中的其他带电体之间的作用。两个点电荷 q_1、q_2 之间作用的库仑力是静电力中最简单的形式：

$$\boldsymbol{F} = \frac{q_1 q_2 \boldsymbol{r}_0}{4\pi\varepsilon_0\varepsilon_r \boldsymbol{r}^2} \tag{2.55}$$

式中 $\boldsymbol{r}_0$ 为 $\boldsymbol{r}$ 方向的单位矢量。

若点电荷 q 所在处的外电场为 $\boldsymbol{E}$，则作用于该点电荷上的力为

$$\boldsymbol{F} = q\boldsymbol{E} \tag{2.56}$$

实际的带电体并非点电荷，必然具有一定尺寸和形状，这样在带电体上各处的 $\boldsymbol{E}$ 并不能看作处处均匀，因而需要首先求出带电体上各处的场强 $\boldsymbol{E}$ 的分布，然后用积分的方法计算其所受的库仑力。

2）电像力

带电体的电荷与其自身激发的电场之间也会产生相互作用力，称为电像力。例如在负电荷 q 对接地导体平板的情况下，电像力可以简单按照 q 与位于平板另一侧的像电荷 $-q$ 之间的库仑力计算出来。

3）极化力Ⅰ(取向力)

当电介质处于外电场中时将会发生极化，电介质物体产生的极化电荷与外电场间的相互作用力叫极化力(取向力)，如图 2.31 所示。特别在均匀电场中，取向力表现为回转力，当取向完成，即电场能量变至最小时，达到平衡，作用力为零极化电荷产生的电偶极矩为 $\boldsymbol{p}$，外电场为 $\boldsymbol{E}$ 时，取向力矩 $\boldsymbol{M}$ 为

$$\boldsymbol{M} = \boldsymbol{pE} \tag{2.57}$$

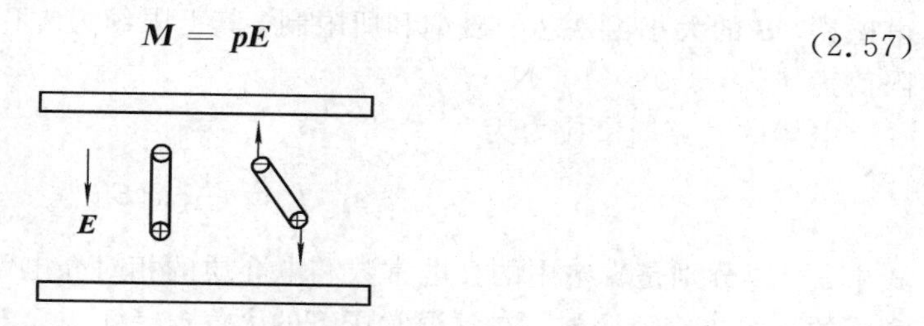

图 2.31　取向极化力

4）极化力Ⅱ(梯度力)

当空间各处电场不均匀时，电介质物体的极化电荷与该非均匀电场间的相互作用力将使其移向电场强度的区域，如图 2.32 所示。由于这种极化力源于电场本身的梯度，故称其为梯度力。在图示的例子中，电介质物体左右两方产生的极化电荷及作用电场强度不同，总的效果是产生了指向左方的力。

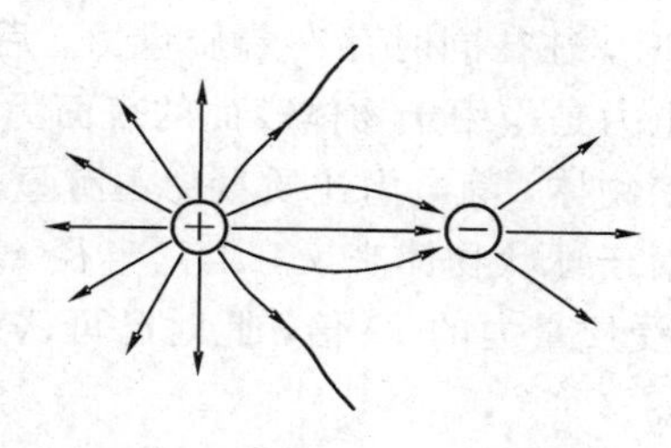

图 2.32　梯度极化力

设电介质物体为一半径为 a，相对介电常数为 ε_r 的球体，则其在外电场中所受的梯度极化力为

$$\boldsymbol{F}=\frac{\varepsilon-\varepsilon_0}{\varepsilon+2\varepsilon_0}2\pi a\varepsilon_0\nabla|\boldsymbol{E}|^2 \tag{2.58}$$

式中 ε_0 为真空中的介电常数，$\nabla=\frac{\partial}{\partial x}\boldsymbol{i}+\frac{\partial}{\partial y}\boldsymbol{j}+\frac{\partial}{\partial z}\boldsymbol{k}$。

一般来说，梯度力较之库仑力小得多。

5）极化力Ⅲ（珠串形成力）

当外电场中有两个或两个以上的电介质物体时，它们极化后将会彼此之间相互作用而形成珠串，这种极化力叫珠串力。珠串力的计算一般比较复杂。

2. 静电力与其他种类力的比较

为了了解静电力的特征，以明确静电力学效应引起的危害的范围，可将静电力与作用于同一物体上的其他力作一比较。

1）与磁场力的比较

从本质上说，磁场力与电场力均为麦克斯韦应力。磁场的麦克斯韦应力由下式给出：

$$\boldsymbol{f}_m=\frac{1}{2}\frac{\boldsymbol{B}^2}{\mu_0\mu_r} \tag{2.59}$$

式中，μ_0 为真空的磁导率，μ_r 为磁介质的相对磁导率，$\boldsymbol{B}$ 为磁感应强度。考虑用有铁芯的电磁铁，$\boldsymbol{B}$ 的大小由铁芯的磁饱和所限制，其上限约为 1 T，从而在大气（$\mu_r=1$）中 $\boldsymbol{f}_m$ 的上限值为 $\boldsymbol{f}_{mm}=3.98\times10^5\ \mathrm{N/m^2}$。

电场的麦克斯韦应力为

$$\boldsymbol{f}_e=\frac{1}{2}\varepsilon_0\varepsilon_r\boldsymbol{E}^2 \tag{2.60}$$

式中 ε_0、ε_r 分别是真空中的介电常数和电介质的相对介电常数，$\boldsymbol{E}$ 为电场强度。$\boldsymbol{E}$ 的大小由介质的绝缘击穿所限制，在常温常压下的大气（$\varepsilon_r=1$）中，$\boldsymbol{E}$ 的上限值为 $3.6\times10^6\ \mathrm{V/m}$，故 $\boldsymbol{f}_e$ 的上限值 $\boldsymbol{f}_{em}=3.98\ \mathrm{N/m^2}$。

由上可见，磁场力较之电场力高出四个数量级，亦即静电力的大小通常只相当于磁场力的万分之一，是一种很小的力，故静电力只对轻小物体才起作用。

2）与质量力的比较

与物体质量成比例的力为质量力，重力、浮力、惯性力、离心力均属质量力，一般其大小等于质量与加速度的乘积。

当静电力对物体发生作用时，往往同时存在着质量力，后者往往起对抗或妨碍静电力的作用。但与质量力不同，静电力是作用于物体表面的表面力。因此，对于表面积相对于体积大得多的微粒、纤维、薄片状物体，静电力比质量力占有显著的优势，从而可能成为支配物体运动的主要动力。例如，对于球状物体来说，当其半径 $r_0\leqslant135\ \mu\mathrm{m}$ 时，计算可得球体所受静电力将大于或等于其所受质量力的 10 倍，此时已可认为静电力将起到支配作用。

3）与黏滞力的比较

质量力与物体尺寸的三次方有关，静电力与物体尺寸的平方有关，而物体在黏性媒质中所受的黏滞力则与其尺寸的一次方成比例。因此，随着尺寸的减小，黏滞力将逐渐决定

物体的力学行为。计算表明，当球状物体的半径小于或等于 1 mm 时，已可认为物体基本上按照黏性媒质流动而随波逐流，所受静电力可忽略不计。

2.7.2　静电力引起的静力学现象

以静电力为起因的静力学现象大致可分为三类。第一类是因静电力使轻小的物体附着于其他物体而产生的静电附着；第二类是轻小物体以集合状态相互吸引而产生的静电凝聚；第三类是轻小物体相互之间或对其他物体施加排斥现象。在此，静电力一方面作为附着、凝聚等动力学过程的驱动力，另一方面，又与其他力(如范德华力)在一旦形成附着、凝聚之后，共同来维持这种附着、凝聚的静力学过程。

由于产生静电力的因素各有差异，与之对应而形成的附着、凝聚、排斥的过程也将表现出以下各种不同的形态。

1. 因库仑力产生的附着和凝聚

由于库仑力的作用，带电物体会对存在于其周围的、带有相反极性电荷的轻小物体进行吸引。例如，在图 2.33 中，粉体粒子 A 与原先带有电荷的物体 B 相对地置于接地导体 C 上，A 因静电感应获得负电荷后，飞向 B 而附着于其上，并因库仑力而维持附着状态。随着时间的推移，由于电中和作用，A 所带电荷将会减少以至消失；但当 A 与 B 接触时，除了初始电荷之外，二者也将因接触带电获得接触电荷，它们与初始电荷取代数和。这样，因为仍然残留着部分接触电荷，它所产生的库仑力仍可维持附着状态。此外，当 A 附着于 B 后，电像力的作用也迭加进来，产生吸附的效果。

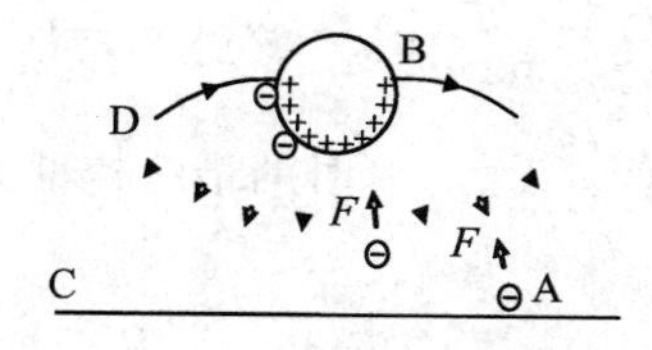

图 2.33　库仑力产生的附着

2. 因电像力引起的附着

当带电的轻小物体接近导体或电介质物体时，因近距的电像力作用而被其吸引，附着于其表面。例如图 2.33 中小球 A 附着于壁 B 上。这时，若轻小物体 A 或壁 B 的任何一方为绝缘体或者双方均系绝缘体，附着以后，A 的电荷仍可长期保持，在电像力作用下，附着状态将会长期维持下去。此外，如前所述，附着时的接触带电形成的电荷将代数地迭加于物体 A、B 的初始电荷上，即使初始电荷被中和而消失，接触电荷也还残留着，形成附着力。

3. 因梯度力引起的附着

当带电体或者外加电压的电极在其周围形成显著的非均匀电场时，即使轻小物体不带电，它们也会因梯度力而被吸引向电场强的方向，附着于该带电体或电极的表面而堆积起来。

2.7.3 静电力引起的动力学现象

设带电球形粒子位于黏性媒质中，其全部的动力学现象可由下述动力学方程来描述：

$$m\frac{\mathrm{d}^2\boldsymbol{r}}{\mathrm{d}t^2}+6\pi\eta a\frac{\mathrm{d}\boldsymbol{r}}{\mathrm{d}t}=q\boldsymbol{E}(\boldsymbol{r},t)+\boldsymbol{F}_e(\boldsymbol{r},t)+\boldsymbol{F}_e(\boldsymbol{r}) \tag{2.61}$$

式中：$\boldsymbol{r}$表示粒子离原点的位置矢量(m)；m表示粒子的质量(kg)；q表示粒子所带电量(C)；η表示媒质的黏滞系数(Pa·s)；a表示粒子的半径；$\boldsymbol{E}(\boldsymbol{r},t)$表示粒子所在处的电场强度(V/m)；$\boldsymbol{F}_e(\boldsymbol{r},t)$表示作用于粒子上的除库仑力以外的电性力(N)，如梯度力等；$\boldsymbol{F}_e(\boldsymbol{r})$表示作用于粒子上的除电性力以外的外力，如重力等。

一般来说，当粒子带电时，右方第一项的库仑力$q\boldsymbol{E}(\boldsymbol{r},t)$较另外两项大得多，充当着电性力中的主要角色；换言之，一般仅当粒子不带电时$\boldsymbol{F}_e(\boldsymbol{r},t)$才会出现。外电场$\boldsymbol{E}(\boldsymbol{r},t)$在空间上可分为均匀场和非均匀场；在时间上可分为静电场和交变电场。它们的不同组合将会产生一系列不同的动力学现象。

我们讨论一种比较简单的情况，即黏性媒质中形成均匀电场时带电粒子的平动。在静止黏性媒质中形成均匀电场$\boldsymbol{E}$时，若忽略$\boldsymbol{F}_e(\boldsymbol{r},t)$和$\boldsymbol{F}_e(\boldsymbol{r})$，则最初静止带电粒子的运动所满足的基本动力学方程由式(2.61)可简化为

$$m\frac{\mathrm{d}^2x}{\mathrm{d}t^2}+6\pi\eta a\frac{\mathrm{d}x}{\mathrm{d}t}=qE \tag{2.62}$$

在初始条件$t=0$，$V=\frac{\mathrm{d}x}{\mathrm{d}t}=0$的条件下求解上式，可得

$$V=\frac{qE}{6\pi\eta a}\left[1-\exp\left(-\frac{t}{I\tau}\right)\right] \tag{2.63}$$

式中，$I\tau=\frac{m}{6\pi\eta a}$称为速度弛豫时间。设$t\to\infty$时的最终速度为$V_\infty$，则有

$$V_\infty=\frac{qE}{6\pi\eta a}=\mu E \tag{2.64}$$

式中，$\mu=\frac{q}{6\pi\eta a}$，称为粒子的迁移率。

此结果表明，粒子的速度按式(2.64)增加，较快地达到末速度V_∞，其后将持续以V_∞运动。

思考题

1. 什么是静电放电？静电放电有哪些特点？

2. 静电在工业生产中的危害有哪几个类型？

3. 电晕放电有哪些特点？为什么负电晕的击穿电压一般比正电晕的击穿电压要高？

3. 什么叫火花放电？

4. 什么是ESD模型？典型的ESD模型有哪几种？在标准人体ESD模型中各参数是如何取值的？

5. 什么叫可燃性物质的最小点火能和爆炸浓度范围？试总结出静电引燃的完整条件。

习　题

1. 设气体导电是在两平行平板电极间发生的，电极之间的距离为 5 cm，设在 1 cm 的路程上引起的平均碰撞电离次数为 2，气体电离前的饱和电流强度为 0.031 μA。试求气体达到自持阶段的电流强度。

2. 在图 T2 - 1 所示的电晕喷电式静电衰减测试仪中，钨针的曲率半径为 0.1 mm，针泵到圆形试样盘的距离为 1.5 cm。求在常温常压下钨针发生电晕放电时的起晕电压。

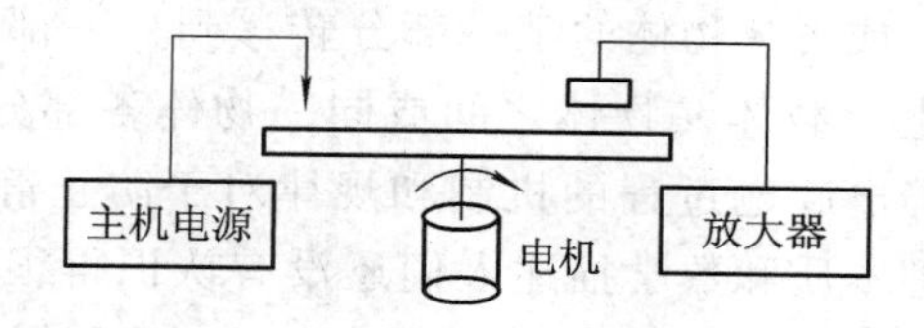

图 T2 - 1

3. 试根据 Whitehead 经验公式估算气压为 1 atm，极隙为 1.2 cm 时发生火花放电时的击穿电压。该放电属汤逊型放电还是流光型放电？

4. 设有带电聚乙烯对直径为 3 cm 的接地金属球发生放电，已知薄板放电前的静电电位为 1×10^4 V，发生脉冲放电后静电电位为 3×10^3 V。试用大脉冲放电法估算聚乙烯薄板大脉冲放电的能量。(取修正系数 $\alpha=0.5$)

5. 用非接触式静电电位计测量导体(A)的电位时有关的四个电容构成的电容网络如图图 T2 - 2 所示，试求导体 A 与探极 P 之间的等值电容。

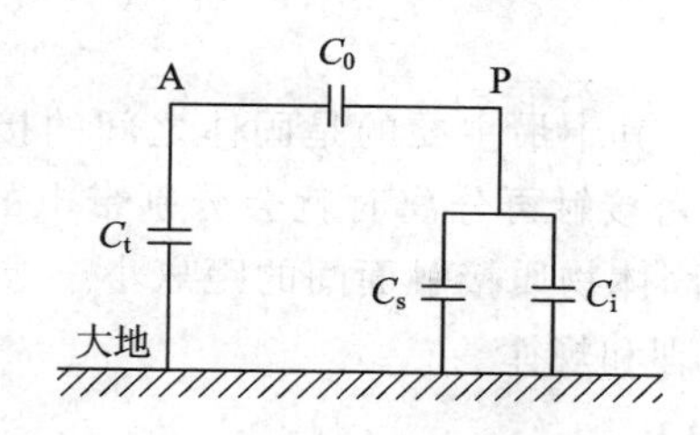

图 T2 - 2

6. 试根据自己的身高及所穿着鞋子的具体情况，估算自己的人体电容。穿大号鞋子 $S=0.042\,\text{m}^2$，中号鞋子 $S=0.036\,\text{m}^2$，小号鞋子 $S=0.030\,\text{m}^2$，穿胶底鞋(加硫天然橡胶) $\varepsilon_r=5$，穿塑料底鞋 $\varepsilon_r=4$，穿其他底鞋 $\varepsilon_r=3$。

7. 某实验室为清除聚氨酯地面上的污垢，用加了汽油的锯木屑进行拖刷，致使室内汽油蒸气浓度达到 2%；又操作人员因穿普通化纤衣装而在拖刷过程中使人体带电为 2000～3000 V，试分析当人对室内金属管道发生放电时有无可能引燃？(取人体电容 $C=100\sim400$ pF)

第3章 静电起电

使物体产生静电的过程叫静电起电。静电起电包括使正、负电荷发生分离的一切过程。根据电荷守恒定律，电荷即不能创生，也不能消失，只能是电荷的载体(电子或离子)从一个物体转移到另一个物体，或者从物体的某一部分转移到另一部分。研究起电过程就是从微观角度出发，研究这些电荷载体在物体之间或同一物体各部分之间运动的原因、条件、结果以及运动规律。了解静电起电过程的机制和规律对于防止静电危害具有根本的意义。应当指出，静电起电的物理本质和数学描述人们还没有认识得很清楚，仍是目前该领域的疑难问题。本章主要以目前学术界比较统一的“接触—分离”和偶电层理论为基础讨论各种静电起电过程。

还应指出，任何物质的静电带电量都不是无限的，这是因为伴随着静电的产生还存在着与之相反的过程——静电的流散(或衰减)，当这两个相反的过程达到动态平衡时，物体上的静电量就维持在某一稳定值。因此，本章也将结合静电的产生讨论静电的流散和积累规律。

3.1 固体接触起电

3.1.1 金属之间的接触

固体存在着多种起电方式，其中最主要的是固体之间的接触起电。这种起电方式是指在任何两种不同的固体发生紧密接触再分离时就会分别带电的现象。必须指出，所谓紧密接触是一个量的概念，指两种固体物质接触面间的距离小于或等于 2.5 nm。下面讨论各种类型的固体材料接触起电的机理和规律。

1. 接触—分离的起电过程

早在 1794 年，Volta 就发现，任何两种不同的金属 A 和 B 发生紧密接触时，其间会产生数值为零点几伏至几伏的很小的电势差，称为接触电势差，用 U_{AB}表示。他还将各种不同的金属排成一个系列：(+)铝(Al)、锌(Zn)、锡(Sn)、铅(Pb)、……金(Au)、铂(Po)、钯(Pd)……(−)。发现这个系列中任何两种金属接触时，总是排在前面的带正电，排在后面的带负电，而且两种金属在系列中相隔越远，其间接触电势差也越大。该系列叫金属材料的静电系列，以后又发现了其他固体材料间也存在类似的系列，下面还要述及。

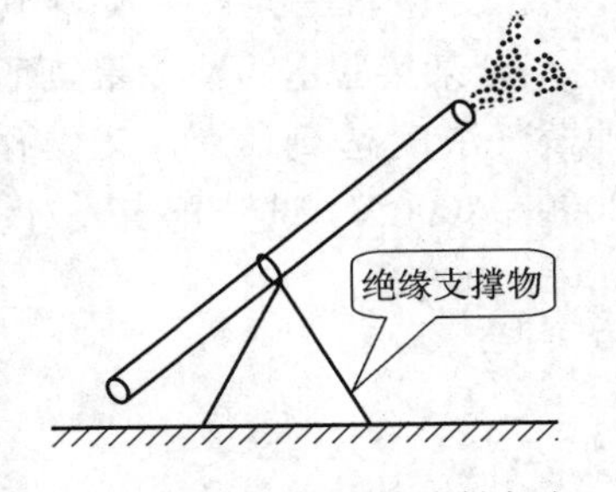

图 3.1 金属之间的接触起电

1932 年，Kullrath 将铁的粉末从一个对地绝缘的铜管内吹出，如图 3.1 所示，结果在铜管上测出了 26 万伏的静电压，从而证实了两种金属紧密接触后再分离会带上很强的静电，但是他并未把如此之高的电位差同两种金属接触时产生的极微小的接触电势差联系起来。

直到 1951 年，Harpper 才用实验证实了两种金属紧密接触后再分离形成很高的电位差正是起因于它们之间极微小的接触电势差。Harpper 的实验本身相当繁琐，现用简化模型对其说明。

如图 3.2 所示，当金属 A 与 B 发生紧密接触时，由于量子力学的隧道效应，两种金属内的电子将会穿过界面而相互交换，当达到平衡时，界面两侧形成了带有等量异号电荷的电荷层，而金属之间就产生了一定的电势差(图中暂假定 A 带正电，B 带负电)。这时界面上形成了非常薄的等量异号电荷的电荷层，叫偶电层。偶电层最早是 Helmhots 于 1879 年提出的一个概念，可见接触电势差 U_{AB} 就是偶电层的形成而产生的。1917 年，Frankel 又将偶电层的概念引申到电介质材料，即介质发生紧密接触时，也会由于电荷的转移形成偶电层，但在那种情况下，通过界面转移电荷的载体(载流子)不再是电子而是离子。金属中的偶电层厚度为几个纳米，而介质的偶电层厚度则可达到微米级。

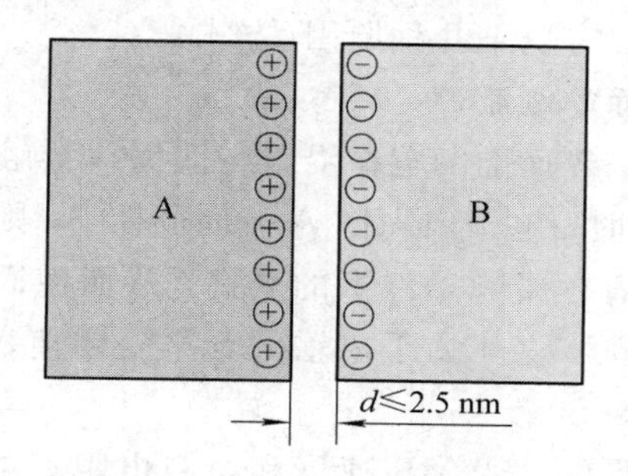

图 3.2　金属界面的偶电层

设块状金属 A、B 之间间隙为 $d=2.5\,\text{nm}$，产生的接触电势差 U_{AB} 大约为零点几伏到几伏，接触面积为 S，则可把两接触面视作一平行板电容器，其电容 $C=\varepsilon_0\varepsilon_r S/d$，由于 d 非常小，所以这个等效平行板电容器的电容值 C 非常大，据此推算出每个表面带电量 $Q=CU_{AB}$，也是相当可观的。

现将偶电层的两个表面全面分开，距离为 d'，我们暂时假定分开时两个表面所带电量不变，则因两面之间的电容减小为 $C'=\varepsilon_0\varepsilon_r S/d'$，相应的两面之间的电位差增大为

$$U'_{AB}=\frac{d'}{d}U_{AB} \tag{3.1}$$

不妨用数字估算一下 U'_{AB} 的大小，取 $d=2.5\,\text{nm}$，$d'=1\,\text{mm}$，$U_{AB}=1\,\text{V}$，则有 $U'_{AB}=400\,\text{kV}$，即两接触面只需分开 1 mm，其间电位差就增大为原接触电位差的 40 万倍。这就是为什么极小的电位差会形成很高的电位差的原因。

综上所述，不同金属材料之间的接触起电过程可概括为如图 3.3 所示的过程。

图 3.3　不同金属材料之间的接触起电过程

一般来说，上述起电过程的基本模式也适合任何两种物质结构不同的固体材料之间的接触起电，如金属与介质、介质与介质。同时，偶电层理论不仅是固体接触的基本理论，而且也是研究液体和气体起电的基础，只不过对于不同的物质形态来说，偶电层形成的机制是不同的。

注意：

(1) 接触起电必须包括紧密接触—机械分离两个过程。两固体形成偶电层后如果并不分离，则因偶电层上电荷分布是等量异号电荷形式，故两固体从宏观上并不显示电性，只有借助于机械力使偶电层破坏导致电荷分离才会显示电性。

(2) 分离过程中电荷的散失。前曾假定：偶电层在被分开时，每个面上的电量不变。然而，实际上借助于机械力使两接触面分离后，每个面上的带电量总是小于分离前的带电量。这表明在分离过程出现了部分电荷散失。这就使得固体分离后的实际电位差总是低于由式(3.1)确定的数值(设两物体紧密接触时，偶电层上任一符号的电量为 Q_0，分开后任一物体的实际带电量为 Q，则有 $Q=KQ_0$，式中 K 是恒小于 1 的系数，叫散失系数)。进一步研究表明，分离后电荷的散失主要有以下几种原因(方式)：

第一种，电荷通过接触面的倒流。

倒流是指在分离过程中，界面上的电荷沿着与两固体接触初期转移方向相反的方向流动。例如设 A 和 B 紧密接触时，电子由固体 A 流向固体 B，则分离时电子从固体 B 流入固体 A，以维持界面两侧的电荷在新的条件下的平衡，从而使固体带电量减少。但是倒流进行的过程很短，一旦分离的固体之间的距离增大到某一定值，倒流即告结束，使固体保持一定的带电量。

实验表明：倒流量很大程度上受分离速度和材料电阻率的影响。分离速度越快，倒流量越小，从而分离后固体带电量越大，所以，在生产工艺中，一些快速的分离动作易使物体带上强静电。此外，材料电阻率越大，倒流量越小(从而分离后固体带电量也越小)。这就是在相同条件下，绝缘体起电要比金属大得多的原因。

第二种，场致发射使电荷散失。

在两种固体的接触表面，特别是金属表面上，总会有些凸起的部分，在分离过程中，电荷向这些方向聚集，在附近形成相当强的电场。该电场作用于金属表面时，能使金属在低温也会发射电子，称为场致发射。场致发射使得分离时存在于界面偶电层的电量减少。

第三种，气体放电使电荷散失。

当接触的固体分离时，它们之间的电位差迅速升高，如大到足以使空气电离时的程度，电离后的正、负离子分别趋向作为两个电极的固体表面与之中和，从而使分离后的起电量减少。

2. 摩擦起电与接触起电的关系

物质的起电方式不是单一的，除摩擦起电外，还包括接触起电、断裂起电、剥离起电、热电起电、压电起电等。其中主要影响因素为接触起电，所以计算摩擦起电时，可用接触起电的方式进行估算。

3.1.2 金属与金属的接触起电

既然固体(金属)接触分离后很高的电位差是源于它们之间紧密接触时产生的微小接触电势差，故有必要了解其形成的机制和规律。

在常温下，金属内虽有大量自由电子作热运动，但却不会从金属逸出。这主要是由于电子受到内部结晶格子上正电荷的吸引作用。另外当电子达到界面时，由于电子将附近的其他电子向金属内部排斥，因此在界面上出现过剩的正电荷，也会产生吸引电子、阻止电子脱离金属的作用力。半导体的情况与金属类似。电子从金属或半导体内部逸出必须克服上述阻力而做功，也就是说必须具有一定的能量。我们把一个电子从金属内部逸出到表面之外所具有的最小能量，也就是说，把一个电子从金属内部迁移到表面之外所须做的最小的功，叫该金属的功函数(或叫逸出功)，以符号 ϕ 表示，其单位常用 eV。

固体能带理论指出，电子能量是按能级分布的。常温下，电子在金属界面内的能量是负的，其占有的最高能级称为费米能级，用 E_f 表示，而在界面外部，电子能量变为零。这种能量分布可以形象地用位阱图表示，如图 3.4 所示。显然，电子由金属内部逸出必须做功以升高自己的位能，才能跳出位阱，并且电子逸出位阱时能量的增加至少为 $\Delta E=0-E_f=-\phi$，即

$$\phi=-E_f \tag{3.2}$$

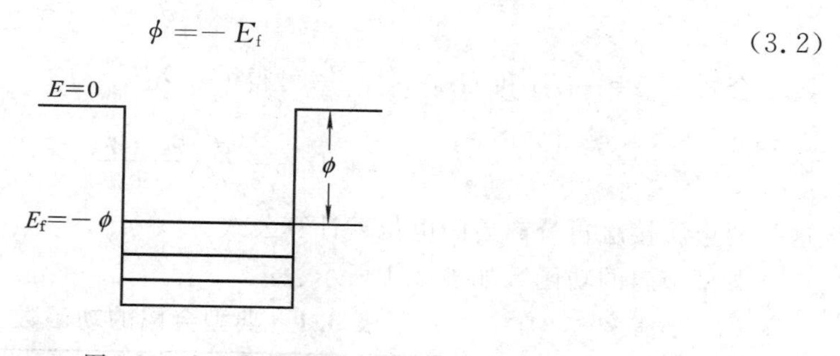

图 3.4 电子位阱图

近年来又将功函数的概念扩展到电介质。金属的功函数可采用热电子发射法、光电法和标准金属法测量，一般为 2～5 eV，如铝为 2.98 eV，锌为 3.28 eV，锡为 3.62 eV，铅为 3.97 eV，金为 4.32 eV，铂为 4.70 eV，钯为 4.99 eV 等。应当注意，同一种金属用不同方法测量所得数值略有不同；同一种金属用同一种方法测量，当表面状态不同时，所得数值也不同。

接触电位差形成的机理是当两种金属紧密接触时，每一金属内部的电子都以一定的概率通过接触面进入对方。但电子由功函数小的一方向功函数大的一方迁移的概率要比相反的迁移大得多，所以总的趋势是电子由功函数小的一方向功函数大的一方向流动，直到偶电层电场的作用(与流动趋势方向相反)使这种流动达到动态平衡。此时获得电子的一方带上稳定的负电荷，失去电子的一方带上稳定的正电荷，其间形成稳定的电位差——接触电势差。由固体能带理论可以证明：接触电势差与两种金属的功函数之差有关，即

$$U_{AB}=\frac{\phi_B-\phi_A}{e} \tag{3.3}$$

式中，e 为电子电量的绝对值。

注意：

(1) 求 U_{AB} 时，应是B在前A在后。若 $\phi_A < \phi_B$，则 $U_{AB} > 0$，即A带正电，B带负电，亦即两种金属发生紧密接触时，总是功函数小者带正电，功函数大者带负电。这也同时解释了金属的静起电系列。在该系列中，偏“+”端者功函数小，所以接触时带正电，偏“−”端者功函数大，所以接触时带负电。可见材料的静电系列实质上就是按照各种材料的功函数从小到大的顺序排列而成的。

(2) 使用上式计算 U_{AB} 时，ϕ_A 和 ϕ_B 的单位都采用eV(不再转换成焦耳了)，这样计算的结果单位是“V”。

(3) 接触面上电荷面密度的计算。前已述及，两种金属接触时所形成的偶电层可视作平板电容器，因而偶电层间隙内的电场可视为均匀，且大小为

$$E = \frac{U_{AB}}{\mathrm{d}} \tag{3.4}$$

$$E = \frac{\sigma}{\varepsilon_0 \varepsilon_r} \tag{3.5}$$

式(3.4)与式(3.5)合并后得

$$\sigma = \frac{\varepsilon_0 \varepsilon_r (\phi_A - \phi_B)}{ed} \tag{3.6}$$

再结合式 $U'_{AB} = \frac{d'}{d} U_{AB}$ 和 $U_{AB} = \frac{\phi_B - \phi_A}{e}$ 可得

$$U'_{AB} = \frac{d'}{d}\left(\frac{\phi_B - \phi_A}{e}\right) \tag{3.7}$$

这是两金属接触再分离后的电位差计算公式。

典型金属的功函数如表3.1所示。

表3.1　典型金属的功函数

名　称	功函数/eV	名　称	功函数/eV
铅(Pb)	4.25	金(Au)	5.10
银(Ag)	4.26	锡(Sn)	4.42
铝(Al)	4.28(或4.10)	汞(Hg)	4.49
钛(Ti)	4.33	铁(Fe)	4.50(或4.04)
锌(Zn)	4.33	铜(Cu)	4.65(或4.50)
锰(Mn)	4.10	铂(Rt)	5.65

3.1.3　金属与电介质的接触起电

此处所说的电介质主要是指高分子固体介质，如橡胶、塑料、化纤等。这些材料在制造或使用过程中，经常与金属物体，如金属辊轴等因接触—分离产生静电。所以，研究聚合物介质与金属的接触起电具有重要意义。有关实验表明：厚度为1mm的聚合物薄膜与金属紧

密接触时，偶电层上的电荷面密度可达 $10^{-9}\sim10^{-8}$ C/cm²，即 1～10 nC/cm²。

1. 电介质等效功函数和离子偶电层

虽然从原则上说，前面介绍的紧密接触、形成偶电层、电荷分离而带电这一过程适用于任何固体材料的接触起电，但对于介质来说，偶电层的形成特别是功函数的概念都要比金属复杂得多。因为金属之间的接触起电是基于金属内有大量自由电子，当两种金属紧密接触时，由于它们功函数的不同而发生电子的转移形成偶电层。但对于高分子介质来说，内部很少有可供单独转移的电子，那么其偶电层是如何形成的？为此，人们提出了高分子固体介质的理想能级模型、缺陷能级模型和表面能级模型等三种假说，但前两种假说的计算结果与前述的偶电层面电荷密度的实验数据相差甚远，只有表面能级模型得出了与实验一致的结果。

表面能级模型的基本思想是：由于高分子固体介质化学成分的不纯、氧化及吸附分子等引起的表面缺陷因素，使固体介质表面层的性质与其内部有很大的不同，很像一片薄的金属片，并因此具有等效的功函数。这样当金属与介质或介质之间发生紧密接触时，就会因功函数的不同而发生载流子漂移，并在平衡时在界面两侧形成偶电层，所产生的接触电位差也完全可引用式(3.3)进行计算。已可用实验的方法测出介质的功函数，一般在 4～6 eV 之间，而偶电层可达 10^{-6} m 量级。典型介质的功函数如表 3.2 所示。

表 3.2　典型介质的功函数

名　称	功函数/eV
二氧化硅(SiO_2)	5.00
聚氯乙烯(PVC)	4.85
聚乙烯(PE)	4.25
聚酰胺 66(PA)	4.08
聚碳酸酯(PC)	4.26
聚四氟乙烯(PTFE)	4.26
聚苯乙烯(PS)	4.22
聚亚胺	4.36
聚酯(涤纶)	4.86

应当指出的是：高分子固体介质接触起电时，通过介面转移的载流子不是自由电子，而是带电离子。聚合物表面离子的主要来源有以下几个方面：介质表面吸附水分可离解成 H^+ 和 OH^-；某些聚合物表面在吸附水层作用下，也会离解出离子；大气中能电离的杂质在聚合物表面吸附的水层中电离。在上述三种情况下生成的离子中，由于 H^+ 和 OH^- 离子体积小、迁移率大，所以被认为是移动于界面之间的主要载流子。

上述离子由于受到以下几种力的作用而可以通过接触界面发生转移。一种是在镜像力的作用下引起的移动。当离子存在于两种物质的界面上时，则每种物质内部都会产生与离子带电符号相反的镜像电荷，因此界面附近的电场就可以认为是处于两种物质内部的镜像电荷所激发，而且紧密接触的两种物质，介电常数相对大的一方所出现的镜像电荷也越大，所以该物质对离子的电场作用力也比另一种物质的电场力更大，这种力的不平衡使离子发生移动。第二种作用是由于离子浓度差所引起的扩散。应当指出，虽然每种聚合物表面都会生成离子，但是不同的物质生成的离子数目是不同的。故当两种物质紧密接触时应在与界面垂直的方向上形成离子浓度差，进而离子从浓度高的一侧向浓度低的一侧扩散，即离子发生迁移。在以上两种作用下，离子可以穿过接触面迁移，当达到动态平衡时，相互接触的两种物质的界面带上等量异号电荷，形成偶电层。

2. 接触起电量的计算

金属与高分子固体介质接触，形成偶电层。根据介质性质的不同其电荷的分布可能是体分布，也可能是体分布与面分布同时存在。为简单起见，暂不考虑介质表面可能出现的电荷，而认为全部电荷分布在一定深度的表面层内，该深度称为介质的电荷穿入深度，以 λ 表示。既然介质表层内电荷作体分布，则可用电荷体密度 ρ_p 表征。另一方面，与介质接触的金属，其电荷都集中于其表面上，可用电荷面密度 σ_m 表征。以下将导出表征接触起电量的密度 ρ_p 或 σ_m 与哪些因素有关。

如图 3.5 所示，设功函数为 ϕ 的金属 A 与功函数为 ϕ_p 的高分子固体介质 B 紧密接触，并且 $\phi<\phi_p$。取界面上一点 O 为坐标原点，与界面垂直指向介质内部的方向为 x 轴，建立坐标系，现从两个不同角度计算其间的接触电位差 U_{AB}。

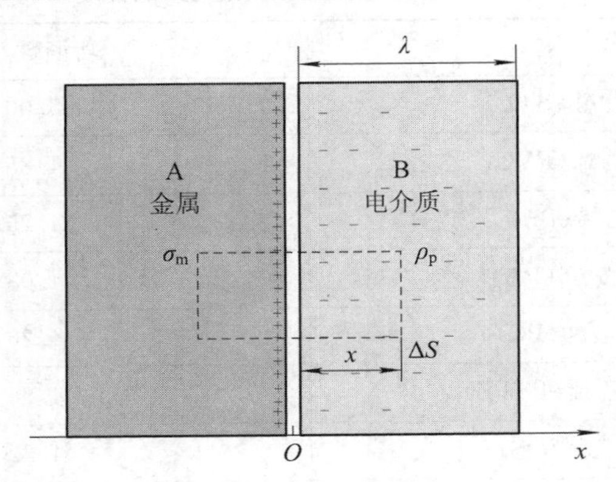

图 3.5 金属与电介质接触起电原理图

按对称性分析，介质带电表层内各处的场强 E 均沿 x 轴方向，且 x 坐标相等的那些点 E 的大小相等，为此可作一端面为 ΔS、在介质带电层内长为 x 的柱面，如图 3.5 所示。按 Gauss 定理有

$$\oiint_s \boldsymbol{E} \cdot \mathrm{d}\boldsymbol{S} = \frac{1}{\varepsilon}\sum q_i \tag{3.8}$$

由此得

$$\sum q_i = \sigma_m \Delta S + \rho_p \Delta S x = \rho_p \Delta S(x-\lambda) \tag{3.9}$$

这里应用了 $\sigma_m = -\rho_p\lambda$。于是由高斯定理求出介质层内场强分布为

$$E(x) = \rho_p(x-\lambda) \tag{3.10}$$

金属表面与介质表面之间的距离极小，形成的电位差可忽略不计，所以金属与介质之

间的电位差，即介质带电层内长度为 λ 的距离上的电位差为

$$U_{Ap} = \int_0^\lambda E(x)\mathrm{d}x = \int_0^\lambda \frac{\rho_p(x-\lambda)}{\varepsilon_0\varepsilon_r}\mathrm{d}x = -\frac{\rho_p\lambda^2}{2\varepsilon_0\varepsilon_r} \tag{3.11}$$

另一方面，按上节所述，金属与介质的接触电位差又可按下式计算：

$$U_{Ap} = \frac{\phi_p - \phi}{e} \tag{3.12}$$

两式相比较可得介质带电表层内电荷的体密度为

$$\rho_p = -\frac{2\varepsilon_0\varepsilon_r(\phi_p - \phi)}{e\lambda^2} \tag{3.13}$$

也可表示为介质带电表层上每单位面积所带电量

$$\sigma_p = \rho_p\lambda = -\frac{2\varepsilon_0\varepsilon_r(\phi_p - \phi)}{e\lambda} \tag{3.14}$$

而与介质接触后的金属表面上电荷面密度则有

$$\sigma_m = -\sigma_p = \frac{2\varepsilon_0\varepsilon_r(\phi_p - \phi)}{e\lambda} \tag{3.15}$$

讨论：

根据式(3.15)，若已知金属、介质的功函数及介质的穿入深度，即可求出金属和介质的面电荷密度。反之也可用式(3.15)求介质的功函数及电荷的穿入深度，方法如下：

将某种待测介质(功函数为 ϕ_p，电荷穿入深度为 λ)先与功函数为 ϕ 的金属接触，测出金属的电荷面密度 σ_m，再使待测介质与另一种功函数为 ϕ' 的金属接触，测出这种金属的电荷面密度 σ'_m，则式(3.15)可写为

$$\phi_p - \phi = \frac{\sigma_m e\lambda}{2\varepsilon_0\varepsilon_r} \tag{3.16}$$

$$\phi_p - \phi' = \frac{\sigma'_m e\lambda}{2\varepsilon_0\varepsilon_r} \tag{3.17}$$

式(3.16)、(3.17)联立可求出待测介质 ϕ_p 及 λ 分别为

$$\phi_p = \frac{\phi\sigma'_m - \phi'\sigma_m}{\sigma'_m - \sigma_m} \tag{3.18}$$

$$\lambda = \frac{2\varepsilon_0\varepsilon_r(\phi_p - \phi)}{e\sigma_m} \tag{3.19}$$

用上述方法测出的若干典型聚合物材料的功函数和电荷穿入深度如表3.3所示。

表3.3　典型介质的功函数和电荷穿入深度

名　称	功函数/eV	穿入深度/μm
聚氯乙烯(PVC)	4.85	4.80
聚乙烯(PE)	4.25	2.40
聚碳酸酯(PC)	4.26	4.60
聚四氟乙烯(PTFE)	4.26	1.30
聚苯乙烯(PS)	4.22	4.20
聚酰胺66(PA)	4.08	5.10

3.1.4 介质与介质的接触起电

1. 接触起电量的计算

两介质的带电表层可视作两个厚度分别为 λ_1 和 λ_2 的带有等量异号电荷的无限大平板。

可以证明在两带电层以外的空间合场强为零，而在两带电层内各处合场强的方向均沿 x 轴方向，如图 3.6 所示，且 x 坐标相等的那些点场强大小都相等。在正电区作一底面为 S_1 的柱面，则有

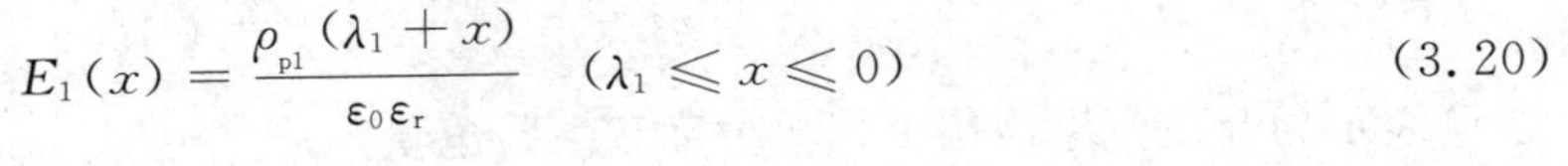

$$E_1(x) = \frac{\rho_{p1}(\lambda_1 + x)}{\varepsilon_0 \varepsilon_r} \quad (\lambda_1 \leqslant x \leqslant 0) \tag{3.20}$$

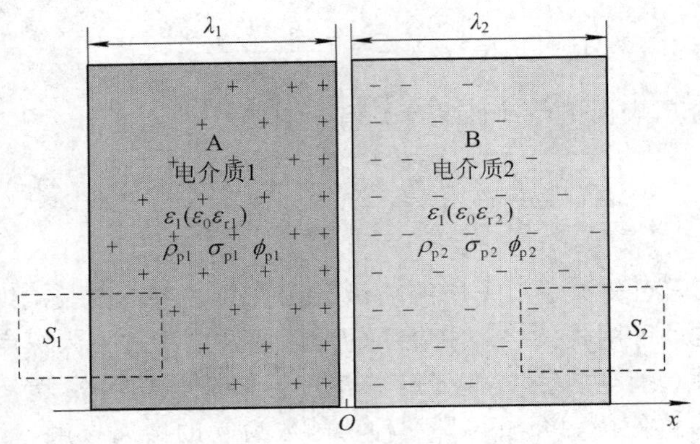

图 3.6 介质与介质接触起电原理图

在负电区作一底面为 S_2 的柱面，则有

$$E_2(x) = \frac{\rho_{p2}(x - \lambda_2)}{\varepsilon_0 \varepsilon_r} \quad (0 \leqslant x \leqslant \lambda_2) \tag{3.21}$$

在忽略了两介质间隙之间的电位差后，可得介质 A 和 B 之间的接触电位差为

$$\begin{aligned} U_{AB} &= \int_{-\lambda_1}^{\lambda_2} E(x)\mathrm{d}x = \int_{-\lambda_1}^{0} E_1(x)\mathrm{d}x + \int_{0}^{\lambda_2} E_2(x)\mathrm{d}x \\ &= \int_{-\lambda_1}^{0} \frac{\rho_{p1}(\lambda_1 + x)}{\varepsilon_0 \varepsilon_r}\mathrm{d}x + \int_{0}^{\lambda_2} \frac{\rho_{p2}(x - \lambda_2)}{\varepsilon_0 \varepsilon_r}\mathrm{d}x \\ &= \frac{\rho_{p1}\lambda_1^2}{2\varepsilon_0 \varepsilon_r} - \frac{\rho_{p2}\lambda_2^2}{2\varepsilon_0 \varepsilon_r} \end{aligned} \tag{3.22}$$

另一方面，介质 A 和 B 之间的接触电位差又可按功函数计算为

$$U_{AB} = \frac{\phi_{p2} - \phi_{p1}}{e} \tag{3.23}$$

将式(3.22)与式(3.23)相比较并利用关系 $\sigma_{p1} = \rho_{p1}\lambda_1$、$\sigma_{p2} = \rho_{p2}\lambda_2$ 及 $\sigma_{p1} = -\sigma_{p2}$ 可得

$$\sigma_{p1} = -\sigma_{p2} = \frac{2(\phi_{p2} - \phi_{p1})}{e\left(\dfrac{\lambda_1}{\varepsilon_0 \varepsilon_{r1}} + \dfrac{\lambda_2}{\varepsilon_0 \varepsilon_{r2}}\right)} \tag{3.24}$$

前述曾指出，可用实验的方法求出待测介质的功函数及电荷穿入浓度，现又可用式

(3.24)计算出固体介质接触起电时单位表层面积的电量。

例 在电子产品装联车间，常使用塑料制的包装管盛放集成电路类的元器件，若包装管由聚乙烯(PE)制成，将其固定在三聚氰胺贴面作挡板层的元器件箱内。若两者紧密接触，使用时将管抽出，求它们单位面积带电层上的静电电量。已知聚乙烯的相对介电常数 $\varepsilon_{r1}=2.3$，功函数 $\phi_{p1}=4.25\,\text{eV}$，电荷穿入深度 $\lambda_1=2.4\times10^{-6}\,\text{m}$，而三聚氰胺-甲醛树脂(MF)的相对介电常数 $\varepsilon_{r2}=3.0$，功函数 $\phi_{p2}=4.86\,\text{eV}$，电荷穿入深度 $\lambda_2=4.9\times10^{-6}\,\text{m}$。

解 由式(3.24)得

$$\begin{aligned}\sigma_{p1}=-\sigma_{p2}&=\frac{2(\phi_{p2}-\phi_{p1})}{e\left(\dfrac{\lambda_1}{\varepsilon_0\varepsilon_{r1}}+\dfrac{\lambda_2}{\varepsilon_0\varepsilon_{r2}}\right)}\\&=\frac{2\times(4.86-4.25)}{1.6\times10^{-19}\times\left(\dfrac{2.4\times10^{-6}}{8.85\times10^{-12}\times2.3}+\dfrac{4.9\times10^{-6}}{8.85\times10^{-12}\times3.0}\right)}\\&=4.1\times10^{-6}\,(\text{C/m}^2)\end{aligned}$$

由上面结果可以看出：由于聚乙烯(PE)的功函数小于三聚氰胺-甲醛树脂(MF)的功函数，所以聚乙烯(PE)表面带正电，三聚氰胺-甲醛树脂(MF)表面带负电。

讨论：

(1) $\sigma_p=4.1\times10^{-6}\,\text{C/m}^2$ 的电量是什么概念？根据原电子工业部行业标准 ST/T10147—91《防静电集成电路包装管》的规定，盛放集成电路的塑料包装管(一般用聚乙烯或聚氯乙烯制成)在使用过程中，其上所带电荷量在任何情况下必须满足 $Q\leqslant0.05\,\text{nC}$，否则就会对包装的元器件产生 ESD 击穿损害。集成电路包装管一般是细长条状(细长的长方体状)。设其长度为 0.5 m，截面为正方形，边长为 0.01 m(1 cm)，则其表面积为 $S=4\times0.01\times0.5=0.02\,\text{m}^2$，由此可求出包装管允许单位面积的带电量 $\sigma_p=2.5\times10^{-9}\,\text{C/m}^2=2.5\times10^{-3}\,\mu\text{C/m}^2$。由此可见，若聚乙烯包装管不采取任何防静电措施，其在使用中所产生的静电量远远大于不致引起 ESD 击穿损害的规定值。当然这里没有考虑二者分开时电荷的散失量。但即使假定散失系数 $K=0.01$，分开后的带电量 $\sigma_m'=0.01\times4.1\times10^{-6}\,\text{C/m}^2=4.1\times10^{-2}\,\mu\text{C/m}^2$ 仍远远大于标准要求。

(2) 聚乙烯塑料包装管与元器件箱紧密接触时的接触电位差为

$$U_{12}=\frac{\phi_{p2}-\phi_{p1}}{e}=\frac{4.86-4.25}{1.6\times10^{-19}}=0.61\,\text{V}$$

可见接触电位差极小。

(3) 将包装管表面与 MF 隔板的距离分开为 $d'=1\,\text{mm}$，则两者之间理论上的电位差为

$$U_{12}'=\frac{d'}{d}U_{12}=\frac{1\times10^{-3}}{2.5\times10^{-9}}\times0.61=2.44\times10^5\,\text{V}$$

(4) 若两者分离时的散失系数 $K=0.01$，则实际电位差为

$$U_{12}''=KU_{12}'=2.44\times10^5\times10^{-2}=2.44\times10^3\,\text{V}$$

此电位差仍足以对集成电路造成严重的击穿损害。

2. 介质材料的静电起电系列

前面介绍了金属材料的静电起电系列，该系列实质上是按照各种金属的功函数从小到

大的顺序排列而成的。现已引入介质等效功函数的概念，故将各种介质的功函数按照从小到大的顺序排列起来就是介质的静电起电系列。

从18世纪末到现在，有许多科学家进行过材料静电系列的研究，并发表了相应的系列，如Volta于1796年，Raraday于1840年，Silsbee于1924年，Lihmiche于1949年，Hersh和Montgomery于1955年，北川彻三于1958年等。近年来国外一些标准或资料中公布的静电系列为：(+)人手、玻璃、云母、人发、聚酰胺、羊毛、丝绸、铝、纸张、棉、钢、木材、硬橡胶、铜、银、金、硫黄、聚酯、聚氨酯、聚乙烯、聚丙烯、聚氯乙烯、硅、聚四氟乙烯(−)。

1）静电系列的特点与应用

在材料的静电系列中，任何两种物质发生接触起电时，总是位于系列前面的材料带正电，后面的带负电；且两种材料在系列中相距越远，其接触电量越大，由此可见，根据材料的静电系列不仅可判断材料的起电极性，而且还能估计起电程度的强弱。因此在生产工艺中，为减小静电，应尽量选择系列中相距较近的材料参与接触和摩擦，还可以使某种材料在先后与不同材料的接触摩擦中带上异号电荷，基于静电中和的原理消除或减少静电产生量。如在纺织工业中，在纺制尼龙(聚酰胺)条子时可先使其通过玻璃导纱器(尼龙条子带负电)，再通过钢制导纱管(尼龙条子带正电)以中和条子上的静电荷。总之，静电系列在描述起电机理、指导静电防护方面有很高的应用价值。

应当指出，由于实验条件和含杂质、表面氧化状况以及温度、湿度、压力的影响，即使是同一组材料，各个实验者所得到的系列也会有所不同。所以在实际应用时，不能拘泥于现成的静电系列表确定静电起电的实际效果，而应通过实验加以检验。北川彻三在1958年给出的静电系列为：(+) 玻璃、毛发、尼龙、羊毛、人造纤维、丝绸、醋酸纤维、聚丙烯腈、纸、黑橡胶、聚酯、电石、聚乙烯、赛璐珞、聚氯乙烯、聚四氟乙烯 (−)。

2）按介电常数的排序

许多研究还发现，材料的静电系列也可按照材料的介电常数从大到小的顺序排列而成，如Ballou于1954年指出：任何两种材料接触摩擦时，总是介电常数大的带正电，介电常数小的带负电。至于带电量可按Corn法则确定，即

$$Q = K(\varepsilon_1 - \varepsilon_2) \tag{3.25}$$

式中，K为比例系数，其单位是$N \cdot m^2/C$，K与参与摩擦的材料本身性质有关。对于同一组材料，按照介电常数从大到小顺序与按功函数从小到大排序，所得到的静电系列基本是一致的，但由于材料的介电常数比功函数更容易测量，故按前者排列更方便。

3）静电系列受各种因素的影响

由于材料的功函数或介电常数除与材料本身的性质有关外，还在很大程度上与材料表面的状态(如吸附、氧化、污染、含杂)、环境条件(温度、湿度、外界电磁场)等有关，故即使同一种材料，因实验条件的差异所得排序结果往往也会有所差异，故静电系列不是绝对的，但其基本趋势是一致的。

3.1.5 影响固体接触起电的因素

1. 摩擦的影响

在上面介绍的固体起电方式中，未提及我们经常遇到的摩擦起电，这是因为严格说来

摩擦并不是一种单一的起电方式。首先说明摩擦起电与接触起电的关系，摩擦实际上就是沿两固体接触面上不同接触点之间连续不断的接触—分离过程。由于接触电位差只发生在相互紧密接触的固体间，而表面看来很平的物体表面实际上却是凹凸不平的，它们即使靠得很近，但实际上在凹处并未达到紧密接触，所以单纯的接触起电其效应比较弱。但若使两个靠近的表面发生摩擦，则可使 2.5 nm 以下的接触点(或接触面积)大大增多。而且摩擦正好相当于一系列的接触—分离过程，所以摩擦可使起电效果变得非常明显。由此可以看出，摩擦起电的主要机理仍是接触起电，但因摩擦时有机械力作用于物体而使物体发生形变，所以会包含压电效应起电；又因为摩擦还可能会引起界面凸起部分断裂，所以还包含断裂起电。摩擦还会产生热量，引起温度的变化，所以还可能包含热电效应起电的因素在内。总之，摩擦起电不是一种单一机理的起电方式，而是包含多种起电机理，但毫无疑问接触起电在其中起着主要作用。

1）摩擦速度的影响

摩擦速度即摩擦的距离与摩擦时间之比。一次摩擦时间指两个物体从刚开始接触那一时刻到分离之间所经历的时间，在这段时间内两物体一直发生相对运动。两物体摩擦时起电量 Q 可按下式计算：

$$Q = f(v)\sqrt{A} \tag{3.26}$$

式中 $f(v)$是关于摩擦速度的函数，A 是摩擦功。从式(3.26)中虽不能直接看出 Q 与 v 的关系，但实验表明，在一定速度范围内($v<10$ cm/s)，Q 随 v 的增大而增大，当速度达到某一值时，物体带电量达到理论饱和值。图 3.7 是铝块与丁腈橡胶摩擦时橡胶带电量 Q 随速度 v 的变化情况。由图可以看出物体带电量出现饱和值的速度基本一致。当 $v<7.5$ cm/s 时，摩擦带电量随速度 v 的增大而急剧增大；当 $v>7.5$ cm/s 后，带电量的增加趋缓；当 $v\approx10$ cm/s时，带电量基本不再增加。

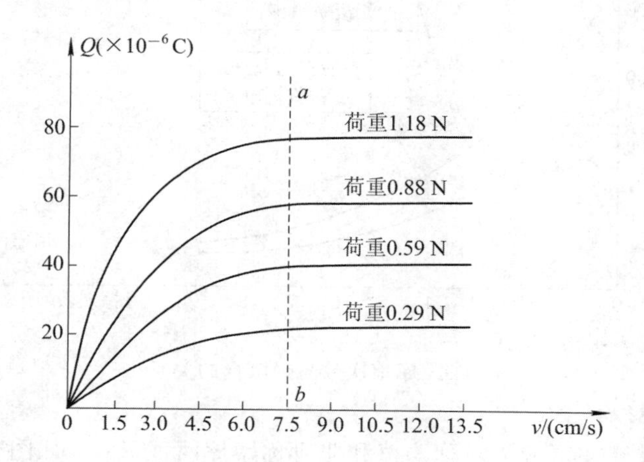

图 3.7　铝块与丁腈橡胶摩擦时橡胶带电量 Q 随速度 v 和压力的变化情况

2）摩擦力的影响

式(3.26)还表明，摩擦起电量还与摩擦功有关，因而也与摩擦力有关。由图 3.7 进一步可以看出，摩擦起电量随压力的增大而增大。这是因为压力增大时，相互摩擦的物体的实际接触面积增大了。同时压力还可以引起物体变形，从而使表面电极化，由于压电效应而引起物体带电量变化。

还应注意，当金属和电介质摩擦时，压力的变化还会引起介质带电极性符号的改变。如图 3.8 所示，人造纤维与不锈钢摩擦时，随着压力的增大，人造纤维带电极性由正向负发生反转，这种极性反转现象只对某些介质才会出现，因而前述的静电起电系列也是在一定情况下的实验规律。

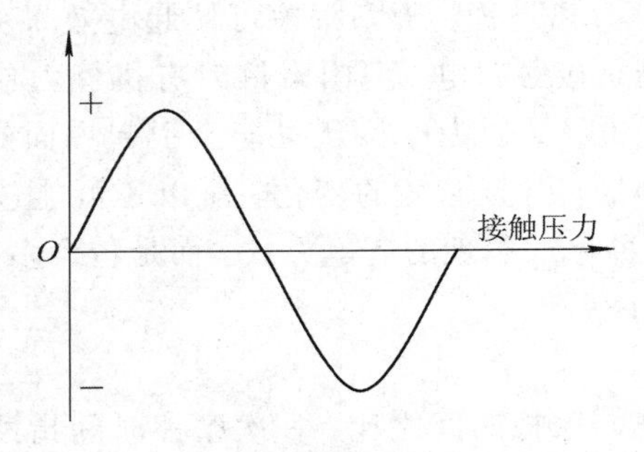

图 3.8　人造纤维带电极性的反转

3）摩擦次数的影响

实验表明，对于多数材料而言，当摩擦次数达到几十次时，材料起电量即达到最大值。如继续摩擦到上千次时，带电量反而会逐渐下降，直到摩擦次数又达到数千次时再次稳定下来，并在以后增加摩擦次数的过程中起电量基本保持不变，如图 3.9 所示。这一现象的机理目前尚不够清楚。

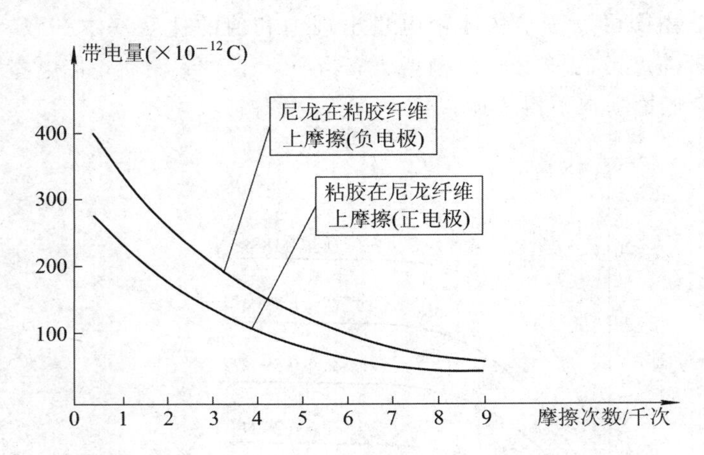

图 3.9　摩擦次数与带电量的关系

4）摩擦方式的影响

固体材料的相互摩擦可分为对称摩擦和非对称摩擦两种形式，如图 3.10 所示。对称方式是两接触物体从整体上相互受到均匀摩擦的方式，这种方式所造成的电荷转移量小，放电效果相对不明显。反之，非对称是指一个物体的整体与另一个物体的局部发生摩擦，这种摩擦转移电量大，起电效果明显。这主要是因为在非对称摩擦的情况下，其中一个物体的某个位置经常被摩擦，这里的温度相对很高，形成所谓热点，而该物体的其余部分基本不受摩擦，温度基本不变。与之相摩擦的另一物体受摩擦均匀，温度变化也不大。这样高温热点与另一物体的温度差就比较大，有利于载流子从高温热点向温度较低的另一物体转移，从而使起电量增大。而在对称性摩擦中两个物体所受摩擦基本均衡，很难形成高温热点和温度差，不利于载流子的转移，故起电量小。此时，温度升高容易使分子发生热分解，也使带电量有所增加。

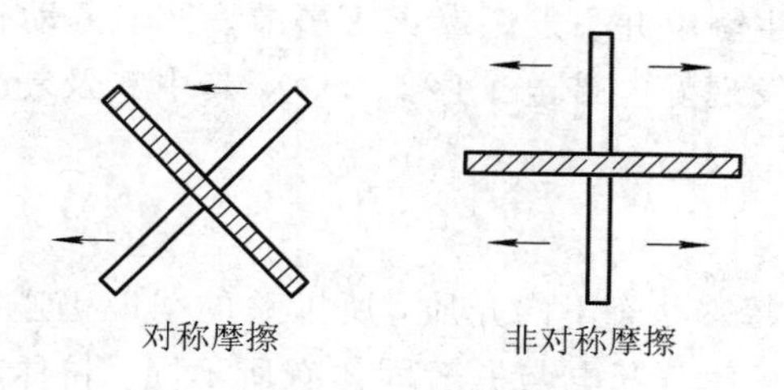

图 3.10　两种摩擦方式

2. 周围环境的影响

测试环境的变化也会引起固体电阻率的变化，从而导致固体泄漏静电程度的变化，进而使固体带电量受到影响。

1）湿度的影响

湿度是环境条件的重要参数，一般说来，当空气相对湿度提高时，固体材料通过吸湿使其含水量增加，还可能在其表面形成一层极薄的水膜。由于水是良导体，导致固体的表面电阻率和体积电阻率下降，使静电荷容易分散和泄漏，减小了固体的带电量。

对于亲水性纺织纤维、塑料等高分子材料来说，其体积电阻率随含水量变化的经验公式为

$$\frac{d\rho_v}{\rho_v} = -n\frac{dM}{M} \tag{3.27}$$

式中 ρ_v 表示体积电阻率，M 表示含水量，n 是与材料的实验条件有关的常数。

例如：对于棉花其 $n=11.4$，而蚕丝的 n 则高达 17.6。由于 n 远大于 1，所以式(3.27)表明，当材料的含水量有很小的变化时，即可引起体积电阻率很大的变化。两者的变化由负号“－”相联系，表明含水量增大时，体积电阻率减小。很多实验也表明，材料的表面电阻率也随含水量的增大而呈现急剧下降的态势。大量实验数据证明，当空气的湿度达到 80%以上时，绝大部分物体所带静电电量都很小，反之当相对湿度低至 30%时，则会带上很强的静电。

2）温度的影响

对于高分子固体介质来说，当其相对介电常数小于 3.0（称弱极性材料时），温度对起电量的影响很小，可以忽略。而对于相对介电常数大于 3.0 的聚合物（称强极性材料），随着环境温度的上升一般起电量减小，有时也会引起带电极性的反转。对于某些聚合物材料（主要是极性和强极性纤维、树脂），其体积电阻率随环境温度的变化符合如下经验公式：

$$\ln\rho_v = \frac{C}{2}T^2 - (a - bM)T + d \tag{3.28}$$

式中 a、b、c、d 是与聚合物物种类和极化有关的常数，M 是材料含水量，ρ_v 是体积电阻率，T 是环境温度。

3.1.6 粉体起电

粉体是指由固体介质分散而成的细小颗粒。在化工、采矿、食品、制药、火炸药等工业部门，生产原料或制品都涉及粉体。在研磨、搅拌、筛选、过滤和输送等生产工序及储存过程中，粉体介质都可能产生静电并引发燃爆灾害事故。日本劳动省安全研究所曾对363个工业企业进行过调查，共发现静电带电工序592个，其中涉及粉体作业的带电工序为170个，占带电工序的20％。

1. 粉体起电的特点

由于粉体介质是处于特殊状态下的介质，所以总的来说仍遵守固体起电理论。但粉体本身结构形态上的特点，又使其起电与一般固体有所不同。粉体起电有两个主要特点：分散性和悬浮性。

粉体的特点之一是分散性，分散性使得粉体表面积大幅增大。例如1 kg的聚乙烯若以整块的固体形式存在，其表面积仅为0.06 m^2，但若把它加工成粒径为200目左右的粉体时，其总面积就增大为100 m^2 以上，是原来的1700倍。粉体表面积的增大，使其与空气或其他介质之间的界面增大，从而发生接触分离或摩擦的机会和程度大大增加，因而静电起电的可能性和起电量也明显增大。粉体表面积的增大，也使粉体与空气中的助燃剂氧气的接触面积增大，使燃爆的可能性也大为提高。

粉体的特点之二是其悬浮性。悬浮性首先使得粉体颗粒与它在其中悬浮的气体或液体发生相对运动的机会增加，更容易与这些介质发生接触—分离或摩擦，所以更容易产生静电。其次悬浮性带来的另一个问题是：当粉体在绝缘的气体或液体中悬浮时，不管粉体颗粒原来是导体或是介质，现在都变成对地绝缘了，故这些颗粒带电后极难泄漏，往往积累很高的静电。

粉体起电的上述特点，使粉体起电程度较之一般固体要高。粉体工业长期运行的经验表明：一般粉体起电质量电荷密度约在 $10^{-7} \sim 10^{-3}$ C/kg之间（即 $0.1 \sim 1000\ \mu$C/kg）。起电静电压为数千伏至数万伏。

在工业生产和火炸药生产过程中，粉体经管道气力输送是最常用的工艺，也是典型的粉体静电起电过程，下面以此为例对其起电规律进行分析。

2. 粉体气力输送过程影响静电起电的主要因素

1）粉体和管道材质的影响

气力输送粉体时的起电，从本质上说仍是固体的接触—分离起电，由接触起电理论和静电系列可知，当粉体与管道材质相同时，例如用PVC管道输送PVC时，不易产生静电，或起电量很小。反之当粉体与管路材质不同时，则会产生较强的静电，这一点已为实验所证实。当管道由金属制成而管内输送的是介质粉体时，静电起电量与管道金属种类关系不大，主要取决于粉体的性质。反之，当管道与粉体均为介质时，管道材料的不同对静电起电量就有较大的影响。

2）输送距离（或输送时间）的影响

粉体在管道中输送的距离越长或粉体在管道中经过的时间越长，则粉体颗粒与管道壁之间的总的接触—分离的碰撞次数越多，荷电量随之增加，但不会无限增大，与此同时也增加了带电颗粒的放电机会，这是和粉体起电过程相反的过程。最后，当输送距离增大到一定数值时，在同一时间内产生和流散的电荷量相等，粉体带电量达到某一饱和值。图3.11就是通过镀铬管道输送聚苯乙烯、高压聚乙烯和低压聚乙烯粉体时，粉体带电量随输送距离(或相应时间)变化的关系曲线。这三种粉体都是刚开始时带电量随输送距离(时间)增大而急剧增大，但经过十几秒到几十秒后，其静电带电量就达到了饱和值。

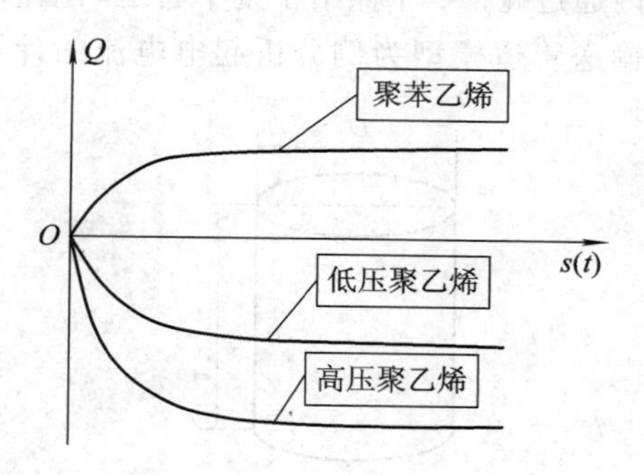

图3.11　各种粉体的气力输送带电量曲线

3）气体输送速度的影响

输送粉体的气流速度越大，则粉体颗粒之间、粉体颗粒与管道之间的摩擦或碰撞越剧烈，也就是说，单位时间内粉体颗粒之间、粉体颗粒与管壁之间摩擦或碰撞次数增大，这与上述输送距离越长有点类似(在那里总次数增大)，这样静电起电量增大。但与此同时带电粉体颗粒的放电机会也增大，故经过一定时间后粉体带电量也会达到饱和值。实验表明：气力输送速度越高，粉体达到饱和带电量所需时间越短，由于在气力输送工艺中大多采用较大的气流速度，一般可达每秒几米至几十米，故粉体带电在很短时间内(一般几十秒)达到饱和。如果按输送距离计算则达到静电饱和的长度一般不超过数米。

4）固体载荷量的影响

载荷量是指气力输送中每立方米气流中所含粉体的质量。由于载荷量越大，颗粒数越多，势必造成每个颗粒在管道内与管壁摩擦、碰撞的机会减少，所以颗粒上的平均电量或粉体质量的电量密度应随载荷量的增加而减少。实验证明粉体在出口处质量电荷密度与载荷量成反比。在粉体载荷量相同的情况下，输送速度越大，粉体带电量也越大。

5）粉体粒径的影响

实验表明，单个粉体粒子的带电量与其质量成正比。因此，输送同一种物质的粉体时，大部分电荷量的输送应由大粒子承担。然而在实际工艺中，在相同重量的粉体中，粒径大的颗粒数目总是远远小于粒径小的颗粒数目，由于粒径小的颗粒数目多，从而大大增加了它们之间的接触面积，也增大了起电量。所以在实际输送过程中，小粒子数越多，起电效果越明显。

除了上述因素外，气力输送粉体时的静电还同管道、料槽和搅拌浆的形状、结构有关。例如，管道的曲率半径越小，在其他条件不变的情况下，起电量越大，弯曲的管道比直管道更容易产生静电。同一管道若管径不均匀，则狭窄部位比宽阔部位更容易产生静电。

3. 气力输送粉体起电电流的计算

在粉体的气力输送过程中，粉体粒子与管道内壁发生碰撞和摩擦，甚至有些粒子在内壁上流动。粉体粒子和管内壁的相互作用包括接触、分离、摩擦、碰撞等，使粉体带上一定量的电荷，而管道壁上则带上等量的异号电荷。粉体粒子与管壁之间的电荷传送就形成了起电电流。从本质上说，粉体在单位时间内通过碰撞、摩擦给予管道内壁单位面积的电量即起电电流密度，而粉体在单位时间内通过碰撞、摩擦给予整个管道内壁面积的电量即起电电流。

下面以图 3.12 所示的输送管道模型为例分析起电电流的计算。

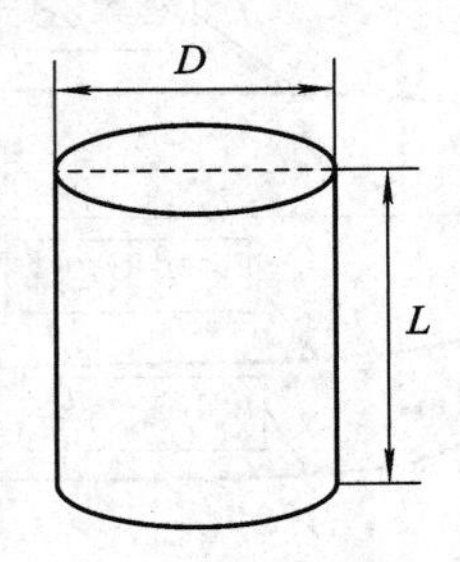

图 3.12　输送管道模型

图 3.12 为一直径为 D、长度为 L 的竖直管道。气力输送粉体时起电电流密度就是指粉体在单位时间内给予管壁单位面积的电量，设为 J，方向沿管的截面径向，即垂直于管壁；而起电电流则是粉体在单位时间内给予整个管壁面积 πDL 的电量，设为 I，$I=\pi DLJ$，即设想把该圆管展开为一个矩形，则矩形的边长是圆管周长 πD，另一边长为 L，其面积为 πDL，则起电电流的经验公式为

$$I = 1.1\frac{K_c^{0.4}\bar{v}^{1.8}K_m^{1.8}DLK_sK_t\sigma_m}{d\left(\lg\frac{N_R}{8}\right)^{1.8}} \tag{3.29}$$

式中各参数含义如下：

I 表示长度为 L 的竖直气力管的起电电流(单位是 μA)。

D 为管道直径(单位是 m)。

L 为管道长度(高度)(单位是 m)。

d 为粉体颗粒的直径(单位是 m)。

$\bar{v}$ 是气流在管道内的平均速度，单位是 m/s。必须指出：气流在管道内的运动是十分复杂的，因为还有粉体颗粒在其中运动，主要表现为一种紊流，又叫湍流。相对于层流而言，湍流是流体的一种不规则运动状态，流体质元在宏观上的互相混杂。被气流输送的粉体颗粒除此速度运动外，还将参与无规则的运动。

N_R 为气流的雷诺数(无量纲)，是表示流体的惯性与黏滞性之比的一个量，其计算式为

$$N_R = \frac{\rho_q D\bar{v}}{\eta}$$

其中 ρ_q 是气流的质量密度(kg/m^3)，一般可取 1.2；η 为气流的黏滞系数(kg/s · m)，在通常的气力输送中，可取 $1.5\times10^{-5}\sim1.8\times10^{-5}$ kg/s · m。

K_c 表示由粉体材质和管道材质所确定的系数，又叫材料系数(s^2/m^2)。常见粉体管道

的 K_c 值见表 3.4。

表 3.4　常见粉体管道的材料系数　S^2/m^2

管道材料名称	粉体种类	
	聚丙烯	聚苯乙烯
铜	25.3×10^{-8}	11.9×10^{-8}
玻璃	25.3×10^{-8}	
有机玻璃	34.4×10^{-8}	25.3×10^{-8}
聚乙烯	62.5×10^{-8}	57.9×10^{-8}

K_m 为横向差速系数，即粉体的横向速度(是沿管子横截面与管壁垂直的分速度)的最大值与气流横向速度最大值之比值(无量纲，且恒小于 1)。其计算公式为

$$K_m = \sqrt{0.75\frac{\alpha\rho_q}{\rho_f}\cdot\frac{D}{d}}$$

式中，ρ_f 是粉体的质量密度(kg/m^3)；α 是阻力系数，对于球状粉体 $\alpha=0.44$，而对于一般形状粉体可按下式计算：

$$\alpha=\frac{50.667\eta\lg\dfrac{N_R}{8}}{\rho_q\bar{v}d}+0.48$$

K_s 为纵向差速系数，即气流纵向速度最大值与粉体颗粒纵向速度最大值的比值。K_s 的大小可由图 3.13 查出，图中横坐标为 K_s，纵坐标为 $2gh/v_\omega^2$。其中 g 为重力加速度，h 为管道在所考虑点处的高度，v_ω是输送粉体气流的紊流速度，其计算公式为

$$v_\omega=\left|\frac{gd^2\rho_f}{1.8\eta-0.61d^2\sqrt{gd\rho_f\rho_q}}\right|$$

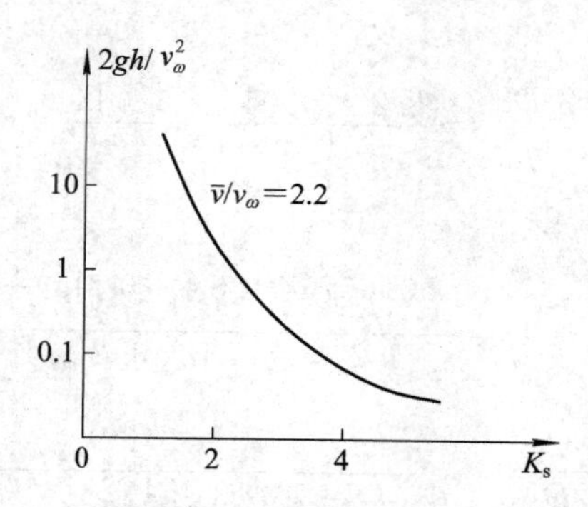

图 3.13　K_s 与 $2gh/v_\omega^2$ 的关系

$2gh/v_\omega^2$ 随 K_s 的变化曲线与 $\bar{v}/v_\omega$ 的值有关(对于其他的比值则有其他曲线)。通过计算及查取可获得与 $2gh/v_\omega^2$ 对应的 K_s 值。

K_t 为粉体物质的体积浓度的消耗(无量纲常数)，其计算公式为

$$K_t=\frac{v_f}{v_f+v_q}$$

其中 v_f 是粉体流量，v_q 是气体流量，单位均为 m^3/s。

σ_m 是管道内壁的电荷面密度($\mu C/m^2$)，可由图 3.14 查取并计算得出。图中的横坐标是 δ，表示粉体颗粒与管壁碰撞时接触斑点的尺寸，其计算公式为

$$\delta = \frac{0.87dK_c^{0.2}\overline{v}^{0.4}K_m^{0.4}}{(\lg\frac{N_R}{8})^{0.4}}$$

纵坐标则为 $\sigma_m/\varepsilon_r\sigma_{m\infty}$，式中 ε_r 是粉体的相对介电常数，$\sigma_{m\infty}$ 为管壁上稳定的电荷面密度，一般取 26.5 $\mu C/m^2$。

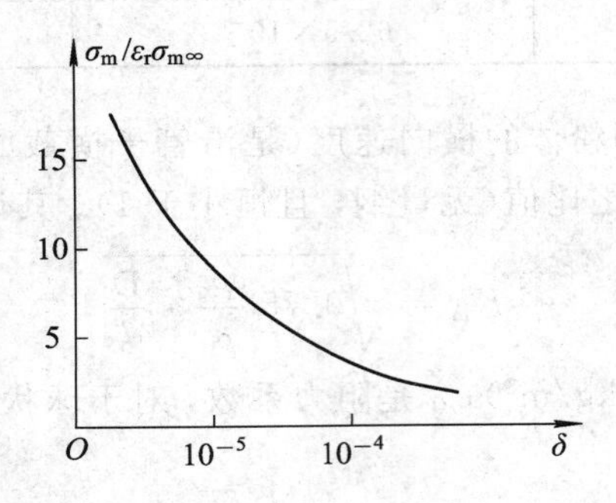

图 3.14　$\sigma_m/\varepsilon_r\sigma_{m\infty}$ 与 δ 的关系

例如：聚丙烯粉体沿聚乙烯管道气力输送，管内直径 $D=0.057$ m，气流平均速度 $\overline{v}=18.14$ m/s，所考虑高度分别为 1.8 m 和 2.8 m，粉体微粒的有效直径 $d=3.2\times10^{-3}$ m，粉体的质量密度 $\rho_f=900$ kg/m³，气体流量 $v_q=0.0463$ m³/s，粉体流量 $v_f=1.1\times10^{-4}$ m³/s。求每米管道上的起电电流。

应用式(3.29)计算起电电流，令 $L=1$ m，$\overline{v}=18.14$ m/s，其他各量计算如下。

(1) 由表 3.4 可得材料系数 $K_c=62.5\times10^{-8}$ s²/m²。

(2) 雷诺数 N_R：

$$N_R = \frac{\rho_q D\overline{v}}{\eta} = \frac{1.2\times0.057\times18.14}{1.8\times10^{-5}} = 68932$$

(3) 阻力系数 α：

$$\alpha = \frac{50.667\eta\lg\frac{N_R}{8}}{\rho_q\overline{v}d} + 0.48 = \frac{50.667\times1.8\times10^{-5}\lg\frac{68932}{8}}{1.2\times18.14\times3.2\times10^{-3}} + 0.48 = 0.532$$

(4) 横向差速系数 K_m：

$$K_m = \sqrt{0.75\frac{\alpha\rho_q}{\rho_f}\cdot\frac{D}{d}} = \sqrt{0.75\times0.532\times\frac{1.2}{900}\times\frac{0.057}{3.2\times10^{-3}}} = 0.0973$$

(5) 紊流速度 v_ω：

$$v_\omega = \left|\frac{gd^2\rho_f}{1.8\eta - 0.61d^2\sqrt{gd\rho_f\rho_q}}\right|$$

$$= \left|\frac{9.8\times(3.2\times10^{-3})^2\times900}{1.8\times1.8\times10^{-5} - 0.61\times(3.2\times10^{-3})^2\times\sqrt{9.8\times3.2\times10^{-3}\times900\times1.2}}\right|$$

$$= 8.18\,\mathrm{m/s}$$

(6) 纵向差速系数 K_s：

由已得结果可知$\frac{\bar{v}}{v_\omega}=2.2$，考虑两端的$\frac{2gh}{v_\omega^2}$分别为 0.53 和 0.82，由图 3.13 查得 K_s 分别为 2.6 和 2.2，平均值 $K_s=2.4$。

(7) 接触斑点尺寸 δ：

$$\delta=\frac{0.87dK_c^{0.2}\bar{v}^{0.4}K_m^{0.4}}{\left(\lg\frac{N_R}{8}\right)^{0.4}}$$

$$=\frac{0.87\times3.2\times10^{-3}\times(62.5\times10^{-8})^{0.2}\times18.14^{0.4}\times0.0973^{0.4}}{\left(\lg\frac{68932}{8}\right)^{0.4}}$$

$$=1.16\times10^{-4}\ \mathrm{m}$$

(8) 电荷密度 σ_m：

根据求得的 δ，从图 3.14 查出$\frac{\sigma_m}{\varepsilon_r\sigma_{m\infty}}=3.2$。而聚丙烯粉体的 $\varepsilon_r=2.2$，$\sigma_{m\infty}=26.5\,\mu\mathrm{C/m^2}$，可得

$$\sigma_m=3.2\varepsilon_r\sigma_{m\infty}=3.2\times2.2\times26.5=186.6\,\mu\mathrm{C/m^2}$$

(9) 体积浓度的消耗 K_t：

$$K_t=\frac{v_f}{v_f+v_q}=\frac{1.1\times10^{-4}}{1.1\times10^{-4}+0.0463}=2.37\times10^{-3}$$

将步骤(1)～(9)求得的量代入式(3.29)得

$$I=1.1\frac{K_c^{0.4}\bar{v}^{1.8}K_m^{1.8}DLK_sK_t\sigma_m}{d\left(\lg\frac{N_R}{8}\right)^{1.8}}$$

$$=1.1\times\frac{(62.5\times10^{-8})^{0.4}\times18.14^{1.8}\times0.0973^{1.8}\times0.057\times2.4\times2.37\times10^{-3}\times186.6}{3.2\times10^{-3}\times\left(\lg\frac{68932}{8}\right)^{1.8}}$$

$$\approx0.0164\,\mu\mathrm{A}$$

起电电流受诸多因素的影响，因此计算得到的数值在一定条件下与实验结果吻合得较好，而在另外的条件下与实验结果有较大的误差。

4. 火炸药的静电起电

火炸药是一类特殊的粉体，绝大多数火炸药(包括各种起爆药、火药、炸药、电火工品即各种点火具、电雷管等)，其体积电阻率都在 $10^{10}\,\Omega\cdot\mathrm{cm}$ 以上，最高达 $10^{14}\sim10^{15}\,\Omega\cdot\mathrm{cm}$，属高绝缘物质。另一方面它们又都属于易燃易爆的活性物质，一般最小点火能为零点几至几十毫焦，最小的如结晶氮化铅的最小点火能为 0.04 mJ，斯蒂酚酸铅的最小点火能为 0.05 mJ，所以在生产运输和使用过程中极易产生静电，并且一旦发生静电放电就可能引起极严重的燃爆灾害事故。

火炸药遵守一般粉体的起电规律，但由于其本身的特殊物性及生产工艺，所以它们的起电有时显得更为复杂。以下仅以利用压缩空气向炮眼中输送与装填铵油炸药的过程为例

(又叫压气输送与装填)对静电起电进行分析。顺便指出：压气输送与装填不仅在军事上，而且在采矿工业、民用爆破中也具有广泛的应用价值。

铵油炸药英文缩写为 ANFO，是硝酸铵与液体氮氢化和物混合组成的爆破剂，其中燃料油的含量一般为 6%，主要用于采矿。采用压力喷射灌注装药，与压缩空气相连的储存器中装入 ANFO，储存器底部与装填软管相连通，并在该处使储存器与软管接地，如图 3.15 所示。操作者手握软管向炮眼中装药，在操作过程中，ANFO 在压缩空气的驱动下通向装填软管，由于 ANFO 粒子与软管壁的摩擦、碰撞而产生静电。

图 3.15 铵油炸药填充工艺

根据上述工艺设计并进行了若干基础实验，主要实验条件如下：铵油炸药与硝铵炸药的体积电阻率为 $10^{10} \sim 10^{13}\ \Omega \cdot cm$，软管的材料为乙烯树脂和橡胶两种，表面电阻率在 $10^9 \sim 10^{13}\ \Omega/\square$ 之间，环境温度为 15℃～20℃，空气的相对湿度为 45%～50%。从这些实验中可归纳出影响炸药起电量的几个主要因素。

1）接触方式和接触时间的影响

随具体工艺不同，炸药粒子与软管内表面之间的接触方式有冲击式接触、摩擦式接触和滚动式接触等几种。对于给定的工艺来说，将由某种接触方式起主导作用。实验表明：在不同接触方式下，炸药的起电电位 U(kV)与接触时间 T 的关系为

$$U = a + bt \tag{3.30}$$

对于冲击式接触 $a=0.1125$、$b=0.071$；对于摩擦式接触 $a=0.05679$、$b=0.029476$；对于滚动式接触 $a=0.073225$，$b=0.01269$。

2）软管电阻的影响

软管电阻对起电过程有明显的影响，在 RH：40%，输送速度 35 m/s 条件下，使用不同表面电阻率的软管输送硝铵炸药，得到最大静电起电电位与表面电阻的关系，如表 3.5 所示。

表 3.5 铵油炸药压气输送填充软管静电起电电位与表面电阻率的关系

软管表面电阻率/($\Omega/\square$)	1.0×10^8	2.1×10^9	1.2×10^{10}	5.9×10^{11}	2.4×10^{12}	1.4×10^{13}
炸药最大静电电位/kV	1.7	2.0	7.0	17.0	25.0	29.0

可见随输送软管表面电阻率的增大，炸药的最大起电电位迅速上升。

3）输送速度的影响

实验得出的各种炸药的静电起电电位 U(kV)与炸药输送速度 v 之间的关系为

$$U = \alpha v^2 + \beta v + \gamma \tag{3.31}$$

式中 α、β、γ 表示与炸药种类和管道材质有关的三个系数，其取值如表 3.6 所示；v 表示传送速度，单位为 m/s。

表 3.6 炸药压气输送带电电位与速度关系式中的系数

管道材质 系数 / 炸药	α		β		γ	
	乙烯树脂软管	橡胶软管	乙烯树脂软管	橡胶软管	乙烯树脂软管	橡胶软管
硝胺炸药	−0.0146	−0.0017	0.775	0.187	−0.86	0.06
AC-8 铵油炸药	−0.012	−0.0017	0.648	0.239	−0.74	0.12
普通铵油炸药	−0.003	−0.003	0.208	0.313	−0.40	0.24

分析式(3.31)可知，在各种情况下，起电电位都随输送速度 v 的增大而升高，特别当 v 比较小时，电位升高很快，当 v 增大到某一数值时，电位升高趋缓，且由于泄漏的加大趋于某一临界值。

4）炸药粒径的影响

炸药粒径对其起电位 U(kV)的影响与炸药的种类有关：

对于硝铵炸药：

$$U = 0.789 + \frac{1.94}{D} \tag{3.32}$$

式中 U 为炸药的起电电位(kV)；D 为炸药的直径(mm)。

对于 AC-8 铵油炸药：

$$U = 3.8055 - 5.702\lg D \tag{3.33}$$

对于普通铵油炸药：

$$U = 0.752 + \frac{0.85}{D} \tag{3.34}$$

式中各项含义及单位与式(3.32)相同。

分析以上结论可得出，当炸药粒径在 0.125～0.5 mm 范围内时，炸药起电电位最高，当粒径大于 0.5 mm 后，起电电位迅速下降。这是因为在输送重量一定的情况下，粒径过大时，总的接触面积由于粒子数目的减小而减小，从而使电位下降。

3.2 固体起电的其他方式

固体静电起电的方式除以上介绍的接触—分离起电以外，还有多种其他起电方式，现予以简单介绍。

1. 剥离起电

互相密切结合的物体剥离时引起电荷分离而产生静电的现象，称为剥离起电。剥离起电实际上是一种接触—分离起电，通常条件下，由于被剥离的物体剥离前紧密接触，剥离起电过程中实际的接触面积比发生摩擦起电时的接触面大得多，所以在一般情况下剥离起电比摩擦起电产生的静电量要大，因此剥离起电会产生很高的静电电位。剥离起电的起电量与接触面积、接触面上的黏着力和剥离速度的大小有关。

2. 断裂起电

当物体遭到破坏而断裂时，断裂后的物体会出现正、负电荷分布不均匀的现象，由此产生的静电称为断裂起电。断裂起电除了在断裂过程中因摩擦而产生之外，有的则是在破裂之前就存在着电荷不均匀分布的情况。断裂起电电量的大小与裂块的数量多少、裂块的大小、断裂速度、断裂前电荷分布的不均匀程度等因素有关。因断裂引起的静电，一般是带正电荷的粒子与带负电荷的粒子双方同时发生。固体的粉碎及液体的分裂所产生的静电就是由于这种原因造成的。

3. 压电效应起电

电压效应起电是指某些晶体材料在机械力作用下产生电荷的现象，其本质是一种电极化现象。只不过这种极化不是由外电场引起的，而是在机械力如压力或拉伸力作用下，引起内部的极性分子——等效电偶极子在其表面作定向排列的结果。

4. 热电效应起电

热电效应起电是指某些晶体材料在受到热作用时显示带电的现象。如将石英晶体加热时，其一端带正电，另一端带负电，而在冷却时，两端带电极性与加热时正相反。热电效应本质上也是一种电极化现象，它是晶体中的极性分子——等效电偶极子在热应力作用下，沿材料表面作定向排列的结果。

5. 电解起电

当固体接触的液体主要是电解质溶液时，固体中的离子会向液体中移动，于是在固、液分界面处形成一个阻碍固体离子继续向液体内移动的电场，达到平衡时就在固、液界面形成稳定的偶电层。若在一定条件下，和固体相接触的液体被移走，固体就留下一定量的某种电荷，这就是固、液接触情况下的电解起电。当两种固体接触时，原来存在于固体表面上极薄的水膜，会使两种固体分别与水膜发生电解起电并形成偶电层。若液膜在某种情况下被移走，则在界面两侧的固体上分别留下一定量的电荷，这就是固体之间的电解起电。

6. 感应起电

除了众所周知的导体在外电场作用下会因感应带电外，介质在外电场作用下也会感应带电。当介质在外电场作用下发生极化时，电介质将在垂直于电力线方向的两界面上出现异号的极化电荷，当外场撤去后极化电荷也将消失。但如在外电场撤去前，介质中某种符号的电荷由于某种原因已消失，例如把周围空间异号自由电荷吸向自身而中和，这样当外场撤去后，介质上另一种符号的极化电荷将被保留下来，而使介质处于带电状态，此即介质的感应起电。

7. 驻极体起电

自然界存在一类电介质，它们在极化后能将极化电荷“冻结”起来，即使除去外电场，介质仍能在相当长的时间内保持处于分离状态的正、负电荷，这类介质称为驻极体。如松香、聚四氟乙烯都是典型的驻极体。有些驻极体的电荷弛豫时间——电荷减少到初始电量的$1/e$所用的时间可长达 3～10 年。

8. 电晕放电带电

当原来不带电的物体处在高压的带电体或高压电源附近时，由于带电体(特别是尖端附近)空气被击穿，出现大量带电粒子，结果使原来不带电的物体带上了与带电体相同符号的电荷，这种现象叫电晕放电带电或喷电起电。

9. 吸附起电

多数物质的分子是极性分子，即具有偶极矩，偶极子在界面上是定向排列的。另一方面，空气中由于空间电场、各种放电现象、宇宙射线等因素的作用，总会漂浮着一些带正电荷或负电荷的粒子。当这些浮游的带电粒子被物体表面的偶极子吸引且附着在物体上时，整个物体就会有某种符号的过剩电荷而带电。如果物体表面定向排列的偶极子的负电荷位于空气一侧，则物体表面吸附空气中带正电荷的粒子，使整个物体带正电。反之，如果物体表面定向排列的偶极子的正电荷位于空气一侧，则物体表面吸附空气中带负电荷的粒子，使整个物体带负电。吸附起电电量的大小与物体分子偶极矩的大小、偶极子的排列状况、物体表面的整洁度、空气中悬浮着的带电粒子的种类等因素有关。

3.3 固体静电的流散与积累

3.3.1 流散和积累的一般概念

1. 流散的概念

无论是介质还是导体，当以某些方式起电后，若起电过程不再继续，则经过足够长的时间后，物体上的静电荷总会自行消散，这种现象叫静电的流散(衰减)。研究表明：静电的流散途径主要是中和和泄漏。

1) 中和

(1) 自然中和。由于自然界中的宇宙射线、紫外线和地球上放射性元素放出射线的共同作用，空气会发生自然电离，电离后又会复合，达到平衡时，导致在常温常压下，每立方厘米的空气中约有数百对到数千对带电粒子(电子或离子)。由于它们的存在，带电体在同空气的接触中所带电荷会逐渐被异号带电粒子所中和，这种现象称为自然中和。由于空气的自然电离程度太低(即离子浓度太低)，所以这种自然中和作用极为缓慢。

(2) 快速中和。若带电体与大地电位差很高(激发场强很大)，可造成气体局部高度电离而发生静电放电，此时会形成大量的带电粒子，从而使带电体上的电荷被迅速中和。

2) 泄漏

泄漏即通过带电体自身与大地相连接的物体的传导作用，使静电荷向大地泄漏，与大地中的异号电荷相中和。

对于带电导体而言，当导体未被绝缘时，所带电荷会直接、迅速地通过导体支撑物向大地泄漏或周围导电环境泄漏。而当导体被绝缘时，导体上静电荷则通过绝缘支撑物缓慢泄漏。

对于介质而言，泄漏又分为表面泄漏和体积泄漏。

(1) 表面泄漏。在环境湿度较大且介质又具有一定吸湿能力的情况下，介质表面会形成一层薄水膜而使其表面电阻率降低，水分还会溶解空气中的二氧化碳或其他杂质，析出电解质。这也使表面电阻率降低，当介质表面电阻率较低时，电荷就容易在其上分散并沿接地体向大地泄漏。同时，高湿度的空气也是表面泄漏的通道。

(2) 体积泄漏。体积泄漏也叫内部泄漏。这种泄漏的程度取决于体积电阻率的大小及是否存在向大地泄漏的接地通道。

2. 积累的概念

在生产实践和科学实验中，一切实际的静电带电过程都有包含着静电的产生和静电的流散两个相反的过程。如果起电速率(单位时间内静电的产生量)小于流散速率(单位时间内静电的流散量)，则虽然发生起电过程，但物体上不会出现净电荷的积累，亦即观察不到带电现象。如果情况正相反，则物体上会出现静电荷的积累而使物体带电量增加，但这种增加并不是无限制的，在经过一定时间后，静电的产生和流散这两个相反的过程会达到动态平衡，从而使物体处于稳定的带电状态，此时物体带有确定的电量。

以下分别介绍固体介质和导体上静电荷的流散和积累的规律，所得结论从原则上也适用于粉体和流体。

3.3.2 介质内部静电荷的流散与积累

1. 介质内静电荷的流散

设介质以某些方式带电后，电荷产生的过程不再继续，在介质内部任取一封闭曲面，则面内包含的电量 Q 将不断流散而逐渐减小。根据 Gauss 定理、电流与电荷的关系及欧姆定律的微分形式等可以导出 Q 随时间的变化规律为

$$Q(t)=Q_0\,\mathrm{e}^{-\frac{t}{\varepsilon_0\varepsilon_r\rho_v}} \tag{3.35}$$

上式反映了介质内的静电荷随时间按指数的规律衰减。绘制 $Q-t$ 曲线可以更清楚地看到这一点，如图 3.16 所示。

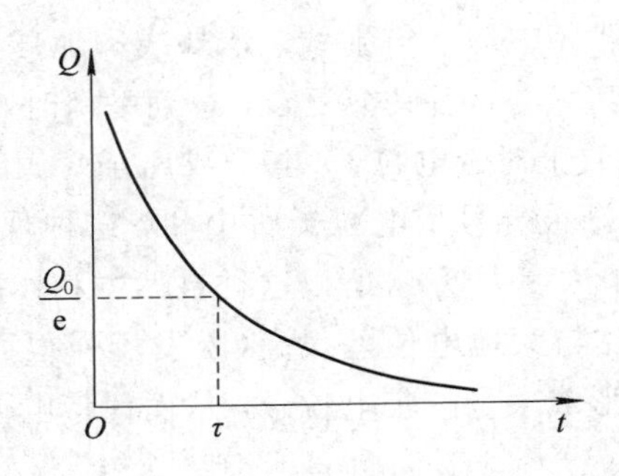

图 3.16 静电流散过程中的 $Q-t$ 曲线

讨论：

(1) 由图 3.16 可以看出，当时间 $t\to\infty$ 时(应理解为 $t\gg\varepsilon_0\varepsilon_r\rho_v$)，有 $Q\to 0$，这表明介质带电后若起电过程不再持续，则经过足够长的时间后介质上的静电荷总会自行消散殆尽，这正是介绍过的静电流散的概念。

(2) 特别当 $t=\varepsilon_0\varepsilon_r\rho_v$ 时，有 $Q=Q_0/\mathrm{e}$，即经过 $\varepsilon_0\varepsilon_r\rho_v$ 这么长一段时间后介质上的静电电荷将衰减到起始值的 1/2.718，所用的时间称为介质的放电时间常数，也叫逸散时间，以 τ 表示，即

$$\tau=\varepsilon_0\varepsilon_r\rho_v \tag{3.36}$$

显然 τ 越小，表明介质带电后电荷衰减得越快，反之亦然。

在科研和生产中，也常用所谓的静电半衰期 $t_{1/2}$ 来表示介质内静电的流散性能。它是指介质静电荷衰减到起始值一半所用的时间。该量从本质上与 τ 是一样的，并且容易证明二者之间的关系为

$$t_{1/2}=\tau\ln 2=0.069\tau=0.069\varepsilon_0\varepsilon_r\rho_v \tag{3.37}$$

(3) 介质的静电放电时间常数(或静电半衰期)都只取决于介质本身的电学性质，即介质的介电常数和体积电阻率，在决定静电时间常数的两个因素中，体积电阻率要比介电常数起着更重要的作用，因为从数值上看，体积电阻率比介电常数大得多，而从对温、湿度的敏感程度看，体积电阻率比介电常数敏感得多，因此要减小时间常数，必须设法减小体积电阻率。橡胶、塑料、化纤这些聚合物材料，其体积电阻率高达 $10^{16}\sim10^{17}\ \Omega\cdot\mathrm{m}$，故它们的放电时间常数长达数小时甚至数天。

在引入 τ 后，介质内静电荷的变化规律又可表示为

$$Q(t)=Q_0\mathrm{e}^{-\frac{t}{\tau}} \tag{3.38}$$

(4) 金属之类的静电导体其体积电阻率很小，介电常数可近似地认为与真空的介电常数相同，由此算出其放电时间常数近似等于零，因此导体内不可能有体电荷分布。

2. 起电过程中介质内静电荷的积累

在同时考虑静电的产生和流散这两个相反的过程时，一般情况下开始时静电的产生量大于流散量，静电逐渐积累；到一定程度后，产生与流散达到动态平衡，使电荷的积累量保持某一动态稳定值。因此，在达到动态平衡前，微小时间 $\mathrm{d}t$ 内净电荷的增加量 $\mathrm{d}Q$ 可表示为

$$\mathrm{d}Q=I_0\,\mathrm{d}t-\frac{Q}{\tau}\mathrm{d}t \tag{3.39}$$

式中第一项 $I_0\,\mathrm{d}t$ 是介质在 $\mathrm{d}t$ 时间内产生的静电量，这里为简单起见，假定介质起电是均匀的，即单位时间内的起电量——起电电流 I_0 为常数；第二项是对式(3.38)进行微分的结果，表示介质在 $\mathrm{d}t$ 时间内静电荷的流散量；两者之差就表示 $\mathrm{d}t$ 时间内介质静电荷的净积累量。

解此微分方程，并设初始条件为 $Q\Big|_{t=0}=0$ 得

$$Q(t)=I_0\tau(1-\mathrm{e}^{-\frac{t}{\tau}}) \tag{3.40}$$

在工程上为了方便，常用单位质量的带电量表示介质的带电程度，称为电荷的质量电荷密度。介质的质量电荷密度随时间的变化关系式为

$$\rho'(t)=i_0\tau(1-\mathrm{e}^{-\frac{t}{\tau}}) \tag{3.41}$$

式中，$\rho'(t)$ 为介质的质量电荷密度，i_0 为单位质量的介质的起电电流，亦设为常数。

讨论：

(1) 由式(3.40)作出静电积累过程中的 $Q-t$ 曲线，如图 3.17 所示。可以看出，一开始时介质内静电荷随时间迅速增加，当 $t\to\infty$ 时，Q 趋于某一定值 Q_s，Q_s 为介质的饱和电量。此后即使 t 再增加，带电量 Q 也不再增加，表明起电和流散达到动态平衡。

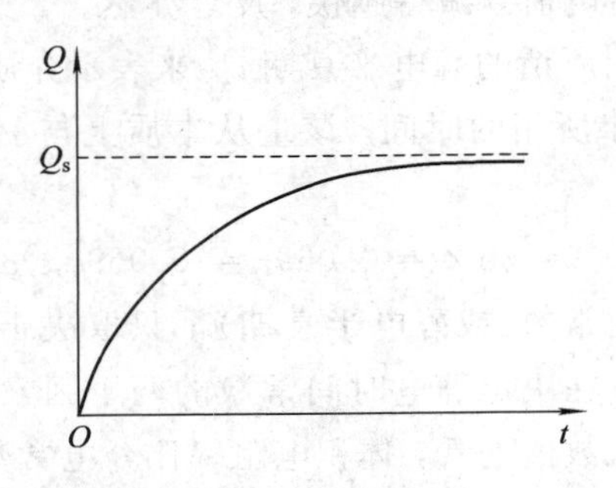

图 3.17　静电积累过程中 $Q-t$ 曲线

(2) 介质的饱和电量 $Q_s=I_0\tau=I_0\varepsilon_0\varepsilon_r\rho_v$，饱和电量 Q_s 既与起电过程有关，又与流散过程有关，我们通常所说的介质带电量实际上就是指起电与流散达到动态平衡后的饱和电量。因此为减小介质的带电量，防止静电危害，就应尽可能设法减小 Q_s，而这可以从起电和流散这两个过程着手采取措施。

3.3.3　导体上静电荷的流散与积累

1. 导体上静电荷的流散

设导体置于绝缘支撑物上，如图 3.18 所示，并设导体对地放电电阻为 R，对地电容为 C。则导体以某种方式带电后，若起电过程不再持续，其上静电荷将不断地通过支撑物向大地流散(泄漏)，其等效电路如图 3.19 所示。

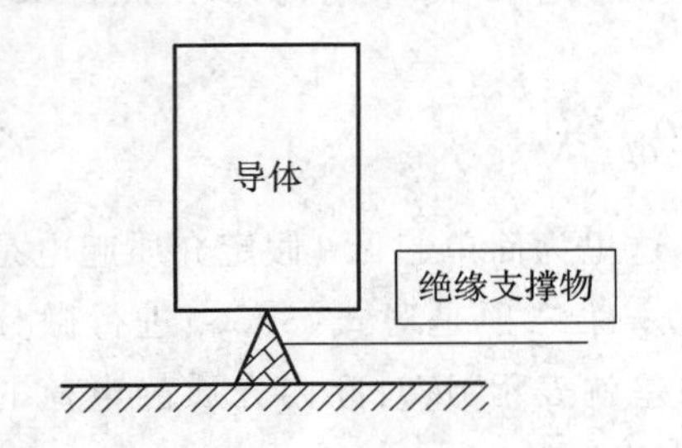

图 3.18　导体示意图

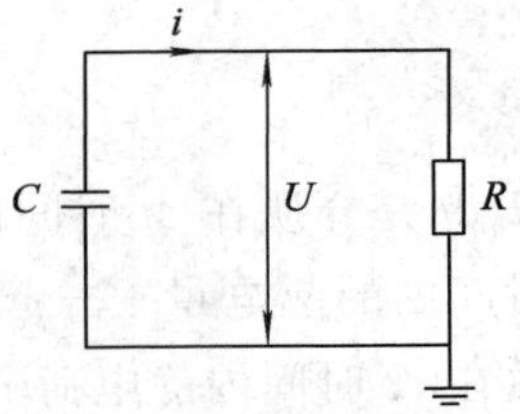

图 3.19　导体静电流散等效电路图

由于导体上静电荷不断通过支撑物向大地泄放，设通过 R 的放电电流为 i，则有

$$i=\frac{\mathrm{d}Q}{\mathrm{d}t} \tag{3.42}$$

放电电流可表示为

$$i=\frac{U}{R} \tag{3.43}$$

式中 U 是 R 两端的电位差，也是电容 C 两板间的电位差，故又有

$$U = \frac{Q(t)}{C} \tag{3.44}$$

式(3.42)、(3.43)、(3.44)联立即得导体上任一时刻 t 的静电量 $Q(t)$ 所满足的微分方程为

$$\frac{\mathrm{d}Q}{Q} = -\frac{\mathrm{d}t}{RC} \tag{3.45}$$

解此方程并设初始条件为 $Q\Big|_{t=0} = Q_0$，则有

$$Q(t) = Q_0 \mathrm{e}^{-\frac{t}{RC}} \tag{3.46}$$

也可得到导体的静电电位表示为

$$U(t) = U_0 \mathrm{e}^{-\frac{t}{RC}} \tag{3.47}$$

式中 U_0 为 $t=0$ 时导体的初始静电电位。

以上两式反映了导体上静电荷(或静电压)随时间按指数规律衰减，这一规律与介质内静电荷的流散规律是类似的。

讨论：

(1) 由式(3.46)看出，当 $t=RC$ 时有 $Q=Q_0/\mathrm{e}$。同样，把导体上静电衰减为起始电量(或电位)的 $1/e$ 所用的时间称为导体的放电时间常数，也用 τ 表示，即 $\tau=RC$，或用静电半衰期表示为

$$t_{1/2} = \tau \ln 2 = 0.069\gamma = 0.069RC \tag{3.48}$$

与介质类似，τ 也表征了导体带电后静电衰减的快慢及难易程度。

(2) 由式(3.48)看出，导体的放电时间常数取决其对地电阻和对地电容。放电电阻 R 越小，则放电时间常数越小，越容易使静电流散或泄漏。但也要适当控制放电电阻，否则有可能导致火花放电。举例来说，假如人站在 $R=10^{12}\,\Omega$ 的橡胶地垫上，人对地的电容取 $C=200\,\mathrm{pF}$，则可算出人的 $\tau=RC=200\,\mathrm{s}$；若改站在 $R'=10^8\,\Omega$ 的防静电地坪上，则 $\tau'=RC=0.02\,\mathrm{s}$；若将人直接接地，则放电时间更小，但由于在极短时间内通过较大的电量，因此有可能导致放电火花。由此可见，对带电的导体，可采用接地方法有效地将其上积聚的静电荷导走，但应适当控制接地电阻。

2. 起电过程中导体上静电的积累

现在同时考虑导体上静电产生和流散两个相反的过程，设导体单位时间内静电产生量为常数，即 $I_0=$常数，则在 $\mathrm{d}t$ 时间内电荷的产生量为 $I_0\mathrm{d}t$，而在相同时间内导体通过 R 对地泄放的电量为式(3.46)的微分，所以在 $\mathrm{d}t$ 时间内导体上电荷的净增量为

$$\mathrm{d}Q = I_0 \mathrm{d}t - \frac{Q}{RC}\mathrm{d}t \tag{3.49}$$

解此微分方程，并设初始条件为 $Q\Big|_{t=0} = 0$，得

$$Q = I_0 RC(1 - \mathrm{e}^{-\frac{t}{RC}}) \tag{3.50}$$

也可以用导体上的静电电位表示为

$$U = I_0 R(1 - \mathrm{e}^{-\frac{t}{RC}}) \tag{3.51}$$

此即起电过程中导体上静电荷的积累规律，与介质上静电的积累规律类似。

讨论：

当 $t\to\infty$ 即 $t\gg RC$ 时，导体上的静电量 $Q\to I_0RC=I_0\tau$；导体上的静电电位 $U\to I_0R$。我们称 $I_0RC=I_0\tau=Q_s$ 为导体的饱和电量，称 $I_0R=U_s$ 为导体的饱和静电电位。

以上导出的公式对导体静电荷的流散、积累与实际情况符合得相当好，但对介质尚有较大的偏离。虽然以上导出的介质静电荷都按指数规律衰减，但这些规律都只是近似成立，与实验结果存在一定的偏差。这主要因为建立上述规律的理论基础是包括欧姆定律在内的一些经典静电学的理论。按照欧姆定律，电压和电流之间具有恒定的比例关系，即电路中的电阻值应是一个不变的常数，但在高压静电场中，介质的电阻值是电场强度的函数，随着场强的升高，电阻值变小，介质的电阻值不再是常量，所以欧姆定律对于介质在高场强下是不适用的。

3.4　液体起电

液体在流动、沉降、喷雾等过程中都可能产生静电，这种静电常会引起可燃液体的燃爆灾害，因此了解液体的起电机理和规律是十分必要的。液体起电的基本理论仍是接触—分离过程和偶电层理论，按照这一理论，液体在什么情况下才能起电？当液体与液体相互接触时，它们可能发生溶解、混合，在这种情况下，无法从宏观上确定两种液体的分界面；退一步说，即使有明显的分界面，如油和水相互接触，也很难形成机械分离。相反，液体和固体接触或液体与气体接触，则会形成宏观的分界面，并可借机械力使之分离，所以通常说的液体起电主要包括固体与液体之间的接触—分离起电和气体与液体之间的接触—分离起电两种类型。例如流动起电、沉降起电、喷射起电都属于固体与液体之间的接触—分离起电类型。在这些场合下，固—液、气—液之间的界面以及液体中的带电粒子在界面上形成偶电层，这种偶电层由于机械力的作用而分离，从而导致了液体的静电起电。从实用角度出发，我们主要讨论液体与固体的接触—分离起电。

3.4.1　液体起电的偶电层理论

1. 偶电层的形成及厚度

液体与固体接触时，在它们的分界面处也会形成电量相等、符号相反的两层电荷，即偶电层。形成偶电层的主要原因是：液体介质可以通过不同方式离解成正、负离子，于是当固、液两相接触时，液体中某种符号的离子被固体的非静电力所吸引并附着于固体表面，使固体带有一种符号的电荷。而液相中另一种符号的离子相对过剩，并由于固体表面所吸附离子的静电吸引力作用而靠近固、液表面，从而形成偶电层。例如当玻璃与水接触时，玻璃有选择地吸引水中的负离子并使其附在表面，水中过剩的正离子向界面处浓集，从而形成了玻璃带负电、水带正电的偶电层。由上面的讨论可以看出：如果液体介质本身只存在极少数或甚至不存在已离解的离子，则很难形成偶电层，从而起电就很微弱。如高度精炼的纯石油制品不易起电。

必须指出，固、液界面上的偶电层两种异号电荷的分布与固体之间接触起电形成的偶电层是不同的。在固—固界面的情况下，偶电层的两层电荷都是只分布在固体表面上，但在固—液界面的偶电层中，两层电荷的分布则不同。

内层(即固相一侧)是紧贴在固体表面上的离子，自然是沿表面分布的，但外层(即液相一侧)上的异号离子却是可动的，因为它们受着固相层离子的吸引作用，但同时也受到液相中分子热运动或布朗运动的“反作用”。所以，液相离子的分布是扩散的，它们可以延伸到离界面达十纳米甚至数百纳米的距离。

还必须指出的是：在固—液界面形成偶电层时，虽然固相一侧带有负离子，但在液相一侧除异号离子外，还有同号离子。例如在水中既有正离子，也有负离子，只是由于玻璃表面负离子的吸引而使水中正离子相对过剩，并且由于玻璃表面负离子的吸引而使水中正离子向界面处浓集罢了，如图 3.20 所示。那么，按照这个道理，在液相中(水中)离界面越近，其正离子的浓度越大，反之，随着与界面距离的增大，液相中正离子的浓度减小，直到某一点正离子浓度减小到与负离子的浓度相等，即图 3.21 中的 M 点。我们把从固—液界面到液相中正、负离子浓度相等处的距离叫作固—液界面偶电层的厚度，以 δ 表示。若设固—液界面处液相的静电电位为 $U(O)$，则到 M 处液相的静电位 $U(M)=0$，所以，也可根据偶电层中电位来定义 δ，它等于由 $U(O)$ 变为零时所经过的距离。从理论上可以证明，偶电层的厚度与液体的宏观参数之间的关系为

$$\delta=\sqrt{\frac{\varepsilon_0\varepsilon_r\lambda}{\gamma}}=\sqrt{\varepsilon_0\varepsilon_r\rho_v\lambda}=\sqrt{\tau\lambda} \tag{3.52}$$

式中 δ 表示固—液偶电层厚度，单位是 m；λ 表示液体的扩散系数，单位是 m^2/s。

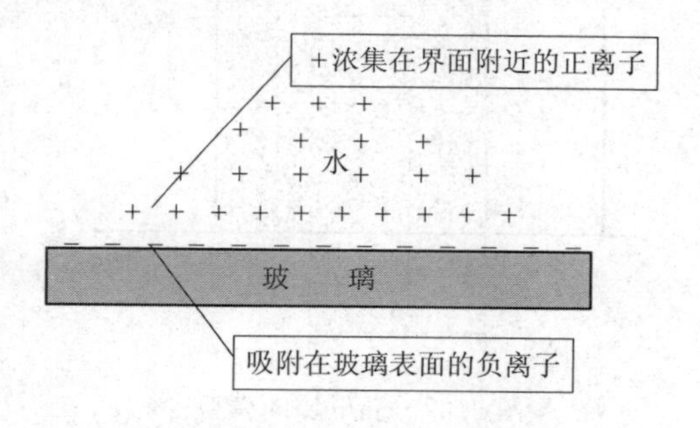

图 3.20　偶电层正、负离子的分布

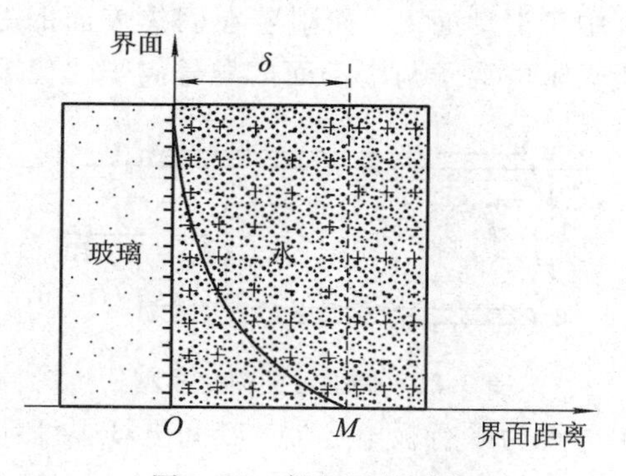

图 3.21　偶电层的厚度

名词解释：扩散系数——表征扩散过程进行快慢的物理量，其值等于密度沿扩散方向的变化率为 1 个单位时，在单位时间内通过单位面积的质量。其 SI 单位为 m^2/s。

2. 电动电位（ζ 电位）

必须强调指出：上述固—液界面的偶电层，从整体上来看，因其总电量为零，所以是电中性的，但当一相物质相对于另一相的物质发生相对移动时，由于偶电层中两层电荷被分离，电中性被破坏，就会导致带电现象。

实验还发现：当液体与固体发生相对运动时，滑动不是发生在液体与固体直接接触的表面上，而是液体内部与固体表面相距 d 处的 AA' 面上，如图 3.22 所示，这个面叫滑动面（d 大约为一个分子的直径）。滑动面的存在表明吸附在固体表面上的负离子与滑动面内液体中的那些正离子紧密结合成一个整体，它们不随着液体的流动而被带走。所以，将滑动面 AA' 以左的这一部分偶电层叫固定层（吸附层）。而偶电层的另一部分，即滑动面以右直到 δ 的那一部分叫活动层（扩散层）。换言之，当液体相对于固体移动时，只有厚度（$\delta-d$）这一部分才随着液体一起向前运动。我们把固定层与扩散层之间的电位差叫作电动电位（ζ 电位）。显然，不同于固—液界面的总电位，电动电位是由固定层内正、负离子的代数和决定的，而总电位却由固体表面吸附的离子总量决定。

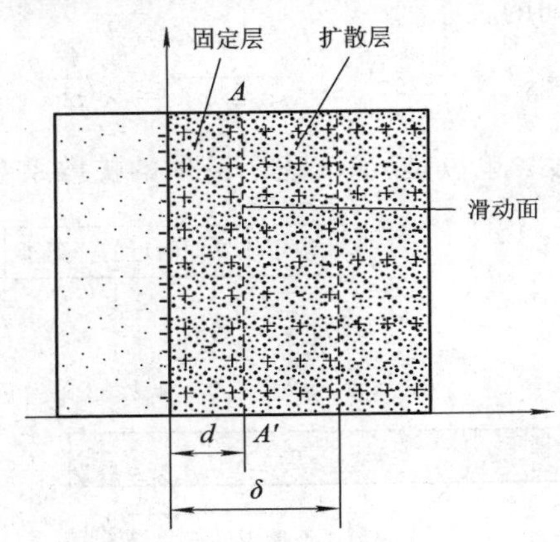

图 3.22　偶电层的模型

求解 ζ 电位时为方便计，可利用偶电层简化模型，如图 3.23 所示。设想扩散层中的电荷不是分散地分布，而是集中于滑动面上，而附着在固体表面的等效电荷量为固定层内电量的代数和，即固体表面所吸附的离子与滑动面内异号离子的代数和，其间距为 d。

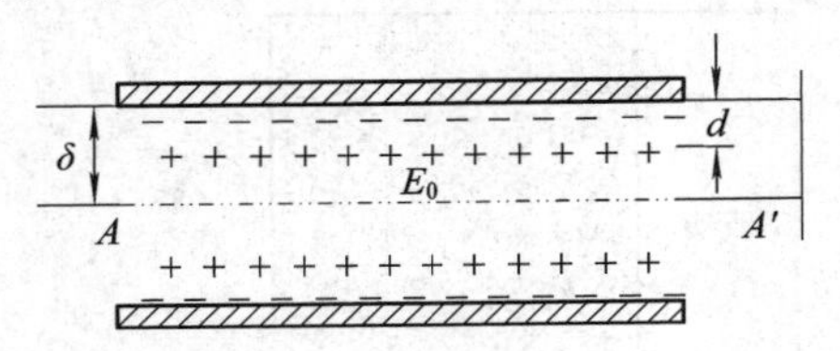

图 3.23　偶电层的简化模型

显然，简化后的偶电层可视为平行板电容器，其间电场强度为

$$E_0 = \frac{\sigma}{\varepsilon_0 \varepsilon_r} \tag{3.53}$$

式中，σ 为偶电层任一面的电荷面密度，ε_r 为固定层内介质的相对介电常数。由此可得 ζ 电位为

$$\zeta = E_0 d = \frac{\sigma d}{\varepsilon_0 \varepsilon_r} \tag{3.54}$$

对于简化模型，近似有 $\delta = d$，故

$$\zeta = \frac{\sigma \delta}{\varepsilon_0 \varepsilon_r} \tag{3.55}$$

ζ 电位的量级为零点几伏。如玻璃与水接触时，$\zeta = -0.049\ \mathrm{V}$，负号表示玻璃带负电；石英与水接触时，$\zeta = 0.03\ \mathrm{V}$；水与空气泡之间，$\zeta = 0.06\ \mathrm{V}$。

3.4.2　液体流动起电

1. 液体流动起电的一般概念

液体在管道中受压力差的作用流动时带电的现象叫流动起电，这是工业生产中最为常见的起电方式，如汽油、柴油等石油产品在管道中输送或通过管道注入储油罐的过程都会因这种方式起电。

流动起电的本质是固、液界面偶电层由于液体流动而被破坏的结果。正如在 3.4.1 节中提到的，固—液界面偶电层液相一侧分固定层和扩散层，后者是带电的可动层，所以当液体在管道中由于压力差的作用而流动时，扩散层中的电荷就被冲刷下来而随着液体一起流动，从而实现了固、液界面偶电层的分离而使液体和管道分别带电。

我们把扩散层中的电荷被冲刷下来后随液体一起作定向运动而形成的电流叫冲流电流，如图 3.24 所示。其量值等于单位时间内通过管道横截面的电量。

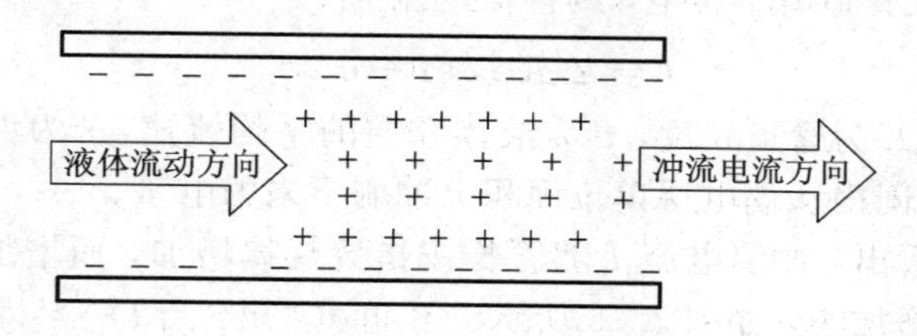

图 3.24　流动起电时的冲流电流

当液体在管道中开始流动时，冲流电流 I 的值是逐渐增加的，并使液体内部的电荷密度也逐渐增加，这些电荷随即建立一个反向电场，与偶电层电荷分布的电场方向相反，阻碍管壁处电荷继续向液体内部运动。达到平衡时，电荷密度趋近一个稳定值，从而使冲流电流也达到一个稳定的最大值，称为饱和冲流电流，以 I_s 表示。

还必须指出，由于冲流电流的存在，使管道一端有较多的正电荷，另一端有较多的负电荷。如果管道用介质材料制成，或虽是导体管道，但却是绝缘的，则管上就会积累起危险的静电荷。若导体管道是接地的，而液体介质的电导率却很低，则液体中的电荷通过接地管道注入大地需要较长的时间，仍会引起液体中电荷的分界。

从以上的分析可知，冲流电流(或叫饱和冲流电流)的大小可表征流动起电的程度，因此，计算冲流电流对于评估流动起电具有重要意义。以下给出若干典型情况冲流电流的计算公式。

2. 冲流电流的计算

1）当液体作片流流动时

片流也叫层流，是极薄的流层之间滑动式的流动，而且相互之间没有流体质元的宏观上的相互混杂。层流是黏滞流体的一种特性，当圆管中流体的雷诺系数小于临界值时，流体的运动为片流。在片流情况下，流体阻力与速度的一次方成正比。

设管道半径为 r，长度为 L，两端压力差为 Δp，管道内液体介质的相对介电常数为 ε_r，黏滞系数为 η，由于层流形成的电动电位为 ζ，则可以证明液体的冲流电流 I 为

$$I = \frac{\pi r^2 \Delta p \varepsilon_0 \varepsilon_r \zeta}{\eta L} \tag{3.56}$$

此处的黏滞系数即运动黏滞系数，它等于液体的动力黏度与其密度之比，其 SI 单位为m^2/s（动力黏度的单位为 Pa · s）。

2）当液体作紊流（湍流）流动且不计管长时

紊流是一种不规则的液体运动状态，流体元之间有宏观上的相互混杂，当雷诺系数大于临界值时，流体由片流转化为紊流。在紊流情况下，流体的阻力与速度的平方成正比。此时不考虑管道长度的影响，则冲流电流为

$$I = 0.2\pi\varepsilon_0\varepsilon_r D^{0.875}\left(\frac{\rho_m}{\eta}\right)0.875\bar{v}^{1.875}\zeta \tag{3.57}$$

式中 D 为管道直径，ρ_m 为液体的质量密度，其他量的物理意义与式(3.56)相同。

3）当液体作强紊流时

实际上管长对起电是有影响的。例如：将原来完全不带电的液体送入管道后，需流经一段距离后，电量才能达到最大值，这里又分为两种情况：

(1) 若液体在送入管道时不带电，则冲流电流为

$$I = 2\pi R j \tau \bar{v}(1 - e^{-\frac{L}{\tau\bar{v}}}) \tag{3.58}$$

式中，R 为管道半径，L 为管道长度，$\bar{v}$ 为液体介质的平均流速，τ 为液体介质的静电放电时间常数，j 为单位时间内从偶电层单位面积上冲刷下来的电量。

由式(3.58)可以看出：冲流电流 I 随管长按指数规律增加，而增加速度取决于 $\tau\bar{v}$，$\tau\bar{v}$ 小则增加慢，$\tau\bar{v}$ 大则增加快，如图 3.25 所示。还可以看出：当 $L\to\infty$ 即($L\gg\tau\bar{v}$)时，冲流电流趋近于某一稳定值，即饱和电流 I_s，且有

$$I_s = 2\pi r j \tau \bar{v} \tag{3.59}$$

实际上由上式可以看出：当管长 $L=5\tau\bar{v}$ 时，冲流电流已达到饱和值的 99.9%，故把 $5\tau\bar{v}$ 作为饱和距离。

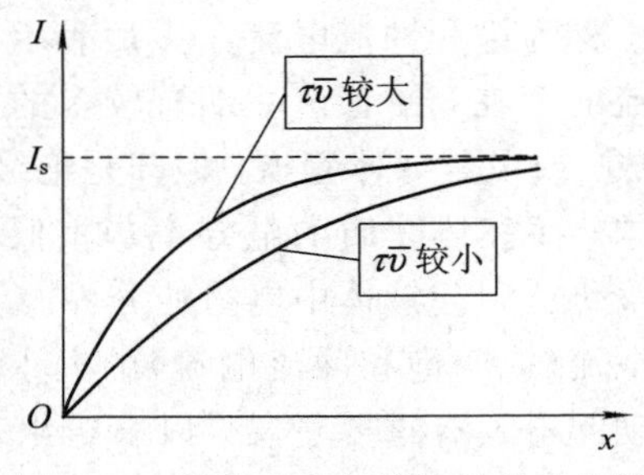

图 3.25　饱和电流与管长的关系曲线

(2) 若液体送入管道时就已具有初始电流 I_0，则冲流电流为

$$I = 2\pi rj\tau\bar{v}(1 - e^{-\frac{L}{\tau\bar{v}}}) + I_0 e^{-\frac{L}{\tau\bar{v}}} \tag{3.60}$$

讨论：

(1) 由式(3.60)看出，此时管道内的冲流电流由两部分组成。第一部分是管道内由偶电层分离形成的电流，其值随管道的长度按指数规律增大；第二部分是管外带来的初始电流，其值随管道长度按指数规律减小。显然，当管道长度是无限长时，第一部分电流经过无限长管道后达到饱和值，而第二部分电流则减小到零。这就是说：经过足够长的管道后，初始电流对冲流电流的贡献可忽略不计。

(2) 当管道中液体的导电性较强时，因为此时 τ 很小，冲流电流达到饱和所需的饱和距离很短，故此时可不考虑管长的影响。反之，对于导电性很弱的液体，其达到饱和冲流电流需很长的距离，此时，若流经管道比较短，就必须考虑管长的影响。

(3) 式(3.57)和式(3.58)都是在认为管路入口处的流速等于稳定时的平均流速的条件下求得的结果，实际上无论是片流还是紊流，都不可能在管道入口处完成各自应有的速度分布，都需流经一段距离后才能达到稳定的速度分布。这段距离在流体力学中称为“助跑距离”。因此上述各式都只有在管路长度 L 很大以致可以忽略“助跑距离”时才是正确的。

3. 影响液体起电的因素

1) 液体内杂质的影响

实验表明，纯净的非极性液体介质(如石油的轻油制品)在管道中流动时，只产生极小的静电或者不产生静电。这是因为前述的液体起电机理是基于固—液界面的偶电层，偶电层的形成则依赖于液体内业已存在的被离解出的正、负离子。而石油的轻油制品的分子属于非极性分子，这类分子一般不能直接电离，因此使得液体中存在的正、负离子很少，故很难形成偶电层。

实验还表明，当非极性液体介质内含有杂质，即使是微量的杂质时，在管道中流动时就会产生明显的静电。这是由于杂质(如轻油制品中的胶体杂质)很容易离解成带电离子，并形成固—液界面的偶电层。但应注意，并非液体中的杂质越多就越容易起电，相反，杂质含量很多时液体反而不容易带电。这是因为随着杂质的增多，液体电导率增大，而使电荷很容易泄漏。

杂质不仅影响液体介质的带电程度，还影响带电极性。如在管道内流动的带正电的油品中加入杂质矽胶，其作用是能通过吸附去掉油品中的杂质，这样流动静电就测不出来了，但若再加入微量杂质(如油酸，属碱性物质)则油品又可能带负电了。

2) 液体电导率的影响

液体介质的起电情况与其电导率密切相关。实验表明，液体介质的电导率过小和过大都不容易产生静电现象，只有电导率居中时才有可能产生较多的静电。理论和实验都表明：当液体介质的电导率介于 10^{-15}～10^{-11} S/m 的范围时容易产生静电。

之所以如此，仍可以从液体起电的偶电层理论得到解释。当液体介质的电导率很低，如低于 10^{-15} S/m 时，该液体很难发生电离而产生可供形成固—液偶电层的离子，所以起电量极小。反之，若液体介质电导率很高，如高于 10^{-11} S/m 时，虽然很容易电离产生较多

的离子，但同时液体泄漏静电的能力也大大提高，所以也不容易积累静电。

3）液体流动状态的影响

在长度为 3.76 m 的玻璃管中做苯溶液流变状态的实验，即使之从片流状态改变为紊流状态，得出冲流电流随流状态改变的关系曲线如图 3.26 所示。实验结果表明：当液体由片流转变为紊流时，其冲流电流或电量会有显著的增加。其原因主要有两个：一是由片流转变为紊流时，由于后者流动的紊乱性，其本身热运动和碰撞的程度都比片流时剧烈，这就会比片流时产生更多的空间电荷；二是片流时，液体流速沿管径的分布呈抛物线状，而在紊流时，液体流速在管道中是均匀的，在靠近管壁处，紊流呈现出比较大的速度梯度，这种速度梯度的变化使固—液偶电层中的活动层内有更多的电荷趋向管道中心，从而使管道的电荷密度及冲流电流都比片流时要大。

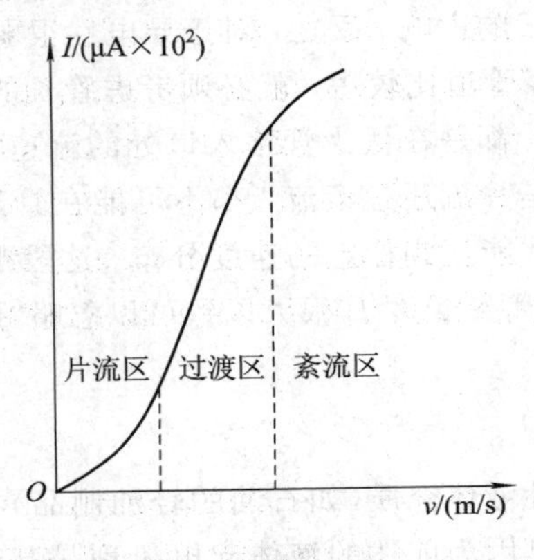

图 3.26　苯溶液的冲流电流实验曲线

4）管道材质和内壁粗糙程度的影响

实验表明：不同材质的管道产生静电的性能差别不大，但因它们的电阻率差别很大，因而泄漏静电的能力也很不同，这就导致管道材质对其中液体带电程度会产生很大的影响。在其他条件相同的情况下，电阻率低的管道中液体的带电量小，反之亦然。图 3.27 表示了同种液体在不同材质的管道中流动时冲流电流的大小，直接反映了管道材质对流动起电的影响。

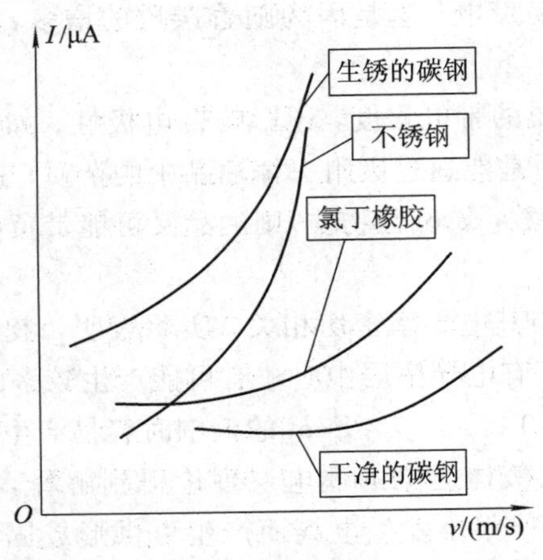

图 3.27　部分材质的冲流电流实验曲线

管道内壁的粗糙程度对冲流电流也有影响。管道内壁越粗糙，内壁与液体接触面积越大，使接触分离或冲击的机会增多，从而使液体的冲流电流增大。

3.4.3 烃类液体的起电

由碳和氢两种元素组成的化合物称为烃类化合物，也叫碳氢化合物。石油和天然气的分馏产物、煤的干馏产物都属于烃类化合物，是工业生产和日常生活中非常重要的一类化工原料。烃类液体在输送、装卸及使用过程中很容易起电，因为深加工的烃类液体(如汽油、煤油、柴油及其他深加工品)其电导率多在 $10^{-12} \sim 10^{-10}$ S/m 之间，如前所述，正好处于最容易带电的电导率范围内，故容易积累较多的静电。又因为轻质油品属易燃爆液体且挥发度高，最小点火能低，故燃爆危险较大。最容易产生静电的工艺过程主要还是油品在管道中的流动，油品的过滤及向储油罐内部或铁路槽车、汽车油罐灌注时。我们主要讨论输油管道中的静电起电和注油过程中的静电起电。

前文所述的一般液体的流动起电从原则上也适用于烃类，但由于烃类本身特殊的物性及其在工业生产中的重要地位，人们往往对其专门加以研究，从中总结出一些更具有针对性的规律。

1. 输油管道中的静电起电

1) 冲流电流的计算公式

Bustin 等人对 JP-4 航空煤油用内径 6.4 mm 的不锈钢管道做了多次输送实验，得出计算冲流电流的半理论、半经验公式为

$$I = (I_0 + 2.15\bar{v}^{1.75})(1 - e^{-\frac{L}{3.4\bar{v}}}) \tag{3.61}$$

式中，I 表示油品中的冲流电流，单位是 μA；I_0 为油品进入管道时的初始电流，单位是 μA；$\bar{v}$ 为油品的平均流速，单位是 ft/s(1 ft=0.3048 m)，L 表示管道的长度，单位是 ft。

2) 饱和冲流电流的计算公式

在评价输油管道静电危害程度时，有时饱和冲流电流 I_s 比冲流电流 I 还要更客观和实用。以下给出几种计算 I_s 的经验公式。

(1) 按油品的电导率计算。

当油品的电导率 $\gamma < 10^{-11}$ S/m 时，管道中的饱和冲流电流为

$$I_s = 2.83 \times 10^{-15} \varepsilon_r \bar{v}^{1.875} \gamma^{-0.625} \tag{3.62}$$

当油品的电导率 $\gamma > 10^{-11}$ S/m 时，管道中的饱和冲流电流为

$$I_s = 1.1 \times 10^{-25} \varepsilon_r^{1.5} \bar{v}^{2.63} D^{0.625} \nu^{-1.375} \gamma^{-0.5} \tag{3.63}$$

式(3.63)中，ν 表示油品的黏滞系数，单位是 m^2/s；D 是管道的内径，单位是 m，其他物理量按通常理解。

(2) 按管径的流速计算。

在前面曾导出一般液体在流动起电中的饱和电流 $I_s = 2\pi r j \tau \bar{v}$，即 I_s 与管径和流速的一次方成正比，但对油品的很多研究表明：I_s 随管径和流速的较高次方变化，其关系为

$$I_s = A\bar{v}^{\alpha} D^{\beta} \tag{3.64}$$

式中 A 是计算系数，煤油、汽油等烃类液体在长直管道内流动时，取 $A = 3.75 \times 10^{-6}$ (As^2/m^4)；$\bar{v}$ 是液体的平均流速(m/s)；D 是管道直径；α、β 是由管道直径所确定的系数，当管道直径 D=0.1～0.5 cm时，α=1.88，β=0.88，当管道直径 D=1.62～10.9 cm 时，α=2.4，β=1.6。

2. 注油过程中的静电起电

石油以及化工厂炼制的油品首先要经过泵和管道输送到各种储油罐，然后再通过装油栈台装车到用户手中。这些工序都涉及向容器中注油的工艺。应该说，在向油罐车注油时引起静电危害的可能性更大。油品在管道输送过程中虽然会产生静电，但由于管道内充满油品而没有足够的空气，因此一般不具备爆炸起火的条件。但如果将已带有静电的油品注入储罐，则电荷将会迅速积累使油品具有很高的静电电位。另一方面，油品上部空间很容易与空气形成油气混合物，此时若油面上部空间形成的油气和空气混合物的浓度适宜，则有可能引发静电灾害。

由于储油容器和注油工艺都是复杂多变的，所以对于注油过程中静电起电的定量研究非常困难，以下仅定性分析影响储油罐内静电产生量的几个因素。

1）装油方式的影响

装油方式大体上分为两种：一种是底端注油法，又称潜流装油；另一种是上部装油法，又称明流装油。两种方法相比较，后者静电产生量较大。采用上部装油法时，油品从注油管(俗称鹤管)内高速喷出时，由于喷射起电而使油罐带电，同时油品冲击到罐壁所形成的油雾，有时会使油气和空气的混合物达到爆炸浓度范围。此外，上端汽油还会使油面局部电荷较为集中，容易发生静电放电。

2）油速和落差的影响

所谓落差，指鹤管的流出口到罐内油面之间的距离。图 3.28 是用平口油管注油时，油面电位随注油速度和落差变化的实验曲线。其中曲线 1 对应的落差为 1.52 m，曲线 2 对应的落差为 0.76 m，曲线 3 对应的落差为 0.05 m。由曲线可见：当落差一定时，油面电位随流速大体上按指数关系增加。另外，一般来说，在相同的流速下，如都取 $v=20\ \mathrm{m/s}$，落差越大，油面静电位也越高。

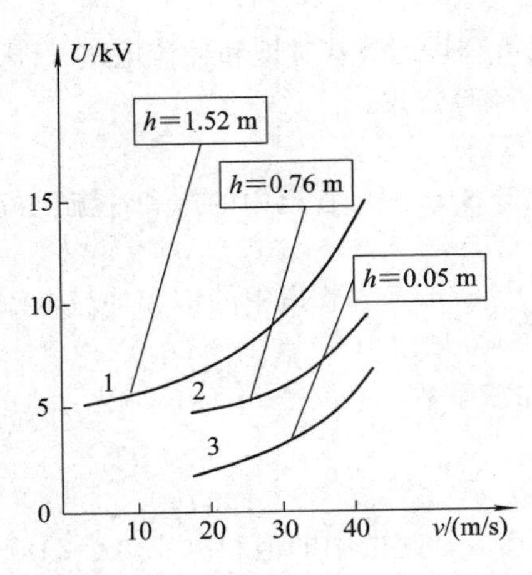

图 3.28　落差与油面电位的关系曲线

3）时间因素的影响

实验发现，油罐在注油过程中，从注油停止到油面形成最大静电电位不是一个瞬时过程，而是需要经过一段时间。这段时间叫延迟时间，该时间长短与油品的电导率和油品体积都有关系。图 3.29 是注油停止后，罐内油面静电电位随时间变化的实验曲线(当注油量达到油罐容量的 90％时停止注油)。由图可见，注油停止后经过 23.6 s 油面电位达到最大值，之后油面的电位开始下降，到 54.4 s 时显著下降，在延迟时间内由于油面电位处于上升阶段，故应避免检尺、取样等容易引起静电放电的操作。

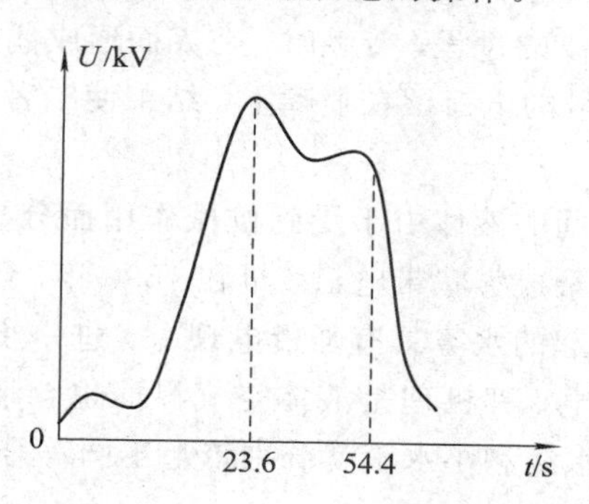

图 3.29　时间与油面电位的关系曲线

4）油品中杂质和水分的影响

前面已讨论了液体内的杂质对流动起电的影响，对于油品，情况是完全相似的。非常纯净的油品因其内部极少有已离解的离子，故不容易起电。当在油品中加入杂质时，杂质的电离作用就使油品变得容易起电。但如果杂质含量较高，油品电导率会大幅提高而使电荷容易泄漏，此时油品反而不容易带电。

水分对油品的影响与杂质类似。当油品混入水分时会增加带电量，这一方面是因为水可以对油中的杂质起电离作用，增加油品中的正、负离子量；另一方面则因为当油品的流动、搅动等宏观运动停止后，油品中水滴的沉降过程并未停止，且会延续一段时间，沉降起到了增大油品带电量的作用。实验表明：当油品中混入的水分在 1％～5％时增加的带电量最大。表 3.7 反映了燃料油加水后对带电量的影响，表中所列数据是 1 kg 油料中加 5 滴蒸馏水，搅混并静置 12 h 后测量的。

表 3.7　燃料油加水后对带电量的影响

油料种类	油品电导率($\times10^{-12}$ S/m)		油品电荷体密度/(μC/m^3)	
	未加水	加水后	未加水	加水后
经黏土处理的 JETA	0.060	0.070	140	3170
经矽胶处理的 JETA	0.005	0.011	3	2
未经处理的 JETA	0.313	0.126	390	2960

3. 液体其他起电形式概述

1）沉降起电

沉降起电是指当悬浮在液体中的微粒发生沉降时，会使微粒和液体带上异号电荷的现象。这些微粒可以是固体，也可以是与该液体不相溶的其他液体，如油品中的水滴。此种起电也可用偶电层理论解释：当固体微粒处于液体中时，于固—液界面形成偶电层，当固体粒子下沉时，偶电层被破坏，微粒带走吸附在其表面的电荷，而在液体中留下相反符号的电荷，于是固体微粒和液体分别带上不同符号的电荷。

2）喷射起电

喷射起点是指当液态微粒从固态喷嘴中高速喷出时，会使喷嘴和液体微粒分别带上符号相反的电荷。此种起电用偶电层理论亦不难解释：由于液态微粒从固态喷嘴的喷出过程实际上就是一系列接触—分离的过程，接触时，在界面形成偶电层，分离时，微粒把一种符号的电荷带走，而另一种符号的电荷留在喷嘴上，结果使二者分别带上不同符号的电荷。

3）液雾起电

液雾起电是指弥漫在空间的液体由于受到机械作用而分裂时，较大液滴很快沉降，其他较小的液滴停留在空气中形成雾状带电云。早在1890年，Elster和Geiter在欧洲阿尔卑斯山观察到流下的瀑布所溅起的水雾具有强带电现象，进一步发现水珠破裂时较大的水滴带正电，而较小的水滴带负电。其机理是液体空气界面也会形成偶电层，当液滴受机械力破裂时，偶电层被破坏，大水滴和小水滴就分别带上不同符号的电荷。

4）泼溅起电

当液体泼溅在它的非润湿固体上时，液滴开始滚动，使固体带上一种符号的电荷，液体带上另一种符号的电荷，这种现象称为泼溅起电。这种起电方式的机理是：当液体在固体表面时，在接触面处形成偶电层，液滴的惯性使液滴在碰到固体表面后继续滚动。于是，液滴带走了扩散层上的电荷而带电，固定层上的电荷留在固体表面而带另一种符号的电荷。

3.5　气体起电

气体的静电起电通常是指高压气体喷出时带电。很早以前人们就发现潮湿的空气或压缩空气喷出时，喷射流中带有大量静电，有时在喷射流的水滴与金属喷嘴之间还会发生放电。1954年首次在德国发现从二氧化碳灭火装置中喷出二氧化碳时也会产生大量静电，以后又发现从氢气瓶中放出氢气或从高压乙炔储气瓶中放出乙炔时，喷出的射流本身也明显带电。随着各种气体在工农业生产、医疗卫生以及民用燃料领域的应用日益广泛，气体静电放电造成的恶性事故已屡见不鲜。

3.5.1　气体静电的起电机理

必须指出：纯净的气体在与固体(如喷嘴)摩擦时，一般都不会起电。这是因为气体与固体、液体最大的区别在于气体中分子间距很大，分子很容易作自由运动，而不易与其他物质紧密接触，这就很难形成偶电层。那么为什么高压气体喷出时会明显带电呢？这主要是因为气体中会悬浮一定数量的固体或液体微粒，它们一起在管中流动并高速喷出时，这些微粒与管的内壁发生频繁的接触—分离过程，以致微粒和管壁分别带上等量异号电荷。由此可见：高压气体的喷出带电本质上仍是固体—固体、固体—液体之间的接触起电，气体中混杂的微粒(固体的或液体的)其来源是多方面的，它们可能是管道中的锈迹或积有粉尘、水分或由其他任何原因产生的微粒。例如：氢气从瓶中放出时，氢气瓶内部的铁锈、水分都可能成为固体或液体的微粒随氢气同时喷出带电。

3.5.2 气体静电起电的计算举例

我们通过一个具体的例子说明高速喷出时起电量的计算。图 3.30 所示的系统是一个 30 kg 的二氧化碳气瓶，气体通过直径为 0.1 m，长为 12 m 的钢管前端喷嘴喷出过程中，由于二氧化碳产生的干冰(如同气体中的固态微粒一样)与各部分管道发生接触起电，以致使管道内的电位升高而向大地放电形成了电流。这些管道上形成的电流叫壁电流，可用接地的电流表检测。

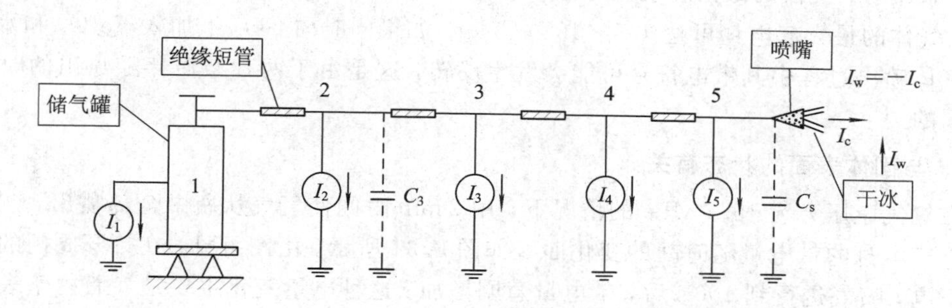

图 3.30 带电电流测定装置

设图中从气瓶经钢管至喷嘴之间再设置若干个绝缘短管(即设想将钢管在图中 2、3、4、5 等位置断开接上绝缘短管)，这样做是为了测出钢管上第一段静电电流或起电量，把钢管分成图 3.30 所示的几个部分，各部分流向大地的壁电流分别是 I_1、I_2、I_3、I_4、I_5，则钢管上产生的总电流为

$$I_w = I_1 + I_2 + I_3 + I_4 + I_5 \tag{3.65}$$

那么，为什么不使用上述的绝缘短管干脆在五处串一电流表测出管中产生的总电流呢？这主要是为了详细掌握钢管中不同部位起电量的具体情况。

另一方面，若设从喷嘴中喷出的干冰云在单位时间内带到空中的电量为 I_c，则 I_c 称为气体的喷出电流，显然 I_c 与 I_w 应是数值相等，符号相反，即

$$I_c = - I_w \tag{3.66}$$

进一步还可以计算从喷射开始到某一时刻的时间间隔内，喷出的二氧化碳气体带到空间的总电量 Q_c：

$$Q_c = \int_0^t I_c \mathrm{d}t = -\int_0^t I_w \mathrm{d}t \tag{3.67}$$

而 I_w 是可测的，即 Q_c 可由 I_w 的记录值求得。但应注意，由于随二氧化碳气体喷出的空间电荷将会发生逸散，所以 t 时刻的空间电荷一般要小于上述的理论计算值。

有时为了比较气体喷出带电量的强弱程度，可引入相对起电量。设气体从喷射开始到某一时刻 t 的时间间隔所喷出的气体总质量为 M，则定义：

$$\rho' = \frac{Q_c}{M} = -\frac{1}{M}\int_0^t I_w \mathrm{d}t \tag{3.68}$$

即相对起电量就是单位质量的喷出气体向空间提供的电量，这样在时间 0～t 间隔内，气体的平均喷出电流强度为

$$\bar{I}_c=\frac{Q_c}{t}=\frac{\rho' M}{t}=-\frac{1}{t}\int_0^t I_w \mathrm{d}t \tag{3.69}$$

3.5.3　影响起电量的因素

1. 与杂质的存在有关

例如：极纯的 CO_2 放电时产生的静电量仅为 0.1 μC/kg，而在 30 kg 的 CO_2 中加入 1 g 的 Fe_2O_3 杂质时，气体的最大起电量可达 1000 μC/kg，而在相同重量的 CO_2 中若加入 0.5 kg 的水，气体的最大起电量可达 1.5×10^3 μC/kg。如果同时向 CO_2 中加入 Fe_2O_3 和水，则在 CO_2 气体喷出过程中其带电符号可能会发生反转，这是由于两种杂质伴随喷出的时刻一般是不同的。

2. 与固体表面的状态有关

在氢气瓶压力为 15.1 MPa 的情况下，用 2 min 时间使氢气从瓶中全部喷出，测出此过程中氢气本身的带电量随时间的变化曲线如图 3.31 所示。由图可见，在打开阀门的瞬间气瓶带正电，喷气进行到 100 s 后，带电量急剧增加。这种电量变化主要是气瓶内壁表面状态变化所引起的。

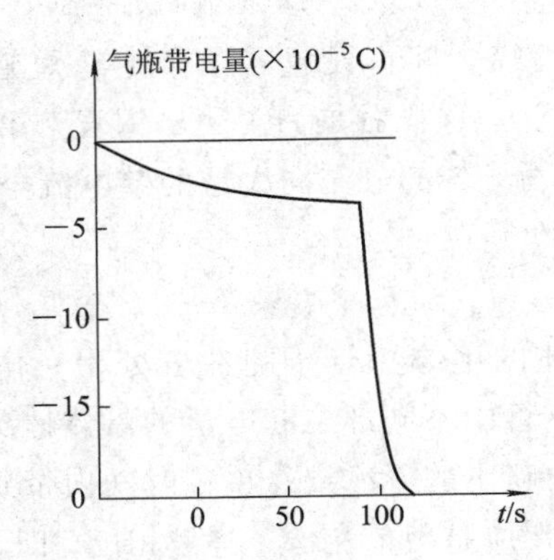

图 3.31　带电量与时间的关系曲线

此外气体喷出带电还与杂质粒子的电阻率、气体的流速、管道与喷嘴的材质等因素有关。

3.6　人 体 起 电

人是生产活动和科学实践的主体。人体由于自身及与其他物体的接触—分离、摩擦或感应等因素，可以带上很强的静电。在有易燃易爆的气体混合物和火炸药、电火工品的危险场所，人体的静电会导致燃烧、爆炸等重大危害或对敏感的电子元器件造成击穿损害，或对计算机产生电磁干扰等。此外，在一般情况下人体静电还容易使人体本身遭受静电电击。

3.6.1　人体静电的定义及起电机理

1. 人体静电的定义

从实用观点看，人体静电造成危害的可能性及危害大小主要是由人体相对于大地(或与人绝缘的其他物体)的电位差所决定的。从这个意义可将人体静电定义为：若相对于所选定的零电位参考点(一般选大地)，人体的电位不等于零，则此时人体的带电叫人体静电，而把人体相对于大地的电位差叫人体静电电位。由于人体近似为一导体，存在着对地电容，所以人体可积聚静电电量和能量，因此也可以从人体的带电量来定义人体静电。

必须指出，无论是从电位的角度还是电量的角度定义人体静电，都是把人的肉(肌)体、着装甚至周围环境作为一个整体来考量。也就是说，所谓人体静电位应包括着装及空间一切电场对人的肌体共同作用的总效果。所以，在测量人体静电电位时应是测量人体肌体的静电位，由于人体肌体基本上(或近似地)为一等位体，所以人体静电位在某一时刻一般只呈现某一极性的定值。那种把人体衣装上某处的静电位当作人体电位的看法是错误的。

2. 人体静电起电的主要机理

人体的起电方式很多，但是主要仍是接触起电和摩擦起电。前已述及，在正常条件下人体电阻在数百欧至数千欧之间，故人体本身可近似看作导体。当人体被鞋、袜、衣服及帽等包覆，且这些物品多半又是由化纤等高绝缘材料制成时，人体就成了一个对外绝缘的孤立导体。人在进行各种操作活动时，皮肤与内衣、内衣与外衣、外衣与所接触的各种介质发生接触—分离或摩擦，都会使人体与衣装带电。同时，人在行走时鞋子与地坪的频繁接触—分离，也会使鞋子带电，并迅速扩散到全身，达到静电平衡而形成人体静电。人体起电还有一些其他方式，如感应起电、吸附起电及触摸带电体时的起电，此处不再赘述。

3.6.2 人体带电的静电规律

根据第二章对人体静电特性的分析，人体自身电阻约在数百到数千欧，对地电容约为几百皮法，可把人体近似看作导体，基于这一事实，可对人体带电过程进行如下理论分析。

正如前述，人体带电也是静电产生和静电流散这两个相反过程达到动态平衡的结果，其静电积累的等效电路如图3.32所示，图中$i(t)$表示人体的起电速率，即单位时间内静电的产生量；C表示人体对地电容；R是对地泄漏电阻；S是表示人体起电时闭合，不起电时断开的一个假想开关。

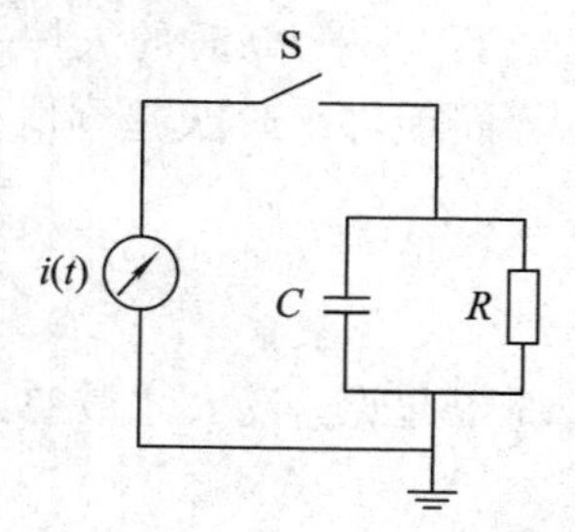

图3.32 人体电气模型

在某时刻t以后的微小时间$\mathrm{d}t$时间内，人体静电产生量为$i(t)\mathrm{d}t$，而人体静电流散量为$Q\mathrm{d}t/RC$，则人体积累的电量为

$$\mathrm{d}Q = i\mathrm{d}t - \frac{Q}{RC}\mathrm{d}t$$

即

$$\frac{\mathrm{d}Q}{\mathrm{d}t} + \frac{Q}{RC} - i = 0 \tag{3.70}$$

$$Q(t) = \mathrm{e}^{-\frac{t}{RC}}\left[\int_0^t \mathrm{e}^{\frac{t}{RC}} i(t)\mathrm{d}t + Q_0\right] \tag{3.71}$$

起电速率$i(t)$是时间的随机函数，当其解析表达式不能给定时，就无法从式(3.71)得出人体的带电结果。根据起电的实际物理过程并作出适当的近似，下面讨论两种具体情况。

1. 起电速率 $i=I_0=$常量

这相当于人体连续、均匀地起电，与以前讨论导体上静电荷积累的情况类似，将 $i=I_0$ 代入式(3.71)得

$$Q(t)=I_0RC(1-e^{-\frac{t}{RC}})+Q_0e^{-\frac{t}{RC}} \tag{3.72}$$

由上式可见，在连续、均匀的起电情况下，人体静电积累量由两部分组成。式(3.72)中的第一项反映了起电电流对人体静电量的影响，当时间足够长时趋于 I_0RC；第二项则反映了起始电量 Q_0 对人体静电量的贡献，当时间足够长时趋于零。这表明无论人体起始带电多少及极性如何，人体电量最终将趋于饱和值，即

$$Q_s=I_0RC \tag{3.73}$$

根据近似计算和分析可知人体静电电位的解析表达式为

$$U(t)=I_0R(1-e^{-\frac{t}{RC}})+U_0e^{-\frac{t}{RC}} \tag{3.74}$$

式中 U_0 为 $t=0$ 时的人体初始静电位。

2. 阶跃起电

对于实际人体起电过程来说，连续起电的过程是极少的，多数情况下起电过程只持续一段时间后就终止。在这段时间内起电近似均匀，即起电速率可近似表示为如下阶跃函数：

$$i=\begin{cases}I_0(\text{常数}) & (0\leqslant t\leqslant T)\\ 0 & (t>T)\end{cases} \tag{3.75}$$

将 i 的表达式代入式(3.71)，可得

$$Q(t)=\begin{cases}I_0RC(1-e^{-\frac{t}{RC}})+Q_0e^{-\frac{t}{RC}} & (0\leqslant t\leqslant T)\\ I_0RCe^{-\frac{t}{RC}}(e^{\frac{T}{RC}}-1)+Q_0e^{-\frac{t}{RC}} & (t>T)\end{cases} \tag{3.76}$$

式中 Q_0 为 $t=0$ 时的人体初始静电量。

同理可得阶跃起电情况下人体静电电位为

$$U(t)=\begin{cases}I_0R(1-e^{-\frac{t}{RC}})+U_0e^{-\frac{t}{RC}} & (0\leqslant t\leqslant T)\\ I_0Re^{-\frac{t}{RC}}(e^{\frac{T}{RC}}-1)+U_0e^{-\frac{t}{RC}} & (t>T)\end{cases} \tag{3.77}$$

为简单起见，设人体最初不带电，即 $t=0$ 时 $U_0=0$，则有

$$U(t)=\begin{cases}I_0R(1-e^{-\frac{t}{RC}}) & (0\leqslant t\leqslant T)\\ I_0Re^{-\frac{t}{RC}}(e^{\frac{T}{RC}}-1)e^{-\frac{t}{RC}} & (t>T)\end{cases} \tag{3.78}$$

式中，U_0 为 $t=0$ 时的人体初始静电位。

讨论：

(1) 由式(3.78)可见，在阶跃起电中，一开始人体静电位随时间按指数规律增大，当 $t=T$时，即阶跃电位结束的瞬时，人体静电位达最大值，且此时的最大值为

$$U(t)=I_0R(1-e^{-\frac{T}{RC}}) \tag{3.79}$$

在此后的时间内($t>T$)，人体静电位又按指数规律减小。从式(3.78)还可看出，阶跃起电持续的时间 T 越长，人体最大静电位越接近于连续起电时的饱和电位 I_0R，反之亦然。

(2) 人站在绝缘的地坪上或穿绝缘底鞋时，其对地电阻 R 值较大(一般 $R>10^{13}\,\Omega$)，C

为几百皮法量级，这样 RC 为 10^3 量级，一般情况下 $T<RC$，即在理想起电情况下，由 $U(t)=I_0R(1-e^{-\frac{t}{RC}})$ 可知只有当 t 经过数个 RC 时人体电位才能达到最大值 I_0R。人体在阶跃起电时要比在连续起电时更快达到最大静电位，因此比连续起电具有更大的危险性。

应当指出的是：进行以上理论分析时都认为人体静电特性参数 R 和 C 恒定不变，但在实际起电过程中，由于人体的动作复杂多变，往往会导致 RC 发生变化，这就使得实际起电过程变得非常复杂。

3.6.3　影响人体带电的主要因素

1. 起电速率的影响

起电速率是由人的活动或操作速度决定的。人的活动或操作速度越快，起电速率也越大。理论分析表明：无论连续起电还是阶跃起电，人体饱和电量都随起电速率增大而增大，有关实验也支持这一结果，所以在存在静电危险的场所要规定各种操作速度的安全界限。

2. 人体对地电阻的影响

理论分析结果表明：在起电速率一定的条件下，人对地电阻越大，饱和带电量（或电位）就越高，而人体对地泄漏电阻主要取决于鞋子和地坪的绝缘程度，所以人所穿的鞋袜及所处地坪材料与人体静电电位有着非常实际的关系。

3. 人体电容的影响

人体带电后其放电很慢，即人体带电量近似认为不变，则由 $U=Q/C$ 可知，人体对地电容的减小，将导致静电电位的增高，即人体的静电位与人体电容大致保持反比例关系。实验表明，人在行走一段时间后，单脚直立时的静电电位总是明显高于双脚直立时的电位，这是因为人在单脚直立时对地电容小于双脚直立时的电容，因此在对 ESD 敏感的场所，应禁止不必要的动作。

4. 人体着装的影响

在人体静电定义中已指出，所谓人体静电应是包括着装在内的一切空间静电场对人的肌体共同作用的总效果，所以人体静电与所穿服装有密切的关系，即服装带电直接影响着人体带电。人所穿着的衣装材料一般均属介质材料。现代社会中，各种化纤面料在服装面料中所占比重日益增大，因其具有很高的绝缘性能，所以很容易产生、积累静电，服装静电再作用于人体从而使人体带电程度升高。

思 考 题

1. 什么叫固体的接触起电？其基本模式是什么？

2. 摩擦起电与接触起电的关系是什么？除接触起电外摩擦起电还可能包含哪些起电机制？

3. 简述各摩擦条件对固体接触起电的影响。

4. 试根据粉体结构形态上的特点分析其静电起电特性。

5. 简述压气输送和装填炸药时影响炸药起电量的各主要因素。

6. 为什么液体从层流转变为湍流时带电量会显著增大？

7. 为什么非常纯净的气体喷出时不会带电？一般气体在喷出时为什么会产生静电？

习　题

1. 已知氯化钾(KCl)水溶液和汽油的扩散系数可近似地认为相等，均为$\lambda=1.9\times10^{-9}$ m^2/s，氯化钾的电导率$\gamma_k=0.013$ S/m，汽油的电导率$\gamma_c=1\times10^{-12}$ S/m，氯化钾的$\varepsilon_{rk}=80$。试分别计算两种液体的偶电层的厚度(它们分别与固体接触)。

2. 使铝箔紧贴于铁板上(发生紧密接触)。

求：(1) 两者带电的极性；

(2) 两者的接触电位差；

(3) 铁板上的电荷面密度；

(4) 使铝箔剥离开 0.5 mm 时两者之间的电位差。

3. PU 聚酯薄膜(涤纶膜)与铝板紧密接触，测得铝板的电荷面密度$\sigma_m=8.3\times10^{-6}$ C/m^2，然后再使此薄膜与铜板接触，又测出铜板的面电荷密度$\sigma_m'=3.9\times10^{-6}$ C/m^2，求聚酯的功函数与电荷穿入深度。已知：$\phi_{Al}=4.1$ eV，$\phi_{Cu}=4.5$ eV，$\varepsilon_r=3$。

4. 某车间的聚酰胺(Polyarmide，PA)(俗称尼龙)传送带由铁辊导引，求两者紧密接触时输送带上带电表层每单位面积的电量。又当输送带离开辊 1 mm 时，其上静电电位是多少？设：聚酰胺的$\varepsilon_r=4$，$\phi_p=4.08$ eV，$\lambda=5.1\,\mu$m，铁的$\phi=4.04$ eV。

5. 电装车间采用全自动贴装焊接生产线制作印刷线路板(PWB)，在首道工序中进料机借聚酯贴面的传送带将空白板(用酚醛树脂制作)送入丝网印刷机。设两者紧密接触，试用 Corn 法则估算其接触起电量，并指出二者带电极性。已知$\varepsilon_{r聚酯}=2.7$，$\varepsilon_{r酚醛}=3.8$，$K=3.0\times10^4$ N·m^2/C。

6. (滑道)数字程控交换机由数十个各具一定功能的线路板组成，整体装入一金属机柜内。在总配或修理时都要能很方便地把第一块板子插入或拔出，为此，须在机柜内为第一线路板设置一对用于固定该板和便于其后在上面滑动(以便插入或拔出)的塑料滑道。一般机柜上表面有两只，下表面对应处两只，共四只固定一块线路板，其形状是带有凹槽的长条。

ABS(丙烯腈-丁二烯-苯乙烯共聚酯)作为一种工程塑料常用于制作数字程控交换机机柜内插、拔线路板的塑料滑道，该滑道在工作时会产生2.8×10^{-8} A/m^2 的起电电流密度。未经处理的 ABS 的体积电阻率高达3.6×10^{15} Ω·cm，而经过防静电剂处理后可使其下降至5.2×10^{11} Ω·cm。求处理前后滑道的饱和电量密度，如不对其进行处理滑道会否发生放电？

已知：$\varepsilon_{rABS}=3.5$，带电体在空气中不致发生 ESD 的极限电荷面密度$\sigma_m=\varepsilon_0 E_b=27\,\mu$C/m^2。

7. 电装车间元器件工位上的操作人员在 0.5 s 内突然从皮椅上站起时的起电电量可达3×10^{-6} C，设地面是完全绝缘的，求该操作人员获得的静电能和静电位。若站在对地电阻$R=10^7$ Ω的防静电橡胶地板上仍进行上述动作，求人体最大静电电位和静电能量(取$C_人=200$ pF)。

8. 用半径 $r=5\text{cm}$，长度 $L=50\text{ m}$ 的橡胶管道输送汽油，管道两端的压力差保持在 $\Delta p=1.0\times10^5\text{ Pa}$，设汽油在管内作片流流动，并且测出管道冲流电流 $I=0.12\,\mu\text{A}$，试计算汽油与橡胶管之间的电动电位。已知：汽油的 $\varepsilon_r=2$，运动黏度系数 $\eta=6.8\times10^{-4}\text{ m}^2/\text{s}$。

9. 如何定义固—液界面偶电层的厚度？设在玻璃瓶中盛放有乙醇，已知乙醇的电导率 $\gamma=1.35\times10^{-7}\text{ S/m}$，$\varepsilon_r=24.6$，其扩散系数 $\lambda=1.6\times10^{-9}\text{ m}^2/\text{s}$。

10. 设用长直管道输送汽油，管道直径为 4.8 cm，汽油平均流速为 2.5 m/s。试求饱和冲流电流的强度。

11. 电装车间全自动表面贴装生产线的操作员沿线巡视一次需行走 1 min，在此过程中其起电量为 $3\,\mu\text{C}$，设操作员行走前不带电，行走过程可视作阶跃起电。试分别计算该操作员行走 10 s 时，行走 1 min 刚停下时以及停下 1 min 时人体静电电位各是多少。已知人体对地电阻 $R=10^{11}\ \Omega$，人体电容 $C=200\text{ pF}$。

第 4 章　静电的危害及形成

前已述及，静电在工业生产和社会生活中之所以会造成各种危害，主要是基于静电的两大物理效应——放电效应和力学效应。本章结合一些典型的静电危害实例，分析归纳出静电危害形成必须具备的条件，特别是静电放电效应。这些条件明确了，预防起来就会有的放矢。对于静电危害，特别是对后果最严重的静电灾害来说，为了尽量做到未雨绸缪，防患于未然，我们将给出一些静电灾害的预测方法。预测静电灾害不可能是绝对准确的，就目前的水平来说，预测的准确率还是比较低的，因此一旦发生静电事故，必须进行认真的调查分析，以吸取教训，防止事故的再度发生。本章还将介绍静电灾害的分析方法。

4.1　静电危害的分类与实例

4.1.1　静电危害的分类

静电危害按导致危害的客体种类、危害的后果及发生危害的行业或专业领域不同而有如下三种分类方法。

1. 按导致静电危害的客体种类划分

导致静电危害的带电物质客体主要有固体(含人体)、液体、粉体和气体。图 4.1 是各种客体在静电危害中所占的比例，这种分类方法和比例是针对全社会不同行业、不同生产条件下发生静电危害情况的综合统计结果。不同行业和不同生产领域产生静电危害的主要客体可能是液体(如石油化工行业)，也可能是气体混合物(如煤气或天然气的生产、储运行业)，因此，图中所示比例并不反映某一具体行业发生静电危害的情况。

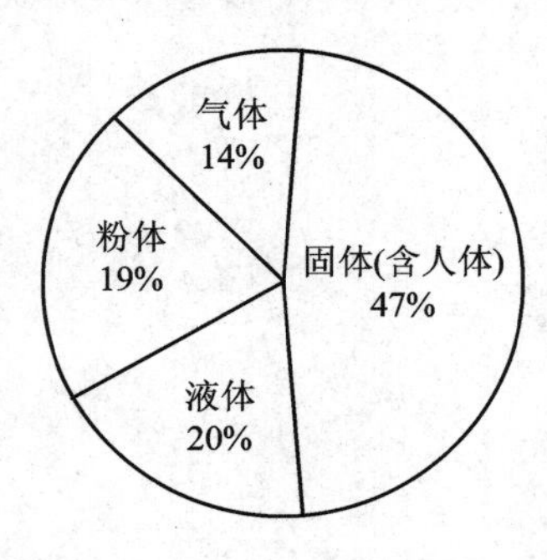

图 4.1　各种客体造成静电危害的比例

2. 根据静电危害的后果性质划分

静电危害一般可分为影响生产和干扰电子设备的生产障碍、对人体的静电电击及静电放电火花作为点火源引发的燃烧和爆炸(静电灾害)等三类。图 4.2 表示两次调查得到的静电危害比例的变化情况。从该图可以看出，随着科学技术的发展、高分子材料的大量使用及计算机等信息化设备的广泛应用，包括静电放电对各种电子设备的电磁干扰在内的生产障碍这一静电危害形态，其比例有了大幅度的变化，由原来的 17.6%增至 36.4%，在三种危害形态中所占的比例最高。

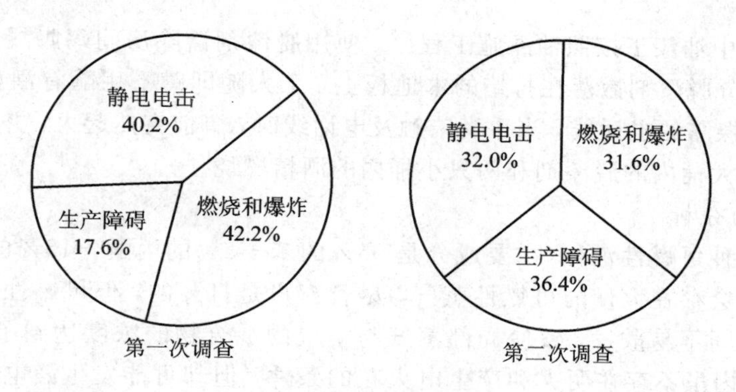

图 4.2　静电危害形态种类与比较

3. 按不同行业或专业生产领域划分

对于静电引起的燃爆灾害事故来说，以石油、化工、橡胶、印刷、造纸、粉体加工和弹药、火工品领域最为严重。就工艺种类而言，以输送、装卸、搅拌、喷射、开卷和卷缠、涂敷和研磨等工艺过程的事故最多。据日本防卫厅对全国火灾的调查统计，在上述列举的行业中因静电放电引起的火灾事故每年大约有 100 多起。对于静电放电引起的信息设备的干扰这种危害而言，以半导体器件生产行业、电子产品制造业、通信行业等最为严重。值得指出的是，由于近年来计算机产品和技术、现代通信产品和技术日益向国民经济各部门和社会生活的各方面广泛渗透，因而使这种危害形态已迅速波及几乎所有这些部门和领域。

4.1.2　静电危害的实例与分析

为加深对静电危害的认识，了解形成静电危害的因果关系，以下列举一些由静电放电引发的燃爆灾害实例，然后根据这些危害(灾害)的成因归纳出静电危害形成的条件。

1. 运送聚苯乙烯引燃事故

1) 事故概要

在炎热的夏季，某化工厂用大型密封运货卡车运送聚苯乙烯塑料制品(板材、管材)时，行驶约 30 km 后车内发生爆炸。

2) 事故原因分析

聚苯乙烯属高绝缘材料，其体积电阻率为 $10^{15}\sim10^{16}\,\Omega\cdot\mathrm{cm}$，而在行车过程中，聚苯乙烯制品之间与车厢之间频繁地相互摩擦和碰撞，产生并积累大量静电，行车距离越长，静电积累量也越大。事后的模拟实验表明：当行车至 50 km 时，制品上测出的静电电位已高达 10～20 kV。另一方面，由于当天天气炎热，且车厢是密闭的，聚苯乙烯因热分解而挥发出大量易燃气体无法排出(聚苯乙烯的耐热性能差且易燃)，致使其与空气形成的爆炸性混合物的浓度已进入燃爆浓度范围(其爆炸浓度仅为15 g/m³)。故当带有高压静电的聚苯乙烯制品向金属车厢发生静电放电，并释放出足够的静电能量时，其放电火花点燃爆炸性混合物而酿成灾害事故(聚苯乙烯最小点火能为0.4 mJ)。

2. 人体静电引燃脱漆剂事故

1) 事故概要

某宾馆客厅中油漆工按照油漆施工程序，使用脱漆剂清除房间踢脚线部分的陈漆，清除过程中，有部分脱漆剂撒落在打蜡的木地板上，工人随即蹲下用蘸有酒精的棉纱擦拭地板，同时欲整理裸露的电话线，当手尚未触及电话线时，脚前突然起火，并迅速蔓延，引起放在房间内两只大桶内的脱漆剂和两只小桶内的酒精燃烧。

2) 事故原因分析

脱漆剂是一种可燃性液体(主要成分是55%的苯+3%的丙酮+15%的酒精)，故在使用过程中房间内会存在大量的可燃性蒸气，尽管窗户是打开的，但可燃性蒸气比重大，沉积于地板上方空间不易散发，致使局部蒸气与空气的混合物的浓度达到了爆炸浓度极限。另一方面，房间内虽不存在明火和产生电火花的条件，但却可能发生静电放电火花。首先油漆工在蹲下时，其体重压力使其胶底鞋与打蜡地板发生紧密接触，而当他转身欲接触整理电话线时，鞋底又与地板快速分离，这一动作使人体产生很高的静电电位，并对裸露的电话线发生火花放电，当其放电能量大于可燃性气体的最小点火能时，就引燃了可燃性气体而造成灾害。其次工人用蘸有酒精的棉纱擦拭地板时，也可能会产生静电放电并引燃。那么，这两个因素究竟何者占主导地位？为此，在事故后进行了现场模拟实验。当人穿着普通胶底鞋与木地板摩擦数次后，人体带电电位为3 kV，穿皮鞋时为2.4 kV，穿运动鞋时高达3.8 kV，但用棉纱与木地板摩擦时，双方的静电电位都仅为0.1～0.2 kV左右。由此可断定，主要是人体静电放电火花引燃脱漆剂。

3. 冲洗油槽车引爆事故

1) 事故概要

某油槽车清洗站，工人用蒸气清洗60 m³ 的油槽车。该车原来装载苯，现洗净后准备装汽油，按惯例应该用压强为0.2 MPa的水蒸气清洗，但该洗槽工为了缩短洗车时间，擅自将蒸气压提高到0.5 MPa。此时，随着一声巨响，一团烈火从槽口喷出，将槽车上盖掀飞至很高处，洗槽工也被爆炸气浪抛出很远。

2) 事故原因分析

冲洗作业中，高速喷出的蒸气在喷出过程中会带电，蒸汽与槽车壁撞击时也会产生静电，从而在槽车内部空间形成带电雾气，而槽车工擅自提高蒸气压后带电加剧，形成很大的空间电荷密度，又因带电雾气会凝结成带电水滴不断落向槽车底部，积累起来形成静电电位很高的带电水层，该带电水层将向接地的金属槽车壁发生静电放电，并产生放电火花。另一方面由于该槽车清洗前未严格执行放空制度，所以槽车内由苯挥发掉的可燃性气体的浓度仍很大，即达到了苯的燃爆浓度。按体积计算，苯的燃爆浓度为1.2%～8.0%，而苯的最小点火能仅为0.55 mJ。这时，当静电放电火花能量大于苯与空气混合物的最小点火能时就引发燃爆灾害事故。

从对以上三个静电危害实例进行的事故成因分析不难看出：要构成静电危害必须具备

以下生产条件：

(1) 带电体产生、积累起足够高的静电，以致能够发生静电放电。

(2) ESD 源存在的场所有可燃性物质与空气的混合物且达到了爆炸浓度极限，或有对静电敏感的电子元器件及电子设备等易损、易被干扰物质。

(3) ESD 源与静电易燃、易损物质之间能够形成能量的耦合，并且 ESD 能量等于、大于前者的最小点火能或静电敏感度。

必须指出：形成静电危害的这三个条件必须同时具备，缺一不可，所以只要控制一个条件不成立就可以避免危害的发生。

4.2　静电危害的预测

无论哪一类静电危害，其后果都是我们不愿意看到的，因此如果在危害发生前通过各种可观测到的现象和数据，对危害发生的可能性作出预测，进而决定是否需要采取相应的防护措施，将是非常有意义的。但同时这也是较为困难的工作，因为静电危害与其他形式的危害相比较，其随机性特征和非线性特征表现得更为突出，以致许多静电危害是在难以预料的时间和场所发生的。例如，静电灾害是静电放电能量引起可燃性物质发生失控燃烧的反应，我们可以为这种燃烧反应建立一个以静电放电为“输入”而以燃爆灾害发生概率为“输出”的简单模型，但该模型所反映的燃爆灾害发生概率与静电放电能量大小之间的关系不是成比例的线性关系，而是一种非线性关系。也就是说，只要输入的能量超过最小点火能，就有发生燃爆灾害的概率输出，而不管放电能量超过最小点火能的数额是多少。换言之，燃爆灾害的发生概率并不是随着放电能量的增大而线性增大，也不随着放电能量的减小而线性减小。

这种随机性和非线性使得静电危害的预测比较困难，可以说预测困难也是静电危害的特征之一，但不等于说静电危害是无法预测的。事实上，人们通过理论分析和长期对现场进行的经验总结，已摸索出一些预测静电危害的方法。以下就静电危害中后果最为严重的一类——静电灾害的预测进行讨论。

4.2.1　根据静电引燃灾害界限预测

带电体发生静电放电时是否会成为危险的点火源，最好能根据发生放电前带电体的带电状态(如电位)进行预测。

如前所述，当静电放电的能量大于或等于可燃性物质的最小点火能时，就有可能引起燃爆，故从原则上说，静电引燃的灾害界限应该用静电放电的能量来表征。放电能量的计算是比较困难的，因此，从实用出发，应该设法换算出与该放电能量相当的可测量的其他带电状态量(如带电电位)，以此作为静电引燃与否的灾害界限。但应注意，用带电体的带电电位或带电量表征引燃界限，需区分带电导体与带电介质两种情况。

1. 带电导体的灾害界限

带电导体发生放电时一般将其储存的静电能量一次性全部释放，如图 4.3 所示。当带电导体储存的静电能量等于(临界状态)周围可燃性物质的混合物的最小点火能量时，应认为存在燃爆危险，产生燃爆灾害的界限可考虑为相当于储存最小点火能量的带电电位。

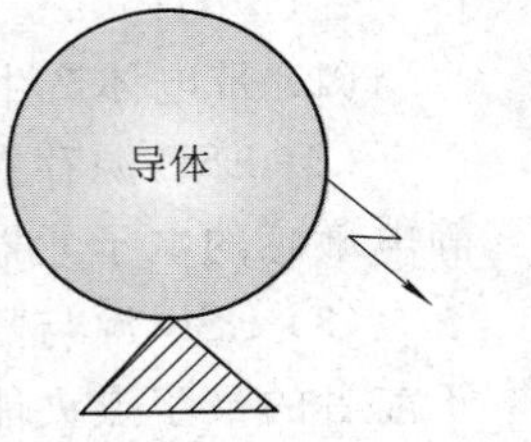

设可燃性物质的最小点火能量为 W_m，带电导体的危险电位为 U_D（即发生放电时刚好可能引燃的最低电位），则二者的关系式为

$$W_m = \frac{1}{2}CU_D^2 \tag{4.1}$$

导体

图 4.3　导体放电模型

由此可以解出危险电位 U_D 和危险电量 Q_D 分别为

$$U_D = \sqrt{\frac{2W_m}{C}} \tag{4.2}$$

$$Q_D = \sqrt{2CW_m} \tag{4.3}$$

式(4.2)和式(4.3)可作为预测导体静电灾害的重要依据。其方法是：先根据带电导体的电容量和周围可燃性物质、混合物的最小点火能量，按式(4.2)计算出危险电位 U_D；然后测量带电导体的实际电位 U，将两者加以比较，若 $U \geqslant U_D$，则可判断为有发生静电灾害的危险。当然在实际应用时，由以上两式确定 U_D 或 Q_D 还应考虑一定的安全系数。举例来说，当某带电导体对地电容为 100 pF，周围存在着汽油蒸气与空气的混合物时，其最小点火能为 0.2 mJ，则按式(4.2)、式(4.3)求出两种情况下的导体危险电位 $U_D = 2\times10^3$ V = 2 kV，危险电量 $Q_D = 2\times10^{-7}$ C = 0.2 μC；若周围存在的是氢气与空气的混合物，其最小点火能仅为 0.019 mJ，则求出导体的危险电位和危险电量分别下降为 U_D = 616 V = 0.616 kV 和 $Q_D = 6.16\times10^{-8}$ C = 0.0616 μC。

为方便应用，通常将带电导体的危险电位与电容量及可燃性物质的最小点火能之间的关系绘制成曲线，如图 4.4 所示。图中横坐标表示带电导体的电容量，纵坐标为相应的危险电位，图中曲线表示不同的点火能，只要已知导体的电容量及周围可燃性物质的最小点火能，即可从图中查出该导体的危险电位。

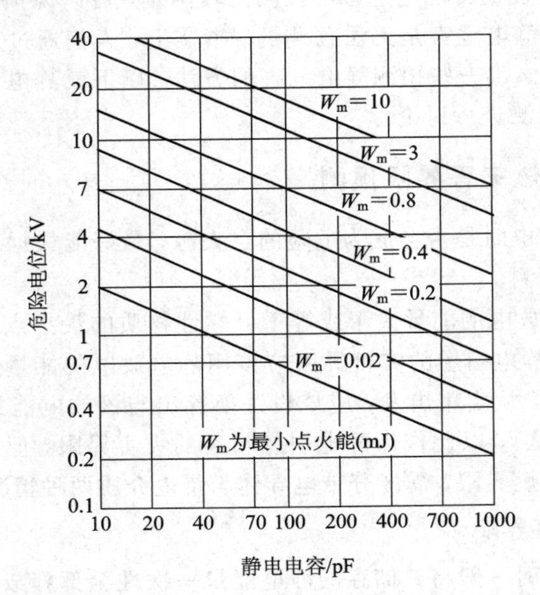

图 4.4　危险电位与电容量及最小点火能量间的关系曲线

2. 带电介质的灾害界限

因为带电介质发生放电时，其能量不能一次性全部释放，而只是随机地释放一部分，所以要像导体那样用介质带电电位或电量表示灾害界限是不可行的。通过大量实验发现，静电电位达到 30 kV 的带电介质在空气中放电时，其每次释放的能量达到或超过零点几毫焦的概率很大，这足以引燃许多可燃性物质与空气的混合物。参考这一结果，可提出如下引燃灾害界限，作为预测介质放电时引发静电灾害的参考。

(1) 当周围可燃性物质与空气的混合物的最小点火能 $W_m \geqslant 0.2$ mJ 时，带电介质的危险电位 $U_D = 15$ kV(同时要求带电介质背面 0.15 m 无接地导体)。

(2) 当零点零几毫焦 $< W_m < 0.2$ mJ 时，电介质的危险电位 $U_D = 5$ kV，危险电荷面密度 $\sigma_D = 1\ \mu C/m^2$。

(3) 当 W_m 为零点零几毫焦时，电介质的危险电位 $U_D = 1$ kV，危险电荷面密度 $\sigma_D = 0.1\ \mu C/m^2$。

(4) 无论 W_m 为多少，只要带电介质的电荷面密度 σ 达到 $100\ \mu C/m^2$，就有引燃引爆的危险。

(5) 轻质油品装油时，其危险电位(油面电位) $U_D = 12$ kV，油品取样器的 $U_D = 4$ kV。

(6) 悬浮的带电粉尘形成空间电荷云时，发生静电放电而引燃引爆的灾害界限可用危险电场强度 E_D 表示。当可燃性粉尘与空气混合物的最小点火能 $W_m < 0.1$ mJ 时，$E_D = 0.8$ kV/cm；当 0.1 mJ $< W_m <$ 1 mJ 时，$E_D = 1.7$ kV/cm；当 $W_m > 1$ mJ 时，$E_D = 3 \sim 5$ kV/cm。

(7) 直径 3 mm 以上的接地金属球接近带电介质时，所发生的放电有引燃危险。

(8) 用手掌接近带电介质时，若手部有离子风的感觉，该介质的放电有引燃可能；若不仅有离子风感觉还有明显的电击感，则该介质引燃引爆的危险性非常大。

应当指出，由于介质的静电带电和放电特性都比较复杂，故在预测带电介质的引燃可能性时必须十分重视现场的运行经验，以便随时对上述判断准则进行修正。要特别注意，当遇到下列各种情况时，带电体的危险电位和危险电量值要比以上所给出的数值小或小得多。这些情况包括：

- 带电状态非常不均匀时或带电量和带电极性容易发生变化的场所；
- 介质中有局部电阻很低的部分，且该部分又是带电的；
- 带电介质内部或附近有接地导体时；
- 带电介质发生负极性放电时；
- 带电体与对置电极的条件变化时。

3. 带电人体的灾害界限

虽然在作粗略估算时可将人体等效为导体处理，但进一步的研究表明，带电人体的静电放电特性和引燃特性与导体有所不同。首先当带电人体对接地体发生放电时，只有当人体静电能比周围可燃性物质混合物的最小点火能大很多时，人体放电才能引燃该混合物；其次，在一定的电极条件下，带电人体发生引燃放电时，人体电位居主要影响因素，而人体电容的影响则不大。有关试验指出，对于最小点火能为 0.39 mJ 的天然气与空气的混合物来说，人体的危险电位 $U_D = 6$ kV。

4.2.2　根据静电泄漏电阻或物质电阻率预测

在工业生产中，工装、设备、人体以及被处理的物料等是否会发生引燃性的静电放电，与这些物体泄漏静电的能力有直接关系。因此可用静电泄漏电阻或物料的电阻率作为标准来预测静电灾害发生的可能性。把能引起静电灾害的静电泄漏电阻称为危险泄漏电阻(R_D)或物料的危险电阻率(ρ_{VD}，ρ_{SD})，其估算都是基于如下一些数据，这些数据都是经理论计算和长期实践经验所确定的。在一般工业生产中可引起ESD引燃的最低静电电位为300 V；在火炸药工业中，可能发生引燃性ESD的最低静电位为100 V；在大多数工业生产中，静电电流不会超过1 μA；在极端情况下，最大静电起电电流不会超过100 μA。

1. 工装、设备、人体的危险泄漏电阻 R_D

取上述电位最小值(100 V)和起电电流的最大值(10^{-4} A)按 $R=U/I$ 计算得 $R=10^6\,\Omega$，即当泄漏电阻在 $10^6\,\Omega$ 以下时，可以保证在任何情况下，物体上的静电都能完全泄漏。亦即在任何情况下，工装、设备、人体的危险泄漏电阻值 $R_D=10^6\,\Omega$。类似地，若取 $U=300$ V，$I=10^{-6}$ A，按 $R=U/I$ 计算得 $R\approx10^8\,\Omega$。这表明在一般情况下，工装、设备、人体的危险泄漏电阻值可取为 $R_D=10^8\,\Omega$。将生产中的实际接地电阻与 R_D 相比较，即可预测静电灾害发生的可能性。

2. 物料的危险电阻率

在火炸药生产中，物料的危险电阻率 $\rho_{VD}=10^4\ \Omega\cdot\text{m}$，$\rho_{SD}=10^6\,\Omega/\square$；在一般工业生产中物料的 $\rho_{VD}=10^6\ \Omega\cdot\text{m}$，$\rho_{SD}=10^8\,\Omega/\square$；对于某些静电起电较少，危险性较小的场所，物料的 ρ_{VD} 和 ρ_{SD} 可分别放宽到 $10^{10}\ \Omega\cdot\text{m}$ 和 $10^{11}\,\Omega/\square$。

3. 轻质油品的危险电导率

对于油品等液态物料，常用电导率(体电导率)表征其导静电能力。轻质油品的危险静止电导率 $\gamma=5\times10^{-11}$ S/m 。所谓静止电导率是指油品处于静止的、不带电的自然状态下所具有的电导率。

4.2.3　其他预测方法

1. 根据带电体的尺寸预测

在有些情况下带电体表面能否发生足以引燃的静电放电，还与带电体的表面尺寸或表面涂层的厚度密切相关。

1）带电塑料表面的危险面积

某些带电仪表或设备的塑料外壳因表面受到摩擦或受到小颗粒的撞击而带电。在预测静电放电的引燃危险时，塑料外壳的尺寸颇为重要。一般来说，塑料外壳的面积越大，其发生放电时引燃的危险性也就越大。这主要是因为大型外壳积累的静电量和能量较大，而且越是面积大的外壳，越容易与覆盖在其上或紧固在其上的接地金属件绝缘。带电塑料壳刚好可以产生可燃性放电的最小面积称为危险面积。当然，周围的可燃性物质不同时，由于最小点火能不同，所以危险面积的数值也不同；换言之，危险面积是针对某一种可燃性物质而言的。表4.1给出了带电塑料表面对于几种可燃性物质的危险面积。

表4.1　带电塑料表面的危险面积

可燃性物质的种类	带电塑料表面的危险面积/cm^2
甲烷与空气的混合物	80
丙烷与空气的混合物	60
乙烯与空气的混合物	20
氢气与空气的混合物	5

根据表4.1，对于给定的某种可燃性物质，如果带电塑料表面的面积大于或等于相应的危险面积值，则应判断有发生静电引燃的危险。

2）固定设备或可移动设备的危险表面积

对于气体爆炸危险场所1区或2区中的固定设备和可移动设备来说，若这些设备上具有外露的静电非导体(如设备的表面本身或设备的部件)，则外露静电非导体的表面积大于某一临界值时，就存在静电引燃的危险；反之若小于此临界值，则一般无静电引燃危险。将此临界表面积称为静电引燃的危险面积。设备的危险表面积见表4.2。

表4.2　固定或可移动设备的危险表面积

环境条件	危险表面积/m^2
Ⅰ类或Ⅱ类A组及B组爆炸性气体	100
Ⅱ类A组及B组爆炸性气体，且设备上外露的静电非导体周边具有接地导体作边界	400
Ⅱ类C组爆炸性气体	20
Ⅱ类C组爆炸性气体，且设备上外露的静电非导体周边具有接地导体作边界	100

注：表4.2中涉及的爆炸性物质的分类分组方法详见原国家劳动部编制的《中华人民共和国爆炸危险场所电气安全规程》(1987年12月出版)

3）容器表面绝缘性涂料的危险厚度

在很多情况下，需要在导电材料制成的容器表面涂覆绝缘性涂料。实验发现，涂层的厚度与静电放电引燃之间存在某种联系。涂层厚度越大，则绝缘涂层表面的电场强度越容易被导电材料容器上的感应静电所增强；到一定程度时，绝缘涂层上就会发生具有引燃能力的刷形放电。刚好可以发生引燃性放电的绝缘涂层的最小厚度叫危险厚度。同样，危险厚度也总是针对周围某种可燃性物质而言的。例如，对于乙烷与空气的混合物，绝缘涂层的危险厚度为2mm；而对于氢气与空气的混合物，涂层的危险厚度仅为0.2mm。

2. 根据带电体的放电形态(类型)预测

前面曾介绍过静电放电的几种主要类型(形态)。静电放电的引燃能力除与放电能量、电位等诸多因素有关系，还与放电的形态有关。有的放电形态容易成为点火源，而有的放电形态尽管带电电位高、放电能量也大，但成为点火源的概率则很小。理论和实践都表明：

引燃概率从高到低的放电形态依次为：火花放电、沿面放电、刷形放电、电晕放电，而成为点火源的概率较小的放电形式则是电晕放电。

由于放电形态与电极形状和尺寸密切相关，所以就能根据带电体和接地体形状预测静电放电的形态，并进一步预测发生引燃引爆灾害的可能性。例如，当带电体和接地体的形状都比较平坦时，就容易发生引燃概率较高的火花放电和刷形放电，而当接地体是直径较小(如小于 3 mm)的球形时，则容易发生引燃概率很低的电晕放电；当球形物体的直径较大(如大于 3 mm)时，放电形态又转变为刷形放电。表 4.3 给出了带电油面(平面)与不同形状和尺寸的接地体进行组合时的放电特性。

表 4.3　带电油面和接地体的放电特性

接地体的形状和尺寸	放电间距/cm	放电形态	放电能量/mJ
针	1～5	电晕放电	<0.001
60°的锥尖	0.25	火花放电	0.27
	1.0	电晕放电	0.003
直径为 6.4 mm 的球体	5.0	电晕放电	0.008
	2.5	电晕放电	0.04
	10.0	电晕放电	0.02
直径为 12.7 mm 的球体	2.5	刷形放电	0.91
	7.5	刷形放电	0.34
	10.0	刷形放电	0.39
直径为 25.4 mm 的球体	2.5	刷形放电	0.43
	5.0	刷形放电	0.57
	10.0	刷形放电	1.78

还必须指出，由高压直流电源供电造成的(直流)电晕放电与纯粹静电积累或静电感应引起的电晕放电，二者的引燃能力相差很大，后者比前者小许多。理论和实践都已证实，在接地针尖、锥类及细导线上发生感应电晕放电，不会引燃最小点火能量大于 0.2 mJ 的可燃性气体。

3. 根据生产工艺特点预测

在生产过程中，各种物料或工件与其他加工机械、设备、人体之间不可避免地发生着接触—分离或摩擦。按照静电起电理论，接触—分离得越频繁、程度越剧烈、参与接触—分离的两种材料在静电系列中相隔越远，则一定物料或工件的静电起电量越大，从而引燃引爆的危险性也越大。不同的生产工艺使物料工件受到的接触—分离作用也不同，因此，根据不同生产工艺的接触—分离作用特点，就可预测物料或工件的带电程度，进而预测引起静电灾害的可能性。表 4.4 是一些静电危险性较大的工艺名称。

表 4.4　工业生产中静电危险性较大的工艺

被处理物料的状态	静电危险性较大的生产工艺
固体或粉体	摩擦、混合、粉碎、研磨、切削、振动、过滤、净洗、筛网、捕集、选择、剥离、开卷、卷绕、输送、投料、包装、倒换、涂布
液体	输送、过滤、净洗、检尺、搅拌、倒换、采样、注入、填充、吸附、混入(水珠或杂质)
气体	喷出、泄漏、排气、喷镀、喷漆、高压清洗

4. 根据带电体周围场所的危险性预测

已经指出，形成静电灾害的基本条件是同时存在两个主要因素：成为点火源的静电放电及带电体周围有可燃性物质与空气的混合物。因此，通过对带电体周围环境的考查分析，也可预测静电灾害发生的可能性。对带电体周围环境进行分析，首先确定环境中有无可燃性物质与空气的混合物；若存在，进一步考虑其浓度是否达到爆炸浓度范围，以及估算其点火能量。但在很多情况下，在现场直接测量可燃性物质混合物的浓度是比较困难的，因此，只能根据在处理物料时，可燃性物质浓度发生变化的趋势和程度来预测场所的危险性。例如：若在敞开状态下处理可燃性气体、蒸气或液体，或虽在封闭状态下处理，但却有可能泄漏时，可燃性物质的浓度都会随处理物料过程的延续而不断增加，以致在某一时刻其浓度达到爆炸浓度的下限，因而应预测发生静电的可能性。

基于上述观点，对于处理可燃性气体或蒸气的场所，其危险性按以下情况进行预测和判别：若在敞开状态下处理可燃性气体、蒸气或液体，或虽在封闭状态下处理但却有可能泄漏时，都应预测为有发生静电灾害的可能性。因为在这两种情况下，可燃性物质的浓度都会随着处理物料过程的延续而不断增加，以致在某一时刻，该浓度达到下限并进入爆炸范围。相反，若可燃性气体、蒸气或液体是在完全封闭的状态下处理，并且可确认无泄漏的可能时，可预测为无静电引燃的危险。

对于处理可燃性粉尘的场所，其危险性可按以下几种情况预测：凡在敞开状态下处理可燃性粉尘或有粉尘堆积的场所，以及在封闭状态下处理可燃性粉尘但有可能泄漏的场所，均应作出有发生燃爆危险的预测，其理由与处理可燃气体时相同。此外，当可燃性粉尘和极少量的可燃气体、蒸气或液体一同处理时，也有可能发生燃爆灾害。这是因为粉尘和可燃性气体、蒸气等混合时，会明显降低该混合物的爆炸下限，从而使燃爆更容易发生。

实例　某工厂精馏车间不慎造成二硫化碳(CS_2)外漏，在车间地坪上形成一块面积约为 60 m^2 的漏液区，操作人员迅速关闭了 CS_2 采样阀门制止泄漏，然后用拖布清扫地坪上的残液，并用水冲洗漏液区。当时的条件是：冬季为保暖车间门窗被封闭，操作工身穿普通劳保服和橡胶底鞋。试分析上述事件是否会酿成静电灾害。

解：首先从静电放电引燃可能性方面预测，操作工穿着普通劳保服和橡胶底鞋(鞋底电阻率可达 $10^{13}\sim10^{15}\ \Omega\cdot cm$)且急速清扫，这种情况可使人体产生很强的静电且不易泄漏，从而造成人体静电的大量积累，极有可能发生静电放电。模拟试验表明：人在上述条件下工作，可测到人体静电电位高达 1～5 kV。另一方面被处理物料 CS_2 的最小点火能 $W_m=$

0.015 mJ。那么人体发生静电放电究竟能否点燃 CS_2？

根据前面介绍的导体发生静电放电的危险值计算式 $U_D=\sqrt{2W_m/C}$，式中 C 为导体电容，此处取人体电容 $C=100$ pF，W_m 为可燃性物质的最小点火能，$W_m=0.015$ mJ。代入上式计算得人体危险电位 $U_D=548$ V(若人体电容的取值更大则 U_D 更低)。如此之低的危险电位对操作工来说是很容易达到的，由此可见操作工发生静电放电引燃 CS_2 的可能性极大。

其次，从周围环境方面预测。即考察车间内 CS_2 与空气混合物的浓度会否达到爆炸浓度的下限。被处理物料 CS_2 是一种可燃性液体，其蒸气与空气混合物的爆炸浓度范围在1.2%～44%，即其下限相当低，而 CS_2 又是一种挥发性极强的液体(约为乙醚的2倍)，不溶于水(在水中的溶解度为0.2%)，蒸气比重大(约为空气的2.6倍)。根据它的这些特点，又考虑到空气不能流通，可推知：在与地面靠得很近的空气层中 CS_2 蒸气的浓度相当高，即很容易达到爆炸浓度范围的下限，必须采取一定的防静电措施。

4.2.4 静电危害的事后分析

预测静电危害虽能做到防患于未然，可避免许多损失，但预测是不可能绝对准确的。事实上就目前的水平看，预测静电危害特别是静电燃爆事故的准确率还比较低，因此一旦发生静电灾害，就须进行认真的分析和确认。

分析静电灾害的目的或必要性有以下几方面：通过分析可以查明事故的直接原因，从而可有针对地采取相应的防护措施，以防止类似事故重复发生；可加深对引起静电灾害的各种条件和因素的认识，对以往的措施是否正确及其实际效果进行检验，以便使防静电措施更趋完善；有时因情况比较复杂，虽不能从分析中确认引起事故的直接原因，但却可发现各方面的隐患，这对于制定全面而系统的规范仍是有益的。

以下就静电灾害事故的分析方法按较简单的事故和较复杂的事故两种情况分别说明。

1. 较简单的事故

(1) 通过对有关的运转设备、物料性能、人员操作以及环境情况的分析，推测可能带有静电的设备、物体的种类及其带电程度，从中确定发生放电的物体及放电的类型。

(2) 收集和测定必要的有关技术参数，估算可能的放电能量。

(3) 参考静电危害的预测方法中所提出的有关静电灾害的界限，对是否属于点火性静电放电作出倾向性意见；或对较为简单明显的情况作出相应的结论。

2. 较复杂的事故

针对较复杂的事故，一般应按如下五个程序进行静电事故的分析，才能得出相应的结论。这个程序和内容是：现场调查、模拟测试、残骸分析、故障再现、综合分析。当然，在很多情况下，应根据实际需要和可能，选取上述的全部内容或部分内容；特别是故障再现，并不是在任何条件下都能实现的。

1) 现场调查

事故现场的各种痕迹可靠地记录了造成事故的原因和破坏过程，因此对现场的调查是进行事故分析的前提和基础。现场调查的方式包括听取当事人汇报、勘察事故现场、收集事故遗留物等。现场调查的主要任务是：根据现场调查所获资料，分析引起燃爆的可能的点火源，初步确定事故的性质；如果其他点火源有充分的根据予以排除，则可确认为静电事故。另外一个重要的工作是判断引燃的发生部分(即起火点)，收集与事故直接原因有关的残骸件。

现场调查时的侧重点有以下几个方面：

事故发生前的操作方式或操作时的情况，如操作时间的长短，操作的流量、流速、压力、温度，特别是物料或工件被摩擦、剥离、挤压、粉碎、筛选、喷溅等的程度；操作工序中各设备的连接情况，如设备的接地、中间接口的连接、接点的氧化或腐蚀情况等；操作人员的情况，如人员所在位置、操作时的动作或活动情况、着装情况等。

对事故发生前的工作环境进行调查，包括：环境的温度、通风状况、场所的危险等级、气体的挥发程度、气体喷出或泄漏的情况、粉体的悬浮状态、颗粒的大小等，还包括调查其他可能引燃引爆的外部火源。

2）模拟测试

由现场调查分析得出的结论仅是初步性的，还缺乏可靠的依据，为进一步准确认定静电事故的性质，需进行模拟测试，以确定是否存在静电积累和放电引燃的实际条件。模拟测试可分为完全模拟和局部模拟。

完全模拟是根据现场勘察和事故前后的调查，模拟事故前的整个操作工艺，重新进行操作，并在关键部位接入静电测试仪表测得所需参数。经计算后，分析判断整个工艺中静电的积累能否导致放电火花，以及放电火花的能量能否成为点火源，即判断灾害有无可能是静电引起的。

在操作工艺和操作方法比较复杂的情况下，进行完全模拟是很困难的，也是不现实的。为此可采用局部模拟，即在专门的实验室或有条件的气氛下，模拟工序中经分析认为是最有可能产生静电的那些部位或环节，并进行静电测试。根据测试结果和计算结果，确定事故现场是否存在形成静电灾害的实际条件。

3）残骸分析

事故残骸件上的各种痕迹真实地记录了事故的起因和发生过程，是静电事故的直接物证。残骸分析的根本目的是确定点火源的所在部位，为确定事故原因进一步提供可靠的依据。为了达到这一预期目的，应准确地对众多残骸件进行选择。

残骸分析包括宏观分析和微观分析。宏观分析就是用肉眼或低倍放大镜对残骸件的表面状态进行观察，根据观察结果分析、判断火花放电的部位。那么，发生静电火花放电的部位有哪些主要宏观特征呢？由于放电过程中会形成碳化物，所以放电部位表面颜色往往呈现黄、灰或黑色；有时局部的高温熔融作用也会使放电表面呈现深蓝色。

宏观分析虽然比较直观、简单、迅速，亦不需专门设备，但有时残骸经过燃烧后往往会把放电部位的宏观特征予以掩盖，因此有必要对残骸件进行微观分析。所谓微观分析，就是借助于电子显微镜、X 射线能谱仪等仪器去寻找残骸件上是否存在火花放电的微观形貌特征——火花放电微坑。火花放电微坑是高电压、小电流情况下发生火花放电时，在放电部位表面形成的高温熔融微坑。其形貌类似于火山爆发时形成的火山口，坑的大小在几微米到几百微米之间。火花放电微坑通常孤立存在，分散分布，微坑周围可能出现烧蚀、熔流、熔球等熔融特征。其他因素在残骸件上造成的微坑则具有不同的特征，如烧蚀坑的形貌无任何规律，面积较大、尺寸大小不一、坑底平整；腐蚀坑内往往有泥纹状的腐蚀产物；机械操作造成的微坑其形貌有长条形、三角形、方形等，且尺寸大小不一。此外。在作微观分析时，对残骸件正确取样也很重要，因为不可能把尺寸很大的残骸件的所有部位都取来进行分析。有两点可作为取样的依据：一是根据宏观分析的结果取样，即只在那些局部表面颜色发黄、发黑、发蓝和有微小凹陷的部位取样；二是根据静电放电的条件取样，例如对于导体来说，边缘棱角、充有介质的间隙、狭缝等部位都是易发生静电放电的部位。

4）故障再现

故障再现就是使发生事故的原因、现象特征等再次出现，是验证模拟测试和残骸分析结果的必要步骤。

故障再现的方法有两种。一种是检查相同设备、相同部位在相同条件下是否发生相类似的事故。但在很多情况下，与发生事故时的设备同类的设备不易找到，或虽能找到，但用同类设备进行故障再现的试验花费太大，或具有很大的危险性，这时就只能采用第二种方法，即模拟试验的方法。

5）综合分析

在以上四步的基础上，综合所有测试数据和有关资料，应用静电的基本原理进行分析，然后对事故作出结论，并提出今后的防静电措施。

习　题

某化工厂车间不慎造成乙醚外漏，在车间地面形成一块面积为 60 m² 漏液区(乙醚的最小点火能为 0.33 mJ)；操作人员迅速关闭乙醚采样阀门，制止了泄漏，然后用拖布清扫地面残液，并用水冲洗泄漏液区。当时的条件是：

(1) 操作工身穿普通工作服和橡胶底鞋(模拟实验表明：操作工工作时人体电位约为 1～3 kV)；

(2) 冬季为保暖车间门窗均关闭。

试分析上述事件是否可能酿成静电灾害。

第 5 章　静电燃爆灾害的防护技术

在现代工业生产中涉及面很广，发生又很频繁的燃爆灾害不仅会对设备、财产带来巨大损失，而且对人身安全造成了严重的威胁，已成为制约工业生产高速发展的一个重要因素。因此研究静电燃爆灾害的防护技术是人类顺利进行生产活动的重要保证之一。

根据第 4 章的讨论已知，静电引起燃爆灾害的条件可归纳为三点：带电体积累起足够的静电荷，以致能发生火花放电；静电放电的火花能量超过爆炸性混合物的最小点火能量，从而成为危险的点火源；带电体环境中存在着爆炸性混合物，且其浓度正好在爆炸浓度范围内。

必须强调指出，仅当上述三个条件同时具备时才会引发灾害事故。也就是说。只要其中一个条件不具备或被破坏，就不会引起燃爆事故。因此静电灾害的发生也正是从控制这三个条件着手的，控制前两个条件实质上是控制带电体上静电荷的产生和积累，也就是控制静电，防止静电放电的发生，或虽不能避免其发生，但将其降至引燃引爆的阈值以下，这是消除静电灾害的直接措施。再进一步看，控制带电体上静电荷的积累量，从原理方面入手有以下方法：设法减小静电荷的产生量；加快静电荷的泄漏；创造使静电荷能被较快中和的条件；静电屏蔽。本章主要介绍基于上述原理的一些典型防护措施。

5.1　工艺控制法

所谓工艺控制法，是指对工艺过程、工艺条件及工艺中参与接触的材料采取适当措施，以避免或减小静电的产生量。其基本原理是基于第 3 章中介绍过的静电起电量与材料带电系列、摩擦条件之间的关系。工艺控制法的基本措施是：一是对参与接触摩擦的有关物料加以适当组合，使最终起电量达到最小，二是在生产工艺的设计上，对有关物料应尽量做到接触面积、接触压力较小，接触—分离次数较少，分离或相对运动速度较慢等。

工艺控制法应用广泛，是防止静电灾害的主要方法之一，但其具体方法是灵活多样的，必须针对被加工物料的物质形态、工艺特点、产品性能等设计具体的方法。以下仅就比较典型的液态物料，特别是其中的烃类液体输送或灌注时的工艺控制法进行讨论。

5.1.1　过滤器、管道、容器的工艺控制法

1. 过滤器

烃类产品一般都会含有水分或杂质，这些在产品使用过程中是有害的，必须先过滤，再通过泵和输送管道进入固定油罐或火车油罐车、汽车槽车，然后送到用户手中。过量的

固体杂质会堵塞汽车、轮船、飞机的油滤。游离水会引起腐蚀，滋长微生物，在低湿条件件操作时还会出现结冰，影响发动机燃油系统的正常工作。所以为控制产品污染，保证产品质量，在烃类液体的生产、储运、使用过程中广泛使用过滤器。

油品经过过滤器时，因受到一定阻力，会大大增加接触—分离的机会和程度，同时过滤器滤芯等效于许多浸在油中的平行小管道，它们将按照第3章中介绍过的流动起电的原理而带电，这些情况都使油品流经过滤器后带电加剧。研究表明：过滤器是比油泵和输送管道更为严重的静电产生源。有关安装过滤器对油槽车油面静电位影响的试验表明：当汽油以5 m/s的流速注入油槽时，若车上不安装过滤器，注油结束后油面静电位仅为2.4 kV，而安装过滤器后，油面静电位高达9.3 kV。为减小油品经过过滤器时产生的静电，其工艺控制法有以下几种。

1) 适当选择过滤器的滤材性质

为提高过滤器的效率，一般过滤器均为多层、多孔的结构。各滤层的材质是不同的，滤材材质应根据静电系列选取静电产生量小的。对于多层过滤器，可根据正负相消的原理对各层过滤材料进行合理的组合，以使部分电荷得以正负中和。

国外的研究表明，各种不同的过滤材质可排成如下静电系列：

(+)经丙烯腈树脂乳剂浸渍过的纯棉织物、阿尼纱(由聚乙酰、乙二胺纤维制成)、卡普纶(由聚乙内酰胺纤维制成)、燃油、金属化玻璃丝、氟纶、聚丙烯、棉布、30%的拉芙纱和70%的聚丙烯、纸、氟塑料(−)。

2) 适当选择过滤材料的编织方法

过滤材料主要使用平纹和斜纹编织物，平纹织物具有正方形的空隙，而斜纹织物则具有45°的斜形空隙，且比平纹织物的密度要大。试验发现：油品通过斜纹织物时要比通过平纹织物时产生更多的静电。这主要是因为斜纹织物的密度大、空隙小、与燃油的接触面积较大，因而起电量大。此外，斜纹布的空隙形状不像平纹那样是直通的正方形，而是狭长的沟状，也使油品通过时起电量较大，因而为减小过滤时的静电应尽量选用平纹织物。

2. 输送管道

输送管道应尽量采用导电材料制成，应具有有效接地，特别是用软管输送易燃液体时应使用导电软管或内附金属丝、网的橡胶管，且在连接处注意保证静电的导通性，管道的弯头和变形部位要尽量少，管道内壁应保持光滑，无凸起物。

3. 储存容器(油罐)

烃类液体在输送过程中虽然容易起电，但由于管道内充满液体而无足够的助燃气体(空气)，所以一般不具备燃爆条件。但当已带电的液体流入储存容器(如油罐、铁路槽车、汽车油罐车等)时，由于液面上部空间存在可燃性蒸气与空气的混合物，且存在静电的积累，因此容易发生静电燃爆。可以说，静电荷主要来源于管道输送系统，但燃爆危险主要存在于可形成爆炸性混合物的储存容器中。

从静电防护角度可把储油罐分为三类。

第一类是立式圆柱形拱顶油罐与锥顶桁架式油罐。这类油罐内电位分布如图 5.1 所示，可见油面静电电位出现在罐中心处。

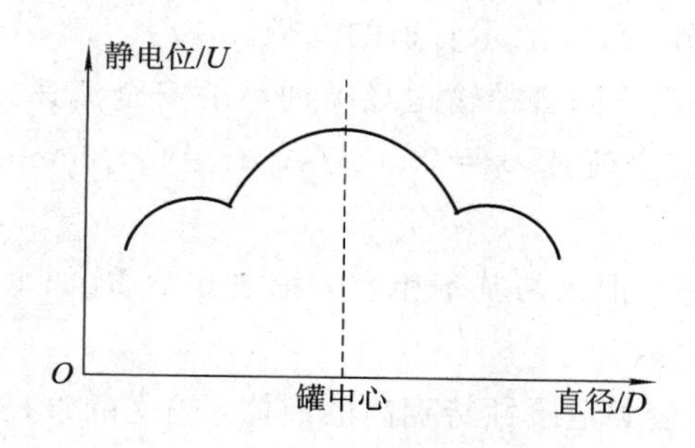

图 5.1　立式圆柱形拱顶油罐电位分布图

第二类是无力矩悬链式曲线顶油罐。其特点是罐顶由钢管制作的中心支柱支撑，这相当于油罐有一个中心接地体，因此其油面的最大静电位不在罐中心，而是在中心与罐壁距离一半处的圆周上，即最大静电位分布在中心支柱为圆心，以支柱到罐壁距离的一半为半径的整个圆周上面。因为最高静电位的分布不集中(和第一类油罐相比)，故最大静电位的数值远小于第一类油罐。

第三类是球形罐和浮顶罐，它们都属于密封型储油罐，因而基本不存在静电燃爆的危险。

根据对三类油罐的分析可知，从静电防护的角度考虑，应尽量采用密封型的球型罐和浮顶罐，其次是最大静电位分布较分散的无力矩悬链式曲线顶油罐，同时罐顶应保持光滑。

5.1.2　限制流速

大量实验表明，同一液体流速越大，起电量越大。因而限制流速是减小静电产生量的最有效的工艺控制法。限制流速的工艺不仅应在输送管道中实行，也应在灌装容器时实行。

1. 限制初期流速

无论输送、灌装的液体介质种类如何，灌装方法如何，管道和容器采用何种材质，在输送、灌装初期均应将液体流速限制在 1 m/s 以下。在以后的过程中，仅当具备或满足下述条件时才能将流速提高到指定值，这些条件是：当由导管灌装时，其前端开口处要完全浸入液体中；当从容器底部灌流时，液体要高出入口上部一定高度；容器为浮顶罐时，浮顶要完全浮在液面上，管道内残存的油、水和空气要完全排出。

2. 限制最大流速

在输送、灌注的全过程中，虽然降低流速有助于减小静电产生量，但不能无限制地降低流速，因为这既无必要也与现代工业生产中的高速装运相矛盾。为此，只需规定各种场合下不致引起灾害的最大容许流速，而将液体的实际流速限制在最大流速以下就行了。最大容许流速简称安全流速，要视液体的性质、种类，管道的材质、长度，输送或灌注方式以及周围环境的危险状态等因素综合加以考虑。现给出一些研究结果供参考。

(1) 烃类油品用管道输送时，其流速与管径不可同时过大，其安全流速应满足

$$v \leqslant 0.8\sqrt{\frac{1}{d}} \quad 或 \quad v^2 d \leqslant 0.64 \tag{5.1}$$

式中，v 表示油品的流速(m/s)；d 表示管道的直径(m)。

由式(5.1)可以计算出用不同管径输送烃类油品的安全流速。例如用 $d_1=76.2\,\text{mm}$ 管道输送内燃机燃料油时的安全流速 $v_1=2.9\,\text{m/s}$；$d_2=101.6\,\text{mm}$ 时，$v_2=2.5\,\text{m/s}$；$d_3=152.4\,\text{mm}$ 时，$v_3=2.1\,\text{m/s}$。

应当指出：当烃类液体中混入与其不相容的第二相杂质(如水)时，静电起电量会大增，此时流速应限制在 1 m/s 之内。

(2) 对于诸如 CS_2、乙醚类危险性特别高的液体，输送的管径不大于 24 mm，输送乙醚的管径不大于 12 mm，则液体流速应限制在 1.0～1.5 m/s。

(3) 若输送的是酯类、酮类和醇类等液体，则其安全流速允许达到 10 m/s。

(4) 根据被输送液体的电导率确定最大容许流速，原则为：

对于电导率 $\gamma \geqslant 10^{-5}$ S/m 的液体，安全流速 $v \leqslant 10$ m/s；

对于电导率 10^{-9} S/m$\leqslant \gamma < 10^{-5}$ S/m 的液体，安全流速 $v \leqslant 5$ m/s；

对于电导率 $\gamma < 10^{-9}$ S/m 的液体，安全流速 v 的取值较为复杂，一般可取 1.2 m/s。

(5) 当用输送管道直接从固定油罐车顶端灌注，且油品的电导率很低($\gamma \leqslant 10^{-10}$ S/m)时，其最大容许注入速度应满足：

$$v \leqslant 0.25\frac{\sqrt{\gamma L}}{d} \tag{5.2}$$

式中，v 表示注入速度(m/s)；d 表示注入管的直径(m)；L 表示油罐车 1/2 高度处横断面对角线的长度(m)，且 2.9 m$\leqslant L \leqslant$7.2 m；γ 表示油品的静止电导率(pS/m 即 CU)，且 $\gamma \leqslant$ 0.8 pS/m。

例如：当采用 $d=80$ mm 的注入管，且 $L=2.9$ m，灌注 $\gamma=0.8$ pS/m 的油品时，按式(5.2)计算得出的最大容许流速 $v=4.8$ m/s；而当采用 $d=100$ mm 的注入管，其他条件不变时 $v=3.8$ m/s。

注意：式(5.2)的适用条件是顶部灌注且注油管伸至罐底，要求罐车及注入管正确接地，在系统内无绝缘的导体，油品内不会游离水或胶状物质等。

当采用底部灌注时，注放最大允许流速为

$$v \leqslant 0.21\frac{\sqrt{\gamma L}}{d} \tag{5.3}$$

式中各量含义与式(5.2)中相同。

(6) 灌装铁路槽车时(用鹤管)，油品在鹤管内的最大流速为

$$v \leqslant \frac{0.8}{d} \tag{5.4}$$

(7) 灌装汽车槽车时(用鹤管)，油品在鹤管内的最大流速为

$$v \leqslant \frac{0.5}{d} \tag{5.5}$$

3. 静电缓和器的应用

1) 原理

缓和器是加装在输送管末端和液体排放口前适当位置的一段管径被扩大的区域，如图 5.2 所示。d 和 D 分别是缓和器输送管和缓和器管段的内径。一般情况下，D 可数倍于 d。由于其直径比输送管的直径大得多，所以进入缓和器的带电液体的流速大大减小了，这就使得液体一方面可减少静电产生量，另一方面有足够的时间向大地泄漏其所带静电，从而显著减少了排放出的液体的带电量。例如：经过管道输送的油品，在进入储罐之前加装缓和器，就可使油品所带静电荷在进入缓和器后流动的这段时间内泄漏掉大部分，剩余的少量电荷再同油品一起进入储罐就不足以引起危害了。

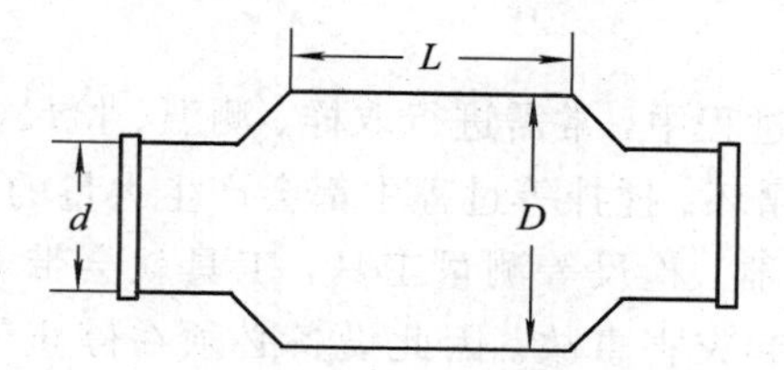

图 5.2　静电缓和器

2) 缓和器的设计

缓和器的设计主要是确定其内径和长度。虽然有各种不同的设计方法，但必须基于带电液体在缓和器内流经的时间，称为缓和时间，显然缓和时间越长，液体所带静电荷泄漏就越充分。从防止静电灾害和实用的角度考虑，并无必要将液体所带静电全部泄漏。一般情况下能将静电荷泄漏掉原来值的 60%～70%，已不致构成危害；而在要求最严格的情况下，静电荷需泄漏掉原来值的 95%。为此，在一般要求的情况下，缓和时间 $t=1.2\tau=1.2\varepsilon_0\varepsilon_r\rho_v$，在严格要求下则 $t=3\tau=3\varepsilon_0\varepsilon_r\rho_v$。例如：轻质油品的 $\varepsilon_r\approx2$，$\gamma\approx10^{-12}$ S/m，可以算出 $\tau\approx9$ s。当缓和时间 $t=3\tau\approx27$ s 时，按介质内部静电荷的流散规律可知，此时 $Q=5\%Q_0$，即油品所带静电荷已有 95%从缓和器中流出，剩余 5%已不致构成危害。实用缓和器的内径和长度可取为

$$D=3d \tag{5.6}$$

$$L=\tau v=\varepsilon_0\varepsilon_r\rho_v v=\frac{\varepsilon_0\varepsilon_r v}{\gamma} \tag{5.7}$$

式中，D 是缓和器的内径；d 是输送管道的内径。

用于液体输送管道末端的缓和器尺寸也可按以下经验公式确定：

$$D=d\sqrt{2v} \tag{5.8}$$

$$L=2.2\times10^{-11}\frac{\varepsilon_r}{\gamma} \tag{5.9}$$

由式(5.7)和式(5.9)可以看出，当液体电导率很低时，缓和器的长度将变得太大而不便采用，所以缓和器仅适用于电导率介于 10^{-19}～10^{-12} S/m 的液体介质。

3) 管道输送粉体时缓和器应用

在用管道输送粉体时，也可采用缓和器减少粉体物料的带电量，此时，缓和器应加装

于输送管末端或料斗、料仓之前。缓和器的形状一般采用圆筒形或近似于球形，缓和器的最大直径应根据容器内带电粉尘不致形成静电放电的条件加以确定。

对于圆筒形缓和器，假定悬浮性粉尘均匀分布于缓和器内，则其直径的估算公式为

$$D = \frac{\pi\varepsilon_0\varepsilon_r Evd^2}{I} \tag{5.10}$$

式中，E 是容器器壁处的电场强度，当 $D\leqslant 0.2\,\text{m}$ 时，取 $E=3\times10^6$ V/m；当 $D\leqslant 2\,\text{m}$ 时，取 $E=1\times10^6$ V/m；I 是输送管内粉体电流强度。

对于近似球形的缓和器，其直径为

$$D = \frac{1.5\pi\varepsilon_0\varepsilon_r Evd^2}{I} \tag{5.11}$$

4. 静置时间的设置

烃类液体的灌装、储存过程中，常需进行取样、测温、检尺(测量油品在容器中的高度)等操作。由于油品在罐装、循环、搅拌等过程中都会产生大量的静电，所以如果工艺进行过程中使用了金属制作的搅拌器、检尺等测量工具，工具就会带上静电，并且工具一旦靠近罐壁时会发生火花放电，引起灾害事故。因此设备必须在停止工作后静置一段时间，待静电荷充分泄漏后才能进行上述操作。从设备停止工作到允许进行取样等现场操作所需要的这段时间叫静置时间。该时间的长短取决于容器内液体的容积和液体的电导率。在大量实验基础上得出的静置时间如表 5.1 所示。

表 5.1 各种电导率和容积下的静置时间 min

液体电导率/(S/m)	容器内液体的容积/m³			
	<10	10～50	50～5000	>5000
$>10^{-8}$	1	1	1	2
$10^{-12}\sim10^{-8}$	2	3	20	30
$10^{-14}\sim10^{-12}$	4	5	60	120
$<10^{-14}$	10	15	120	240

例如：对于铁路油罐槽车，其容积一般为 50 m³ 左右，若油品电导率为 $10^{-11}\sim10^{-8}$ S/m，由表 5.1 可得静置时间为 20 min。

对烃类液体的工艺控制法还有控制液体的飞溅，控制灌注方式，改变注油管头的形状，控制液体的调和搅拌方式等，这些方法可以减小静电产生，控制油面静电电位。

5.2 静电接地

5.2.1 静电接地概述

1. 静电接地的含义

虽然在生产工艺方面可采取一些措施尽量减少静电的产生，但要完全不产生静电几乎

是不可能的。因此若能设法加快静电的泄漏，则虽然产生着静电，也有可能防止带电体上的静电荷积累到足以致害的程度。静电接地就是泄漏静电的方式之一，也是工业生产中最基本、最常用的防止静电危害的方法。也就是说，一切静电危险场所都必须首先采用静电接地这一基本防护措施。

应当指出：工程中“地”的概念是指其任何一点的电位为零的大地或其他导电物体。“接地”则是指物体电气连接到“地”，即连接到能接受或能供应大量电荷的物体(如地面、舰船或运载工具、设备的外壳等)。所以这里的“地”既包括大地，也包括参考地。还须指出：静电接地只是工程设施接地系统中的一个组成部分，或者说是诸多接地中的一种。所谓设施，是指包括工作设备、接地网络和电气连接支撑构件的建筑物或其他结构体，它们可以是固定的，也可以是移动的。

所谓设施接地系统，是指设施内的导体或导电元件的电气互连系统，它对大地提供多路电流通道。具体来说，设施接地系统包括大地电极分系统、雷电保护分系统、故障保护分系统、信号参考分系统和静电接地分系统。

大地电极分系统是依靠接地棒、接地线、管道或其他金属结构连接成网络，从而在设施各单元与大地之间建立起电气连接。设施接地系统中，所有的分系统都是通过大地电极分系统与大地的电气连接的，它是设施接地系统中最重要的组成部分。该系统由大地电极棒、电极板、电极网、电极栅及它们之间的互连导体网络组成。通常把这种网络延伸至建筑物内的主要接地点，以便于与其他分系统相连接。

雷电保护分系统的作用是为雷电能量泄入大地提供一条低阻抗通道，通常是把避雷针经引下线连接至大地电极分系统。

故障保护分系统也叫电力故障保护分系统，又分为安全保护接地和交流工作接地两部分。前者是指专门的安全保护地线，与机器、设备的外壳和机座及其支撑件等进行电气接地，其目的是在交流电源因绝缘短路而与机壳等相接通时，为故障电流提供一个低电阻入地通道。这样既保护了人员免受电击危害，又可迅速切断电源，保证了设备不被烧毁。后者——交流工作接地是指将工作电源的中性线进行接地，又称二次接地，当三相电中的某一相碰地时将会形成很大的短路电流，足以使保护装置动作而将电源切断，避免人员触电事故发生和设备内元器件的电击穿损坏。

信号参考分系统把设备的信号电路接地，也称直流工作地或逻辑地，其作用是提供一个稳定的对地基准电位，即作为零电位的参考点，建立信号源和负载之间的回流通道，可用于泄漏电磁干扰。

静电接地分系统包括人体防静电接地、地坪防静电接地和操作装置、仪器的防静电接地等。

以上分系统都是以大地电极分系统为基础的，即借助于电极分系统实现低阻接地。还应指出：这些接地分系统并非对每个设施都是必需的，信号参考分系统只对于电子、通信设备才是必需的，静电接地分系统则仅对于静电敏感产品的加工、使用场所才是必需的。

综上所述，所谓静电接地，是指物体通过导电或防静电材料与大地在电气上作可靠的连接，以确保被接物体与大地的电位接近。静电接地的目的是为带电体上的静电荷向大地泄漏提供一条通道，以防止物体上静电荷的危险积累，也就是说静电接地并不能减少静电荷的产生，但却可通过向大地泄漏防止物体带电到危险的程度。

2. 静电接地的方式

静电接地包括两种方式，第一种方式为硬接地，即使物体直接通过一个低阻抗(通常是导体)与大地相连接；第二种方式为软接地，即使物体通过一个足够高的阻抗(通常是在接地导线上串接 1 MΩ 电阻)与大地相连接，以便发生工程触电事故时把电流限制在人身安全电流(5 mA)之下。

3. 静电接地的类型

1) 直接接地

通过金属导体使物体与大地作导通连接称为直接接地。应当注意，当危险场所存在多个金属物体时，为消除这些金属物体之间的电位差，必须将所有金属物体进行直接接地，而且一般须采用逐个直接接地的方法，特别是对于相距较远的大型设备。

2) 跨接接地

当危险场所存在多个彼此相距很近的小型金属物体时，可将这些金属物体连接起来，然后再将一个物体直接接地，这种方式称为跨接接地。

3) 间接接地

如果静电危险场所存在的物体不是金属导体而是非金属的静电导体或静电亚导体，则不能采用直接接地的方法，需先将静电导体或亚导体表面的全部或局部与金属导体紧密贴合，然后再将金属导体接地。必须注意，在进行间接接地时，非金属的静电导体或亚导体与金属导体的贴合面积应大于 20 cm^2，同时两者之间的接触电阻应控制在数欧姆以下，为此可在两者之间粘贴导电性金属箔或涂料等。

4. 静电接地的对象

在进行静电接地前，必须先明确哪些物体(带电体)可通过静电接地有效地泄漏其静电荷，哪些不能或效果甚微。因为静电接地实质上是使物体所带静电荷转移到其他物体(如大地)上，所以仅当物体具有能将其所带电荷进行转移的特性时，接地才是有效的。一般来说，金属、非金属的静电导体或亚导体都具有不同程度转移电荷的能力，而电阻率较大的静电非导体则基本不具备转移电荷的能力。根据以上讨论，可将静电接地的对象归纳为以下几种：

(1) 凡金属导体都是直接接地的对象；

(2) 金属之外的静电导体和静电亚导体都是间接接地的对象；

(3) 静电的非导体一般不能作为静电接地的对象。

5.2.2 静电接地系统的各种阻值及其取值

1. 各种电阻的含义

使带电体上的静电电荷向大地泄漏的外界导出通道称为静电接地系统，如图 5.3 所示。静电接地系统主要由接地极、接地线和接地体组成。接地体是直接与大地接触的金属导体或导体组。用来连接被接地物体的点称为接地极。接地极和接地体之间的导线称为接地线。在静电接地系统中涉及接地电阻、静电接地电阻和静电泄漏电阻等概念。明确这些概念的含义，并将各种阻值控制在合适的范围内，对于取得良好的接地效果是十分重要的。

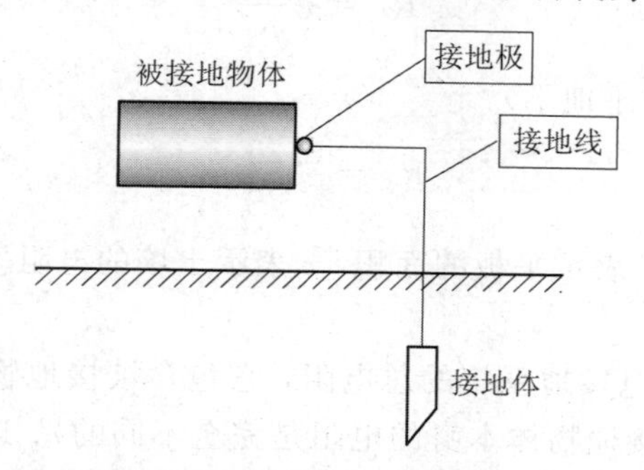

图 5.3　静电接地系统

1）接地电阻

接地电阻是指作为接地体的金属导体本身的电阻加上接地体与大地之间的电阻。因金属导体本身的电阻甚小，所以接地电阻主要指接地体与大地之间的电阻。该电阻也就是泄漏电流从接地体向周围大地流散时，土壤所呈现的电阻，也叫流散电阻，其值等于接地体的电位 U 与通过该接地体流入大地中的电流强度 I_e 之比，即

$$R_e = \frac{U}{I_e} \tag{5.12}$$

通过接地体流入大地的电流向大地作半球形扩散。以图 5.4 为例，设埋入地下的导体半球在均匀土壤中所注入的电流从这个半球形电极开始沿径向流动。由于距离半球形电极越远，与电流垂直的半球形壳层面积越大，所以电阻也越小，虽然实际接地体的形状未必是半球形，但从足够远的地方观察，都可以近似地视作一半球状电极。理论和实验都表明：在距单根接地体（长 2.5 m）20 m 以外处，流散电阻已趋于零，因而该处的电位降为零。这个电位为零的地方即是静电接地中的“地”。

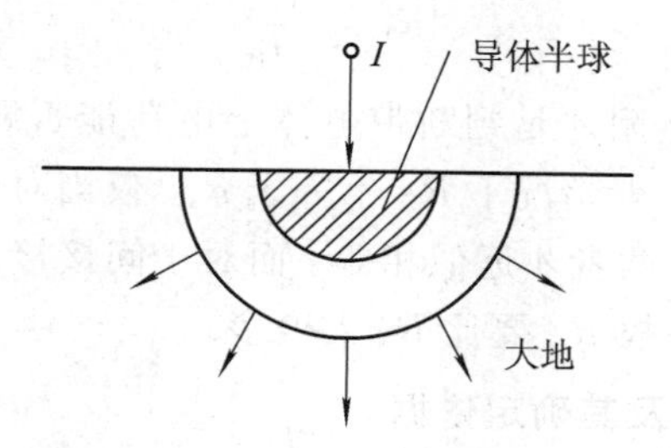

图 5.4　接地体的电流分布

接地电阻（即其主要部分流散电阻）的大小一般取决于接地体本身的材料、尺寸及周围土壤的电阻率，对于给定的接地体则主要取决于土壤电阻率。以下给出几种常用的人工接地体流散电阻的简化计算公式。

单根垂直接地体（长 3 m 左右）：

$$R_e = 0.3\rho \tag{5.13}$$

单根水平接地体(长60 m左右)：

$$R_e = 0.03\rho \tag{5.14}$$

平板形接地体(水平埋于地下)：

$$R_e = \frac{0.22\rho}{\sqrt{S}} \tag{5.15}$$

平板形接地体(直立埋于地下)：

$$R_e = \frac{0.253\rho}{\sqrt{S}} \tag{5.16}$$

式(5.13)～式(5.16)中，S表示平板的面积，ρ表示土壤的电阻率。

2) 静电接地电阻

静电接地电阻是指静电接地系统的总电阻，它包含被接地物体与接地极之间的接触电阻R_J(这个接触电阻与被接地物体本身的电阻是完全不同的)、连接接地极与接地体间的导线的电阻R_c，以及接地体与土壤之间的流散电阻(即接地电阻)R_e三部分：

$$R_s = R_J + R_c + R_e \tag{5.17}$$

由式(5.17)可以看出，一般情况下静电接地电阻R_s并不等于接地电阻R_e，仅当对金属物实施直接接地时，因R_J和R_c都很小，可忽略不计，才有$R_s=R_c$。对以金属导体以外的静电导体或亚导体进行间接接地时R_J不能忽略，所以R_s要比R_e大得多。

静电接地电阻R_s是指整个接地通道(包括向大地流散)的电阻，而不含有被接地物体本身的电阻。

3) 静电泄漏电阻(R_D)

静电泄漏电阻是指被接地物体本身的电阻R_m(即由被接地物体本身的电阻率和物体尺寸所决定的电阻)与静电接地电阻R_s两者之和，即

$$R_D = R_m + R_s \tag{5.18}$$

静电泄漏电阻在数值上应等于带电物体(被接地物体)的最高静电位(即与大地之间的电位差)U_m与向大地泄漏电流I_D之比值，即

$$R_D = \frac{U_m}{I_D} \tag{5.19}$$

很显然，只有静电泄漏电阻才是判断带电体上电荷能否顺畅泄漏的主要依据，是评价静电接地良好程度的标准。一般情况下R_D不等于R_s，仅当对金属物体直接接地时，因金属物体的R_m很小可忽略不计，两者才近似相等。而对于间接接地的静电导体或亚导体，其自身电阻R_m往往是相当大的，故R_D要比R_s大得多。

2. 各种电阻的取值范围及其确定依据

静电接地中各种电阻的取值范围，应区分直接接地和间接接地两种情况分别加以确定。

1) 直接接地

由以上讨论可知，静电接地的目的是通过接地系统使带电体的静电荷加以泄漏，以保证带电体对大地的电位在任何情况下不超过危险界限。设易燃易爆场所或敏感场所的危险电位为U_k，直接接地的静电接地系统在单位时间内向大地泄漏的静电量即泄漏电流为I_D，

则要达到通过静电接地防止发生燃爆灾害，需满足：

$$U_m \leqslant U_k \quad 或 \quad R_D \leqslant \frac{U_k}{I_D} \tag{5.20}$$

由于一般情况下物体的起电过程总是伴随着静电的流散(若不发生放电，流散的主要方式就是泄漏)，而且当起电与流散达到动态平衡时，即起电电流 I_g 与泄漏电流 I_D 相等时，带电体上的静电位达到最大值(饱和值)，故在式(5.20)中可用 I_g 代替 I_D 来估算 R_D，即

$$R_D \leqslant \frac{U_k}{I_g} \tag{5.21}$$

根据工业生产长期运行的经验，在有易燃、易爆气体混合物存在的场所，危险电位为300 V，而在火药和电火工品行业，危险电位为100 V。另一方面在目前的工业水平下，实际生产中静电起电范围为 $10^{-11} \sim 10^{-4}$ A，因此在式(5.21)中取 $U_k = 100$ V，$I_g = 10^{-4}$ A。在任何情况下带电电位都不会超过危险电位的静电泄漏电阻 R_D 为

$$R_D \leqslant \frac{U_k}{I_D} = \frac{100}{10^{-4}} = 10^6\ \Omega \tag{5.22}$$

对于金属材料的直接接地，因有 $R_D \approx R_s \approx R_e$，所以有

$$R_e \leqslant 10^6\ \Omega \tag{5.23}$$

R_e 主要取决于土壤的电阻率，而后者又随温度、湿度条件等因素而变化，根据我国的具体情况，这种变化幅度可达 $10^3\ \Omega$ 量级，从而使 R_e 的变化幅度也达 $10^3\ \Omega$ 量级，为保证在任何情况下式(5.20)和式(5.21)都成立，则要求：

$$R_e \leqslant 10^3\ \Omega \tag{5.24}$$

对于单独设置的接地体，需要对接地电阻值进行定期检测，为了以后监视方便和使阻值稳定，其接地电阻值宜再小一个数量级。对有些场合要求危险电位 $U_k \leqslant 10$ V，所以 $R_D \leqslant 10^5\ \Omega$，这就要求接地电阻应满足：

$$R_e \leqslant 10^2\ \Omega \tag{5.25}$$

还应指出的是，以单纯防静电为目的的接地电阻值要比防雷电和工频电气接地的电阻值大得多。因此，当防静电、防雷电和工频电气三个接地系统共用一个接地体时，接地电阻值应按其中的最小值选取，一般为 4～10 Ω 以下。同时应当注意，静电接地系统除可以与另外两个系统共用接地体外，其他部分不能有任何电气连接。这是因为雷电流是一种幅值很大的冲击性电流，接地系统不仅呈现出冲击电阻的性质，而且所附加的接地装置具有的电抗会使静电接地系统甚至人员和设备受到危害。同样，对于大功率或高电压的工频电气接地系统也存在类似的情况。

2) 间接接地

当对静电导体或亚导体实行间接接地时，静电泄漏电阻中必须计及被接地物体本身的电阻 R_m。理论和实践可以证明，在大多数情况下，被接地物体上电位最高点至物体接地极之间的电阻即 R_m 一般不大于 $10^3\ \Omega$。再考虑到与被接地物体紧密贴合的外部金属物体的静电接地电阻 R_s 仍应满足 $R_s < 10^6\ \Omega$，所以按式(5.18)，间接接地时静电泄漏电阻为

$$R_D \leqslant 10^3 + 10^6 \approx 10^6\ \Omega \tag{5.26}$$

综上所述，对于同一静电接地系统，静电泄漏电阻、静电接地电阻、接地电阻是三个含

义各不相同的概念。其中，R_D 是评价静电接地系统工作状态是否良好的重要参数，而 R_e 则是构成 R_D 的最主要的部分，通过调节 R_e 可有效改变 R_D，使其满足规定的取值范围。还应指出，在特殊情况下 R_D 可增至 $10^7 \sim 10^9\,\Omega$，这是为了在特殊危险场所限制静电泄漏电流(I_D)。因为过大的泄漏电流所产生的热效应有可能成为危险的点火源，同时静电泄漏电流过大时还会对某些电子设备的工作造成干扰和威胁。

5.3　增　湿　法

前面曾多次提及环境湿度对静电的影响，当湿度提高时物体的表面电阻值降低，加快了静电的分散与泄漏，所以增加湿度也是防止静电灾害的一种方法。

5.3.1　增湿法泄漏静电的机理

相对湿度是指在一定条件下空气被水汽饱和的程度。当湿度越高时，空气中的水汽分子作热运动撞击到带电介质表面的概率越大，越容易被带电体吸附或吸收于介质表面。当吸附量不太多时，这些水分子以单分子层的形式存在，当吸附量极多时，则以近似于液体状态的形式存在。还有些介质由于其自身结构的原因，在表面吸附水分子的同时，还可将水分子吸入介质内部(这种现象叫吸湿)。无论是吸附或吸湿，都可在介质表面形成水的连续相，由于水的良好导电性和水中杂质的电离作用，就使介质表面的电导率得到提高，有利于静电荷的分散和泄漏。吸附和吸湿所引起的介质表面电传导变化的规律是不同的，现分别讨论。

1. 介质表面对水分的吸附引起电传导的变化

介质表面对水分的吸附又分两种情况：一种是低相对压范围吸附，另一种是高相对压范围吸附。所谓相对压，是指空气中的水汽压力与饱和压力之间的比值。相对压越高，水汽越多，介质表面水分吸附量也越大，反之亦然。

1) 低相对压吸附

低相对压吸附时，水分子吸附量不大，由于受到来自介质表面的范德瓦尔斯力的作用，被吸附的水分子紧贴介质表面并以分子层的形式存在，因水的吸附引起介质表面电传导的变化关系为

$$\lg \frac{i}{i_0} \propto N \tag{5.27}$$

2) 高相对压吸附

高相对压吸附时，水分子吸附量极多，吸附层很厚，这种情况下，介质物体表面的精细结构对吸附水分子的影响不大，参与传导电流的主要是外层的近似于液体状态的吸附水分子，由于吸附而引起的电传导的变化可近似表示为

$$\frac{i}{i_0} \propto N^{\alpha} \tag{5.28}$$

式(5.27)和式(5.28)中，i 表示吸附层数为 N 时的传导电流；i_0 表示未吸附时的传导电流；N 表示吸附层的数目，它等于介质表面吸附水分的总量除以单分子吸附层所需吸附量之

商；α 表示比例系数。

2. 介质对水分吸附与吸湿引起的电传导变化

此处所指的介质主要是高分子材料介质。某些高分子材料由于其大分子结构中含有诸如—OH(羟基)、—SO_3H(磺酸基)、—OCH_2(亚甲氧基）等容易吸附水分子，并与之缔合的基团(称亲水基)，所以处于高湿度的环境中除发生表面对水汽吸附的同时，还发生水分子扩散到其内部结构中去的吸湿作用，并伴随发生材料的变形。吸湿作用的强弱用吸湿率即介质所吸水分的重量与介质吸湿前的重量之比 M 来表征。

1）低相对压吸湿

低相对压吸湿时，吸湿量不太多，沿高分子薄膜方向传导电流的变化为

$$\lg \frac{i}{i_0} \propto M \tag{5.29}$$

2）高相对压吸湿

高相对压吸湿时，吸湿量很大，传导电流变化为

$$\frac{i}{i_0} \propto M \tag{5.30}$$

式(5.29)和式(5.30)中，M 表示吸湿率，其余各量含义与式(5.27)、式(5.28)中相同。

5.3.2　增湿法的具体实施

在静电燃爆场所实施的增湿方法有两种：一种是整体吸湿，即安装恒湿恒温调节器、加湿器，或在工艺条件允许的情况下，采用喷入水蒸气或洒水等方法，使场所的整体相对湿度得到提高；另一种方法是局部增湿，即利用某种装置只在带电体上造成高湿度，使其表面形成水分子吸附层，这种装置叫高湿度空气静电消除器，其基本原理是用略高于带电介质表面湿度的、近于饱和的高湿度空气吹向带电介质表面，在相互接触的瞬间，使高湿度空气在介质表面达到露点形成凝水，利用凝结水膜的低电阻率而使静电导走，此后水膜又会很快蒸发，并带走剩余电荷使介质恢复正常(水膜在车间正常湿度下 1～2 s 内蒸发完)。

5.3.3　增湿法的注意事项

1. 增湿法的适用范围

增湿主要是增加静电沿绝缘介质表面的泄漏和分散，而不是通过空气泄漏。也就是说，增湿的直接目的是降低带电体本身的电阻率，以有利于静电分散、泄漏进入大地，基于这一原理，得出增湿法消除静电的两个适用条件。

(1) 只有当带电介质有一定接地条件的情况下，增湿才有效果。对于孤立的带电介质来说，即使增湿后其表面因吸附或吸湿后形成水的连续相，表面电导增大了，电荷变得容易分散和移动，但因没有静电泄漏通道，所以对消除静电是无效的。

(2) 只有介质能被水所润湿或具有亲水性结构时，增湿才有效。增湿时，只有介质表面形成水的连续相(或连续的水膜)时，才能有效降低其表面的电阻率。而聚酯或聚四氟乙烯、聚氯乙烯这些高分子材料，其大分子结构中都含有不能与水(而能与油结合)结合的基团如—CH_2(亚甲基)、—CH_3(甲基)等，称憎水基，即使相对湿度很高，其表面也不会形成水

的连续相，而是由于增湿后在它们表面露化后形成不连续的小水滴，这样就达不到增加介质表面电导，加快静电泄漏的目的。

2. 安全相对湿度的确定

究竟相对湿度提高到多大才能保证不致引起静电的危险积累，这既与可燃性物质的燃爆性能参数有关，也与带电体的性质和生产工艺条件有关，很难一概而论，但根据大量的实验和工业生产长期运行的经验，一般认为在有静电燃爆的危险场所，应将空气的相对湿度提高到65％～75％这一安全范围。

实验还表明：在不同温度下为达到安全目的，对相对湿度的要求也不同，这是因为静电起电速率和静电泄漏速率除与湿度有关外，还与环境温度有关，所以在确定安全相对湿度时，常将温、湿度一起考虑。在武器、火炸药和电火工品等静电危险品的生产、储运环境中，推荐的安全湿度如表 5.2 所示。

表 5.2　危险场所的安全湿度

工房温度/℃	安全相对湿度/(％)
10	76
15	70
20	65
25	61
30	57
40	52

由表 5.2 可以看出：当温度较高时，所要求的安全相对湿度相应降低，而不是绝对大于 65％；反之，当工房温度较低时，要求的安全相对湿度就很高。但实际上，温度较低时，很难把空气的含水量提高到安全相对湿度的要求，这正是我国北方在冬季发生静电灾害较多的原因之一。因此，为防止静电事故，还需要应适当提高危险场所的温度。

3. 增湿法的缺陷

增湿法在消除静电灾害方面操作简单，效果明显，所以在许多部门得到了应用，但也存在不少应该注意的问题：

(1) 有些加湿手段本身也能产生静电，如利用压缩空气装置喷射蒸汽时就会产生静电；

(2) 创造高湿度环境不仅成本昂贵，而且会恶化生产条件，增加机器锈蚀的机会；

(3) 有些产品出于质量要求，不允许把相对湿度提得很高，有些加工工序则完全不能采用。

5.4　化学防静电剂

前已述及，为泄漏带电体上的静电荷，可采用接地和增湿的方法。但接地只适用于带电的金属导体、静电导体和亚导体，而增湿只对亲水性强的介质材料适用。那么在一般情况下，如何才能有效地泄漏电阻率较高的静电非导体所带的电荷呢？这只能靠降低它们自身的电阻，提高导电性来解决。也就是说，设法将静电非导体的电阻率降至静电导体或至少是静电亚导体的程度(即体积电阻率降至 10^{10} Ω·m，或表面电阻率降至 10^{11} Ω/□以下)。但较有效的静电泄漏通常要求体积电阻率降至 10^{8} Ω·m，表面电阻率降至 10^{9} Ω/□以下，对于液体也要求其体积电导率 $\gamma \geqslant 10^{-8}$ S/m。

那么，如何才能降低介质材料的电阻率呢？经研究发现杂质对于介质的电阻率有很大的影响。有些杂质增大物质电阻率，而有些只能明显降低物质电阻率。我们把向介质材料中添加能减少其电阻率的杂质以改善其导电性能，加快静电泄漏的方法统称为掺杂法。它也是防止静电危害的一种重要方法。在具体掺杂时，有两种可供选择的方法：一是化学掺杂，即在介质表面或内部添加化学防静电剂，赋予介质一定的吸湿功能，而增加其导电性能；另一种是物理掺杂，即向介质材料中掺入金属或碳等导电性填充材料而提高介质的电导率。以下内容都属于防止静电危害的同一方法——掺杂法。

5.4.1　化学防静电剂的应用

防静电剂是一种化学物质，具有较强的吸湿性和较好的导电性，在介质材料中加入或在其表面涂敷防静电剂后，可降低材料的体积电阻率或表面电阻率，而使其成为静电的亚导体或导体，加速静电的泄漏。目前工业生产中应用最多的防静电剂品种都属于表面活性剂类的防静电剂，以下主要介绍此种防静电剂的分子结构特点。

所谓表面活性剂，是指能够被吸附在两相界面，并能大大降低两相之间表面能和表面张力，从而显著改变界面性质的物质。由于表面活性剂通常是在溶液状态下使用，故此处界面主要是指液气、液固及液液界面。表面活性剂类的分子结构具有如下通式，即 R—Y—X 模式。其中 R 为疏水基或亲油基，X 为亲水基或憎油基，Y 为连接基。具体来说，防静电剂主要由两个基团组成：一个是分子分布比较均匀对称从而不显示极性的基团 R(一般是较长的碳氢链)，另一个是分子分布不够对称而显示极性的基团 X(典型的有羧基、羟基、磺酸基等)。这两个基团分置于防静电剂大分子两端，其示意图如图 5.5 所示。必须注意，这两个基团对于强极性物质的水来说表现出截然不同的性质。非极性的 R 基团极难与水分子结合，但却溶于油，故称为亲油基（疏水基)；相反极性的 X 基团易溶于水与水分子结合，但却不溶于油，故叫亲水基(憎油基)。一般来说，防静电剂的防静电作用主要基于亲水基团在界面的定向排列，所以防静电剂大分子中亲水基的性能、数量，以及它与疏水基的适当组合(通过调节亲水基和亲油基的比例就可随意创造水溶性和油溶性的防静电剂，一般水溶性的多)是决定防静电剂性能的主要因素。

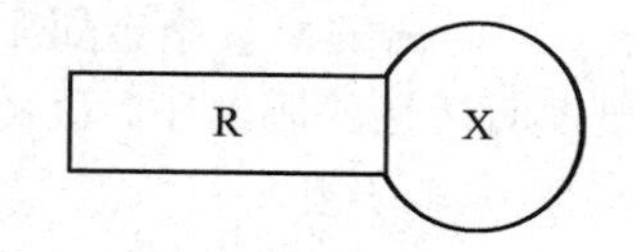

图 5.5　防静电剂的分子结构

5.4.2　防静电剂的分类

1. 按使用方法分类

1）外用非耐久性防静电剂

采用外用非耐久性防静电剂是指将防静电剂配制成一定浓度(一般用水、醇或其他有机溶剂作为溶剂的分散剂），然后采用喷雾、涂敷或浸渍等方法，使之附着在固体材料或制品表面。此法可使物体获得一定的防静电性能，但却受到洗涤、摩擦、受热的影响，防静电剂分子层易脱落，同时表面吸附的分子层有向内部迁移的趋势，因而防静电性能不能持久，在使用或储存过程中防静电性能会逐渐降低或消失。这种方法主要用于化纤、塑料在生产加工过程中防止静电干扰，一旦加工过程结束，防静电性能就基本消失了。

2）外用耐久性防静电剂

外用耐久性防静电剂是高分子电解质和高分子表面活性剂。它们可用通常方法涂敷在塑料、化纤的表面，通过电性相反离子吸附作用而在材料表面形成吸附层；也可以用单体或预聚物的形式涂覆在材料表面，然后经热处理使之聚合而形成附着层。由于用这些方法获得的附着层与材料表面有较强的附着力且相对坚韧，所以耐摩擦、耐洗涤、耐热，也不会向内部迁移，防静电性能比较持久。

3）内添加型防静电剂

作为内部防静电剂的表面活性剂具有优良的热稳定性、高效性，并与基体聚合物之间有适当的相容性。把这种防静电剂添加到聚合物内部，从而赋予材料耐久性非常好的防静电性能，所以叫内添加型防静电剂。添加的阶段或方法也有两种：一种是共聚法，即在生产合成树脂的聚合阶段就将防静电的单体引入，与形成基体聚合物的单体经过聚合反应，得到具有防静电性能的聚合物；另一种是共混法，是在将树脂加工成制品的过程中把内部防静电剂掺入聚合物中，使制品获得耐久的防静电性能。如化纤在纺丝前将防静电剂加入基体聚合物的熔体原液中，然后共同从喷丝孔被挤出，制成耐久型的防静电纤维；再如把防静电剂添加到熔融态的塑料制品中，经过注塑、吹塑或挤出工艺，得到防静电塑料制品。

2. 按亲水基电离后的极性分类

1）阴离子型

阴离子型防静电剂的亲水基团在水中能电离，且电离后亲水基带负电，即成为一个阴离子，同时离解出一个金属阳离子呈游离态，但不具备表面活性。因防静电剂在水溶液中呈现表面活性的阴离子，故此得名。

2）阳离子型

阳离子型防静电剂的亲水基团在水中能电离，且电离后带正电，即成为一个具有表面活性的阳离子，同时离解出一个金属阴离子呈游离态，但不具备表面活性，故此得名。

3）两性型

两性型防静电剂分子的亲水基团在碱性溶液中电离时亲水基带负电，即成为具有表面活性的阴离子，同时离解出不具活性的呈游离态的阳离子；反之，在酸性溶液中电离时的情况与之相反；在中性溶液中则不电离。

4）非离子型

非离子型防静电剂其分子中的弱亲水基为羟基、醚基或酯基，它们在水中不发生电离，故此得名。离子型防静电剂可直接利用本身的离子导电泄漏电荷，所以防静电性能优良；而非离子型防静电剂效果与之相比就较为逊色。但非离子型防静电剂热稳定性良好，不易引起塑料老化，所以主要作为塑料的内部防静电剂。这类防静电剂绝大部分不适用于石油产品。其种类主要有多元醇酯、脂肪酸、醇、烷基酚的环氧乙烷加合物以及胺类衍生物。

5.4.3　防静电剂的作用机理

1. 用于固体外部的防静电剂的作用机理

已经指出，固体介质上静电荷的泄漏途径有表面泄漏和体积泄漏。前者取决于表面电阻率，后者取决于体积电阻率。由于一般固体介质的表面电阻率比体积电阻率要小（约为 10^{-2} 倍），因此两种泄漏中表面泄漏是主要的，即防止带电的作用主要受材料表面电阻率的支配。如能设法降低其表面电阻就能实现明显的防静电效果。

当把防静电剂施加到固体介质表面上时，根据极性近似规则，即表面活性剂的非极性基团与固体介质大分子的非极性基团相互靠近的规则，在表面活性剂的种类和施加方法都合适的条件下，表面活性剂的亲油基 R 就会向物体表面靠近、结合，而亲水基 X 则朝向空气。于是防静电剂分子在固体介质与空气的界面上就会形成如图 5.6 所示的定向排布，即形成一个定向吸附的单分子导体层。由于这些亲水基的存在，就会很容易吸附环境中的微量水分，在介质表面形成一个连续的水膜，由于水本身的良导电性以及水分为离子型防静电剂电离提供了离解条件，故使介质表面的电阻大为降低，加快了表面静电荷的分散与泄漏。其次，这个单分子导体层的存在，还有效地减小了静电的产生量，原因如下：第一，该单分子层增大了固体与摩擦物之间的距离，即减少了真正的接触面积，从而减小了静电产生量；第二，防静电剂单分子层及其吸附水分的存在，使摩擦间隙中的介电常数较之原来空气的介电常数大为增加（水的为 80），这就削弱了间隙内的场强，也减小了电荷的产生量；第三，防静电剂朝向固体介质的疏水基多是碳氢链，该链是高分子链中最柔软的一种，故能使材料表面变得柔软平滑，降低了摩擦系数，从而也减小了静电产生量。

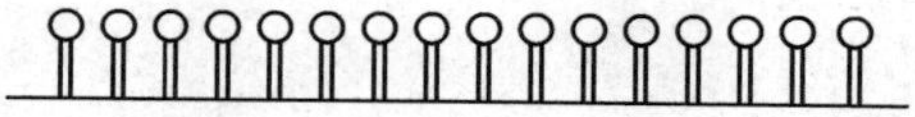

图 5.6　防静电剂分子的定向排布

2. 用于固体内部的防静电剂的作用机理（以共混型为例）

在树脂加工过程中，添加到其中的防静电剂由于也是表面活性剂，故在树脂中的分布不是均匀的，而是形成一种表面浓度高、内部浓度低的分布。这样在树脂经过加工成型后，制品表面的防静电剂也会形成亲水基朝向空气，疏水基朝向制品的定向分布的单分子导电层。基于上述各种机理，制品在使用过程中由于洗涤、摩擦等作用会使表面的防静电剂单分子层脱落、缺损而使防静电剂性能降低。但经过一段时间后，当表面浓度较小时内部防静电剂分子就会向表面迁移、补充，因此防静电性能也逐渐恢复。恢复时间长短取决于防静电剂分子在树脂中的迁移速率。若迁移过快，防静电剂分子会无限制地向制品表面喷出，劣化制品表面性质；若迁移过慢，则不能保证表面缺损的防静电剂分子及时得到补充，所以将这一迁移速率控制在一个合适范围内是非常重要的。

进一步研究表明，迁移速率主要受防静电剂与树脂的相容性的制约。相容性越好，迁移越慢，反之亦然。所以，应使两者有一个较合适的相容性，而相容性又取决于二者的极性、分子量及树脂的结晶度和玻璃化温度等诸多因素。

3. 化学防静电剂的问题

防静电剂虽然获得了广泛应用，但也有很大的局限性。一是防静电机理主要在于吸湿，因此其防静电效果随空气相对湿度的下降而降低。在很低的湿度下(一般为30%以下)防静电剂一般不再起作用；二是防静电剂一般在高温下会分解失效，所以对制品的加工成型条件限制较多；三是由于机理限制，其对电阻率的降低有限，一般可降至$10^6 \sim 10^8\ \Omega \cdot m$，再往下就困难了；四是耐久性较差；五是在制品表面的防静电剂分子由内向外渗透时会污染盛放物。

5.5 导电性填充材料的应用

使分散的金属粉末、炭黑或其他导电性材料与高分子材料相混合，形成导电的高分子混合料，进而制成电阻率较低的各种防静电制品，这是掺杂的另一方式，即物理掺杂。导电高分子混合料及其制品的防静电性能主要取决于导电性填充材料的种类、骨架构造、分散性、表面状态、添加浓度以及基体聚合物材料的种类、结构和填充方法等。这种方法的突出优点是可更加有效地降低聚合物材料的电阻率，且可在相当宽的范围内加以调节，即使在相对湿度很低的情况下仍能保持良好的防静电性能，因为其泄漏静电的机理主要是依靠电子传导，基本与吸湿无关，耐久性能好。由这种方式制成的防静电制品主要有橡胶制品和塑料制品，广泛应用在通信、石油、化工、火工品等行业的静电防护中。

5.5.1 导电性填充材料的分类

1. 金属

金属从形态上又可分为金属薄片和金属粉末。前者主要有片状镍；后者有金粉、银粉、铜粉、铁粉等。由于铜、铝、铁等粉体易氧化而在表面形成氧化膜，从而使高分子混合物中的电阻率显著升高，故实用价值不大。利用金粉或银粉可获得电阻率很低的高分子混合料及其制品。例如，含金粉的高分子混合料的ρ_v约为$1\times10^{-6} \sim 5\times10^{-6}\ \Omega \cdot m$；当银粉在聚合物中的体积含量为50%～55%时，混合料的ρ_v约为$1\times10^{-7} \sim 1\times10^{-6}\ \Omega \cdot m$。金和银价格昂贵，储量较少，因而应用范围有限。

必须指出：导电高分子混合料及其制品的导电性能，并不取决于甚至并不主要取决于填充料本身的导电性，而主要取决于填充料在聚合物中是否容易形成有利于导电的链式组织的能力。例如，虽然金属的电阻率远低于炭黑和石墨的电阻率，具有较强的导电性，但一般高分散的金属粉末在混合料中难以形成有利于导电的结构化网络；相反，炭黑在聚合物中却具有较强的形成聚集体的能力。因此，在混合料中通常金属的含量要高达40%～50%时才会使材料的电阻率开始降低；而乙炔炭黑的含量只要达到20%～30%时，材料的电阻率就迅速下降。

采用金属粉末作为导电填料时，其颗粒的大小、状态及形状都会对所制造的混合料的导电性能产生影响。细而分散的金属微粒在聚合物混合体中很难形成链式组织，若改用金属小薄片，在混合料中就会在某种程度上形成局部导电骨架，从而显著增加材料的导电性。

2. 炭黑类

典型的炭黑是由接近纯碳而处于葡萄状组织的胶状实体组成的，这种葡萄状的团粒组织通常称为聚集体，每个聚集体内由数十个至数万个炭黑颗粒缔结而成。这种聚集体组织或链式组织的存在正是炭黑呈现高导电性的原因，而炭黑本身电阻率的大小($10^{-1}\sim10^{-3}$ Ω·m 数量级)对混合料的导电性能没有决定性的影响，而只有间接意义。炭黑形成聚集体的能力主要取决于炭黑的蓬松性或称结构性，这种性质可用吸收邻苯二甲酸二丁酯的量来量度，这个量称为吸收值，吸收值越高，即结构化能力越高，每个聚集体所包含的炭黑颗粒数目越多。例如，高结构炭黑的每个聚集体由 10～400 个颗粒缔合而成；低结构炭黑一般只由30～100个颗粒缔合而成。通常以槽法炭黑的结构程度作为标准，热裂法炭黑的结构程度最低，乙炔炭黑的结构程度最高。由于炭黑以链状聚集体的形式存在，在导电高分子混合料中具有很强的成网能力，因此与金属填充料相比，炭黑不仅能在较低的掺入比率赋予聚合物制品良好的防静电性能，而且对其他物理机械性能的影响也相对较小，更加之炭黑价格低廉，所以是目前应用最为广泛的导电性填充材料。

3. 其他类型的导电性填充材料

1) 金属氧化物晶须

所谓晶须，是指最小长度与最大截面直径之比大于 10 的单晶体材料。金属氧化物晶须(或称陶瓷晶须)一般采用直接氧化法生长，该类晶须中有代表性的一种是氧化锌(ZnO_w)晶须，由三维呈辐射的针状单晶组成，针长可达 20～100 μm，不仅具有高强度、高模量的机械性能，而且由于它是 N 型半导体材料，所以还具有良好的导电性能，体积电阻率仅为百分之几欧姆米。晶须由于其特殊的结构作为导电性填充料时在导电高分子混合料中具有很强的成网能力，掺入率仅为 4%～6%，由于在较低的掺入比率下即可满足防静电的需要，所以基本不改变材料的力学性能和颜色。

2) 纳米导电材料

某些纳米氧化物粉体，如纳米级氧化锡、氧化锌等具有小尺寸效应、表面效应和量子效应，而且具有与常规材料不同的性质，如良好的导电性、耐热性(超过热塑性塑料的加工温度)、透明性，还具有高强度、高韧性等优异的力学性能，所有这些都是传统的导电材料无法比拟的。因此，用纳米氧化粉体与普通树脂复合，有可能研制出兼具防静电性能和力学性能且颜色可调控的防静电塑料制品，但须解决纳米粉体掺入聚合物时较复杂的纳米添加技术问题。

5.5.2　导电性填充材料的防静电机理

在聚合物材料中掺入导电性填充料为何会赋予混合料(或复合体系)一定的防静电性能？也就是为何会提高混合料的电导？研究表明：混合料中的主要导电过程可归纳为两种：一是利用链式组织中的导电颗粒的直接接触而使电荷载流子转移；二是通过导电性颗粒间隙和聚合物夹层的隧道效应转移电荷载流子。我们以炭黑为例加以简单说明。

1. 导电性颗粒的直接接触导电机理(网络导电)

未掺入聚合物之前的炭黑，由于其特殊的物性，炭黑颗粒会以聚集体或链式组织的形式存在，如图 5.7 所示。当将炭黑掺入聚合物进行搅拌时，炭黑的聚集体组织会遭到一定程度的破坏，分裂成若干个较小的聚集体，但搅拌结束后，特别是在高温下加工时，又可借助于布朗运动使混合料中各聚集体组织保持接触状态。同时，导电性填充材料掺入量较高时，使炭黑颗粒分开的聚合物黏膜会变得很薄，以致被局部击穿而使炭黑颗粒达到真正的接触。在混合料中形成这种链式组织，载流子就可能沿其流动，使混合料表现一定的导电性。

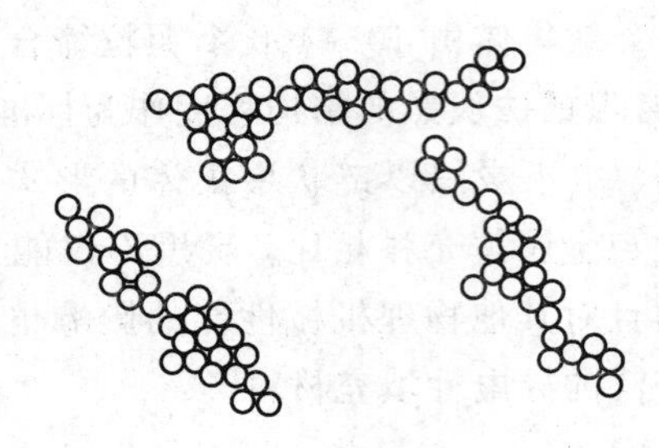

图 5.7　炭黑分散在聚合物中形成链式组织的示意图

2. 隧道效应传导电荷

实验表明：即使混合料中炭黑含量很低，不足以形成接触的网状组织时，混合料仍具有一定的电导率。之所以如此，就是依靠了隧道效应传导电荷。在混合料中任何两个靠近的导电颗粒都被绝缘的聚合物介质所分隔，该分隔部分可视作不导通的势垒。按照经典理论，载流子不可能通过这些绝缘物的分隔部分。但按量子力学原理，由于电子及其他带电粒子表现出明显的波动性，则它完全有可能透过势垒而形成传导，此即隧道效应。当然只有当势垒宽度很窄，即导电颗粒很小时，隧道效应才明显，隧道电流密度与势垒宽度的关系可表示为

$$J = J_0 \exp\left[-\frac{\pi x a}{2}\left(\frac{eEa}{4U_0}-1\right)^2\right] \tag{5.31}$$

式中，J 为隧道电流密度；J_0 为间隙当量电导率；x 为与势垒高度及载流子质量有关的常数；a 为势垒宽度；U_0 为势垒高度；E 为间隙内电场强度。

应当指出：导电性填充料向聚合物中的掺杂工艺，以及形成的高分子导电混合料制成制品时的加工工艺对于混合料和制品导电性能都有很大的影响。

举例来说，混合过程是任何高分子导电混合料制备过程中的一项不可缺少的工艺，为保证混合料中导电性填充料有很好的分散性，使材料获得良好的力学性能和导电性能，聚合物与炭黑混合时都必须进行强烈的拌和。但这种拌和会使炭黑的聚集体组织遭到一定程度的破坏，从而使混合料导电性能变差，因此应对于搅拌的转速、时间、温度等参数进行优化选择。再如混合料在加工成制品过程中，其导电性与加工方法及工艺条件也有很大关系。例如：对于含炭黑的聚烯烃混合料，如采用模压或挤出加工成板材或挤出件，其电阻率比

采用注塑、洗铸时得到的制品电阻率低 2～3 个数量级。这主要是因为注塑时，注射物料的强烈取向会使混合料中炭黑的导电组织严重受损。再如进行挤出加工时，尽可能减小剪切速度有利于保持混合料中的导电组织，反之挤出件的导电性能就会破坏。

5.5.3　对聚合物材料进行射束辐照的防静电处理

随着科学技术的进步，近年来人们开始研究射束辐照的防静电技术。这是一种物理改性方法，是指利用离子束、电子束或 X 射线甚至紫外线等对聚合物材料进行照射，从而获得耐久性防静电效果的一种方法。

1. 离子束辐照

自 20 世纪 80 年代以来，在国际上就有利用高能离子束对聚合物材料进行防静电改性的报道。随后不久，我国也开始了这方面的试验研究，研究结果表明：用高能离子束(一般入射离子能量要达到 10^4 eV 以上)辐照聚合物材料时，可以使其表层的导电性能显著改善，但材料基体的原有结构和性能不会受到影响，并且可对材料局部进行有选择的防静电改性。例如国内某单位使用 10～20 keV 范围的能量，注入剂量为 10^{14}～10^{16} 个离子/cm^2 的氩离子束(Ar^+)对 RPVC(红泥 PVC，PVC 的一种，加工工艺不同)板材进行辐射改性，得到了较好的防静电效果。经 Ar^+ 辐照改性的试样与不改性试样在同一环境条件下放置 5 年(其间进行过同样次数、不同程度的摩擦、水洗、烘烤)，每月测试一次它们的表面电阻值。结果表明：处理试样的表面电阻率较之未处理试样的表面电阻率下降 4～6 个数量级，而且处理试样的表面电阻受环境湿度的影响远小于未处理的试样，表明其防静电机理基本与吸湿无关。

离子束辐照之所以能改变表层的导电性能，其机理尚不够清楚。一般认为是一定能量的带电离子束入射于聚合物材料表面时，由于二者的相互作用可使固体表面能级发生变化，还可能使入射离子束在其表层内部形成掺杂和辐照损伤，从而造成微观结构缺陷和杂质原子的出现，这样的结构有利于载流子浓度的提高，从而提高了聚合物表面的导电能力。此外聚合物主链与支链的结合处往往会出现分子链中的弱点，在入射离子的作用下就容易发生降解反应(产生自由基)，使注入层形成碳的富集层，进一步提高了注入层的导电性。

2. 电子束辐照

除离子束外，还进行了用电子束对聚合物辐照改性的试验。如采用高能电子束(3～5 MeV)注入剂量为 10^{15} 个电子/cm^2 的电子束对 RPVC 进行辐照，也取得了较好的防静电效果，其半衰期可达到 10^{-2} s 量级。电子束辐照改性的原理一般认为是：电子束的注入会引起聚合物材料中原子的激发、电离等作用，这些作用会使聚合物大分子链发生断裂，即产生降解反应，产生大量低分子量的化合物和自由基，从而使材料的电导率提高。

3. 紫外线辐照

用紫外线对聚合物薄膜进行辐照改性也取得了一定的效果。其原理是某些疏水基(憎水性)聚合物材料表面经紫外线辐照后，会在表面形成羧基、羟基等亲水性极性基团。这些基团可与水分子缔合形成亲水性表层，从而改善了材料的导电性能。

5.6 导电纤维与防静电织物

导电纤维目前尚无统一的定义，一般是指全部或部分使用金属或碳等导电性材料制作的，体积比电阻率在 $10^6\ \Omega\cdot m$ 以下并具有适当的细度、长度、强度和柔曲性的纤维。利用混纺和交织的方法，在普通化纤织物中混入少量导电纤维即可获得良好的防静电性能。

5.6.1 导电纤维的分类

1. 金属纤维

金属纤维是将金属丝反复穿过模具，经拉伸和细化而得到的纤维，又分为不锈钢纤维、铜纤维、铝纤维(如最早于 1964 年由美国 Brunswick 开发的纯不锈钢纤维 Brunsmet)。该类纤维的优点是导电性能好，耐热和耐化学腐蚀。缺点是比重大，摩擦特性与一般纺织纤维差异较大，因此抱合力差，纺纱加工困难。

2. 碳纤维

碳纤维是由腈纶、粘胶纤维、沥青纤维等为原丝经灼烧碳化而制成的(如日本东丽公司生产的东丽卡碳素纤维)。这种纤维的优点也是导电性能较好，耐热和耐化学腐蚀性能强。缺点是某些机械性能特别是径向强度差，缺乏韧性，不耐弯折，无热收缩能力，使其应用受到很大的限制。

3. 有机导电纤维(聚合物有机导电纤维)

有机导电纤维是将碳或金属等导电成分与基体聚合物纤维采用表面包覆或内部复合的方式而制成的兼具导电性和可纺性的一类纤维，具体又分为以下两种。

1) 导电成分包覆型

导电成分包覆型纤维是采用涂覆、镀层或浸渍的方法使导电成分包覆在聚合物纤维的表面而形成的一类纤维。如在涤纶纤维表面镀以铜、镍、铝三种金属的合金而得到的导电纤维(日本住友化学公司开发)，在腈纶、聚丙烯腈表面镀铜、镍双层金属所得到的导电纤维(如 Texmet 纤维)，使腈纶纤维经 CuS 溶液浸渍而使 Cu^{++} 沉积在纤维表面所得到的导电纤维。此类纤维的缺点是在受到摩擦或弯折时，导电成分(特别是炭黑)易于脱落，导电性能下降，或因镀金属层而使纤维表面金属化，机械性能与普通纤维差异较大，可纺性变差。

2) 导电成分复合型(复合型有机导电纤维)

导电成分复合型纤维是先采用混合或混炼手段使导电性粒子(如炭黑、金属)均匀分散于基体聚合物中(如聚酰胺、聚酯等)，形成电导组分，然后再与非金属成分(立体聚合物，多采用聚酰胺、聚氨酯、聚丙烯腈等成纤高聚物)通过复合纺丝法而制得的纤维。这类导电纤维的截面大致可分为导电组分外露型、部分外露型及非外露型等三种。外露型放电速度快，防静电效果好，但导电组分易损耗，不耐洗涤、摩擦。非外露型(如海岛型、芯鞘型)放电性能差，但耐久性、包相均较好。复合型有机导电纤维不仅导电性能优良、持久，而且其基本物理机械性能与普通纤维接近，耐化学试剂且染色性能良好，是最优良的一类导电纤维。

5.6.2　导电纤维的防静电机理

在普通织物中嵌入导电纤维之所以能消除静电，是基于静电的中和与泄漏两种机理。下面对导电纤维不接地和接地两种情况加以讨论。

1. 导电纤维不接地

如图 5.8 所示，当含有导电纤维的织物带电后(如带正电)，导电纤维由于静电感应而带上异号电荷(如负电)，但因导电纤维曲率半径极小且其导电性能又很好，故在其上将有密度很大的电荷分布，从而在周围建立起强电场而使附近空气发生部分电离，即电晕放电。在电晕区中存在与织物带电符号相反的离子(图中为负离子)，它们向织物趋近并与织物所带电荷发生电中和作用，从而消除静电。

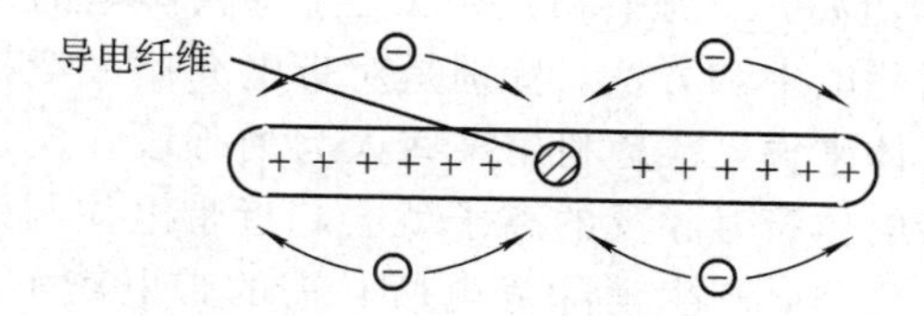

图 5.8　不接地导电纤维消除静电示意图

2. 导电纤维接地

如图 5.9 所示，当导电纤维接地时，例如当人体穿着含有导电纤维的衣装和防静电鞋并站在防静电地坪上时，导电纤维仍会因感应电荷激发场强而发生电晕放电，其中电晕区与带电体符号相反的离子与织物所带电荷中和，而与带电体符号相同的离子则通过导电纤维向大地泄漏。

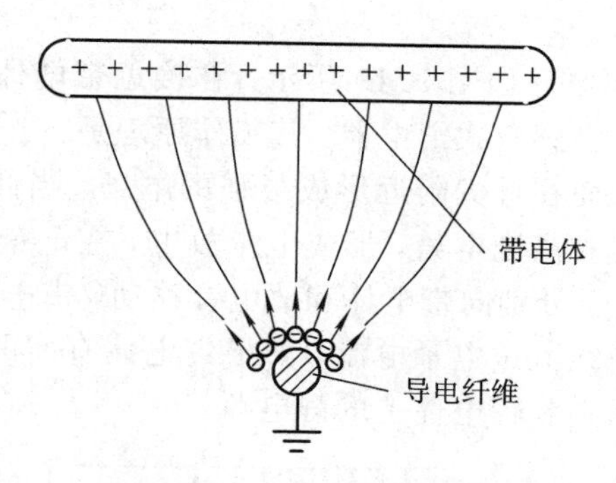

图 5.9　接地导电纤维消除静电示意图

5.6.3　导电纤维的应用(以复合有机纤维为例)

导电纤维短纤可以高比例与普通短纤混纺制成专用纱，然后嵌织于基础织物中，也可以低比例与普通短纤混纺成纱，然后用此纱织布。

在纺一般长丝时，可使其直接与导电长丝复合，这样纺出的丝本身就具有导电性，然后织布；可在织布前先采用并捻等方法使导电长丝与普通丝合成专用丝(纱)(因为导电长丝细度很小，无法直接使用)，然后按一定间距嵌入织物中。

以导电纤维为基础采用混纺、交织等方法织得的织物被称为第二代防静电织物，在服用和产业用纺织品中都有极广泛的应用，其主要优点为：

(1) 导电纤维的消除静电机理是基于自由电子的移动，而不像化学抗静电剂那样依靠吸湿和离子的转移，所以防静电性能基本不受湿度的影响；

(2) 较之其他方法获得的防静电织物，导电纤维织物具有良好的耐久性和耐洗涤性(对防静电性能而言)；

(3) 导电纤维的混用率很低，可使织物获得优良的防静电性能(一般混用率为0.2%～2%)。

5.7 静电消除器的应用

静电流散的途径一为泄漏，二为中和，所以为了加快静电的流散，防止带电体上静电荷的大量积累，也可采用静电中和方法，特别是对带电介质一般很难用泄漏法，只能用中和的方法消除其静电。具体来说，就是利用某些人为的手段在空气中局部造成电离，产生大量带电离子，其中与带电体符号相反的离子就会趋近带电体与之发生电中和作用，从而消除静电。能使空气发生电离，产生消除静电所必需的带电离子的装置称为静电消除器，简称消电器(有时也叫静电中和器)。消电器的种类很多，按照使空气电离的手段的不同可分为自感应式、外接高压电源式和放射源式三大类。按构造和使用场所不同，又可分为通用型、送风型及防爆型等。此外还有一些适用于管道等特殊场合的消电器。以下着重介绍自感应式消电器。

5.7.1 自感应式消电器

1. 原理和结构

自感应式消电器的工作原理如图 5.10 所示。在接近带电体的上方安装一个接地的针电极，就成为一个最简单的自感应式消电器。其工作原理是：由于静电感应，针尖上会感应出密度很大的异号电荷，从而在针尖附近形成很强的电场，当此电场强度达到并超过空气击穿场强时，针尖附近空气被高度电离，形成电晕放电，在电晕区内产生大量正、负离子，在电场力作用下，正、负离子分别向带电体和放电针移动，带电体上的静电荷得以被中和。与此同时，沿放电针的接地线流过电晕电流。如果带电体有新的电流产生则放电电流持续不断发生，消电器可以不断中和带电体上的静电荷。

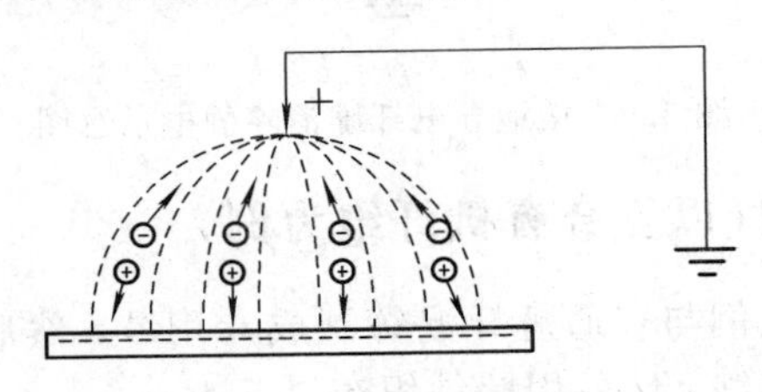

图 5.10 自感应式消电器的工作原理

由上面的分析可以看出，自感应式消电器有如下特点：针尖附近的电场强度依赖于带电体本身的带电程度，当带电体带电程度趋强时，针尖上感应出的电荷密度也越大，其附近的电场也越强。这样发生电晕放电时电晕区产生的带电离子也越多，消电效果也越好。

当带电体上的电荷降低到一定程度时，针尖所感应出的电荷密度也就减小了，以致其激发的电场已不能使空气发生电离，因而也起不到消电作用了。此种消电器不可能把带电体上的电荷全部中和，总是残存一定数量的静电荷，所以自感应消电器适用于带电体的带电程度较强，而对消电效果要求又不是很严格的场合。

实际的自感应式消电器的针电极通常是由一排(或一圈)放电针组成的，也有的采用若干个放电刷或放电线。金属针尖经多次放电后易氧化，所以放电针的材料除金属外，更多地使用一些不致刺伤人体的导电材料，如将导电纤维切成刷状安装在支承体上，或将导电橡胶切割成锯齿状夹在支承体上等。

2. 性能指标及影响因素

自感应式消电器的性能通常用临界电压和电晕电流两个指标来衡量。临界电压是指能够使放电针产生电晕放电的最低电压。由于放电针上电荷是由带电体感应而来的，故临界电压越低，留在带电体上的残余电荷就越少，消除静电越彻底，消电效果越好。电晕电流是指自感应式消电器工作时，由于正、负离子运动而形成的电流。此电流值越大，表明带电体上单位时间内产生的带电离子越多，被消除的电荷越多，消电效果越好。

影响自感应式消电器性能指标的因素有以下方面。

1) 放电针的影响

放电针可由不锈钢丝、铜丝、钨丝或导电纤维甚至导电橡胶等材料制成。放电针针尖越细，消电效果越好，一般放电针的直径不应超过 0.5～1.0 mm，针尖角度不应超过 60°，针长应为 10～15 mm。用钨丝制成的消电器消除液体静电时，放电针的直径可细到 0.1～0.8 mm。

2) 放电针与带电体之间距离的影响

放电针与带电体之间距离越近，消电效果越好。但并不是说放电针可以无限制地靠近带电体，因为二者相距过近时有可能发生火花放电，这对于存在可燃性物质的环境是非常危险的。此外，在很多工艺条件下，如带电体附近操作空间较为狭小、带电体本身存在着振动或抖动时，都不允许放电针安放太近。兼顾以上各方面的情况，放电针与带电体之间的距离可在 10～15 mm 内选取，最好不要超过 20 mm。此外，在选取放电针与带电体的距离时，还应考虑到消电器的放电针与放电针之间的距离，这两个距离之比值一般应取 1～2；也可根据生产现场的实际情况，将该比值放宽到 1～4。

3) 放电针间距的影响

实验表明：当带电体电位越低时，自感应式消电器针间距离越大(即针数越少)，消电效果越好；反之，当带电体电位较高时，针间距离小(即针数较多)时消电效果好。这是因为针尖曲率不变时，针间距离越大，一定长度上的针数越少，带电体在每根针上感应的电荷越多，针尖附近的电场就越强，这样就会使空气很快局部击穿，产生电晕放电，即临界电压低，所以消电效果好。而当带电体电位比临界电压高出很多时，不管消电器的放电针是多还是少，电晕电流都成了衡量消电器性能好坏的主要指标，这时针数越多，总的电晕电流就越大，消电效果就越好。

4) 保护罩(杠)及支架的影响

为了保护放电针和防止放电针刺伤人体，自感应式消电器往往装有保护罩(杠)，还要附设支承放电针的支架。保护罩(杠)一般用金属材料制作，于是，带电体发出的电力线将有一部分落在这些部件上，从而削弱了放电针所在那部分空间的电场强度，使临界电压升高，电晕电流减小。因此，金属保护罩或保护杠会使消电效果减弱。为此，可改用塑料、有机玻璃等介质材料制作保护罩或保护杠。保护罩的尺寸过小或保护杠距放电针太近都会降低消电效果，所以保护罩不宜太深太小，其边缘至针尖的间距应不小于20 mm。此外，消电器的支架增大了消电器与带电体之间的电容，使带电体在其电位降到消电器的临界电压时的残留电荷量增多，消电性能变差。支架越大，这种不利的影响也越明显。

5）带电极性的影响

实验还表明，带电体所带电荷极性不同时，消电效果也不同。带电体带正电时消电效果好。这主要因为当带电体带正电时，放电针被感应出的极性为负，即发生负极性电晕放电，在其他条件相同的情况下，负电晕要比正电晕强得多(起晕电压低将会产生更多的带电离子)。

3. 典型的自感应式消电器

为了消除油罐或其他大型储油容器中的油品静电，可采用图5.11所示的自感应式消电器。这种消电器由三个部件组成，分别是比重小于油品的介质材料的空气浮球、软金属链（由细软金属纺织而成)、焊接在储油容器底部的接地螺栓。使浮球漂浮在油面上，而将软金属链的上端与浮球相连，下端与接地螺栓相连。当油品带电较强时，就会在曲率半径较小的金属链上感应出较强的异号电荷，使金属链附近发生电晕放电而使油品静电得以中和。这里浮球的作用是使软金属链在浮球的浮力作用下能始终浸没在油品内，避免金属链暴露在油面以上所带来的不安全因素。起放电作用的金属链在编织时应使其有较多的毛尖或尖端，以加强电晕放电的效果。

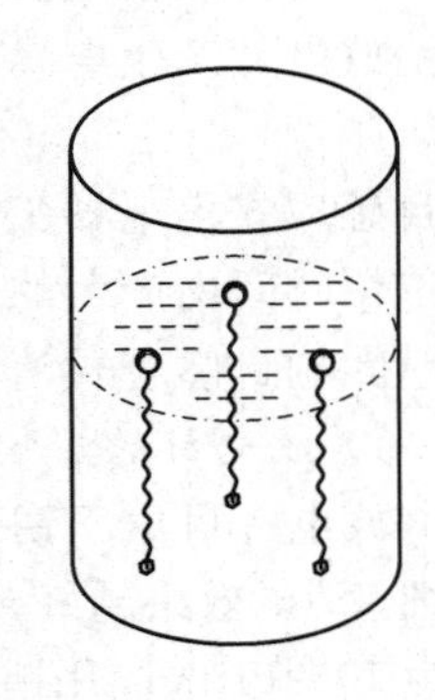

图 5.11　大型储油罐中的消电器

4. 自感应式消电器的性能评价

1）优缺点

自感应式消电器的优点是结构简单，安装维护方便，节约能源；缺点是不能消除临界电压以下的静电残留电荷(一般为 2～3 kV)，作用范围小(一般作用半径为 10～20 mm)，消电器针尖有时可能会发生火花放电(当带电体为金属且电压很高时)，从而成为危险的点火源。

2）安全性分析

设消电器周围环境中可燃性混合物的最小点火能量为 $W_{\min}$，消电器与带电体间电容为 C，消电器针尖的临界电压为 U_k，则静电压为 U 的带电体在消电过程中释放出的能量(将带电体视作导体)及此能量不致引燃可燃性混合物的条件应为

$$W = \frac{1}{2}CU^2 - \frac{1}{2}CU_k^2 \leqslant \alpha W_{\min} \tag{5.32}$$

式中，α 是恒小于 1 的安全系数(把可燃性混合物的最小点火能乘以恒小于 1 的系数，即把最小点火能设计得更小一些)。

解式(5.32)可得消电器使用时，带电体的电位应满足：

$$U \leqslant \sqrt{\frac{2\alpha W_{\min}}{C} + U_k^2} \tag{5.33}$$

即当带电体的实际静电位不超过式(5.33)所确定的数值时，消电器针尖上即使发生放电火花也不会引燃可燃性混合物。

应用举例：某电子票卡公司制作各种以 PVC 为基材的票卡（IC 卡等），首先将 PVC 薄膜经裁切机裁切成尺寸为 60 cm×50 cm 的单张，如图 5.12 所示。在此工序中，裁切前工作人员接触 PVC 卷料（送料）时无电击感，但裁切后接触 PVC 单张时则有强烈的电击感。现场用静电电压表测量裁切前 PVC 卷料上静电电压仅为几百伏，而在裁成单张后，静电电压达 5～10 kV，表明经裁切机后 PVC 产生、积累了很强的静电。对此问题，除将裁切机有效接地外，可在 PVC 单张出料口处安放静电消除器。

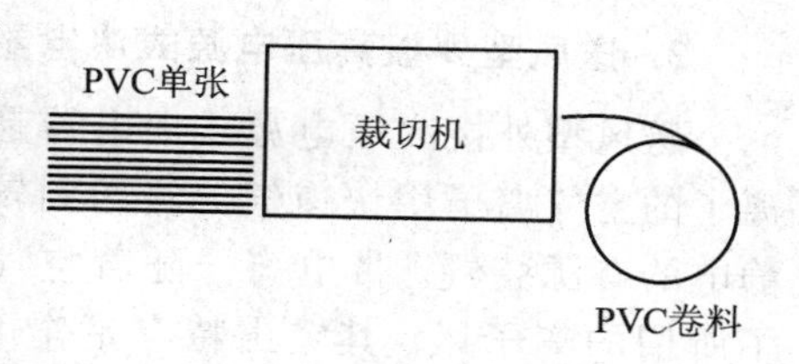

图 5.12　PVC 裁切示意图

5.7.2　其他消电器简介

1. 外接高压电源式消电器

外接高压电源式消电器与自感应式消电器的主要区别在于有高压电源直接或间接地向放电针供电，外接的高电压在放电针附近产生强电场而使空气局部高度电离，与带电体符号相反的离子在电场驱动下移向带电体，并与其上电荷发生电中和作用而消电。显然这种消电器针尖的电离强度不取决于带电体本身的高电位，因而从根本上消除了自感应式消电器的缺点。

根据这种消电器所接高压电源种类的不同，可将其分为直流高压消电器和交流高压消电器两种。交流高压消电器又分为工频交流高压消电器和高频交流高压消电器两种。这三种消电器的消电效果按从高到低排序依次是：直流高压消电器、工频交流高压消电器、高频交流高压消电器。这主要是因为直流高压消电器是在放电针尖端附近产生与带电体电荷极性相反的粒子，直接中和带电体上的电荷，其原理如图 5.13 所示，而高频交流高压消电器是在放电针尖端附近产生正、负离子对，它们随时都在复合，而且频率越高，复合作用越显著，这就导致有效电离能力降低。

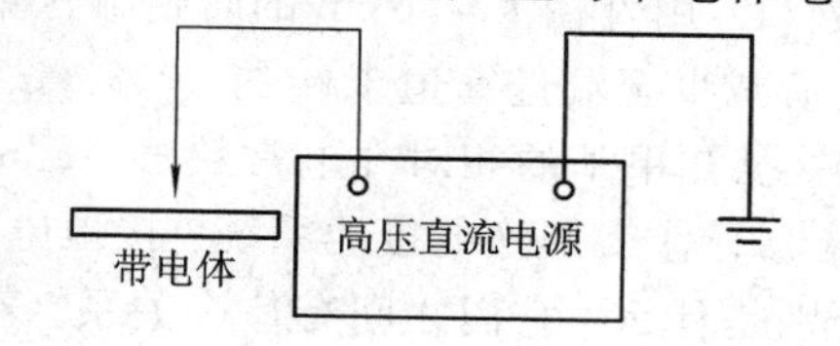

图 5.13　直流高压消电器

这三种消电器中使用最广泛的是工频交流高压消电器。该消电器采用一般交流市电供电，其工频高压电源则由升压变压器充当，其原理结构如图5.14所示。升压变压器副级一端接地，并接电晕放电器的金属外罩，另一端即高压端，通过一电阻 R_x 接放电针。由于变压器副级电压高达数千伏乃至十几千伏，所以为确保人身安全须在副边采用限流电阻，使副边电流限制在人的安全电流 5 mA 以下（如对于 10 kV 的副边电压，限流电阻 R_x 应取 1～2 MΩ，甚至 15 MΩ）。放电针的接地金属罩有许多开孔和开槽以供针尖产生的带电离子通过，该罩还兼具保护罩作用。

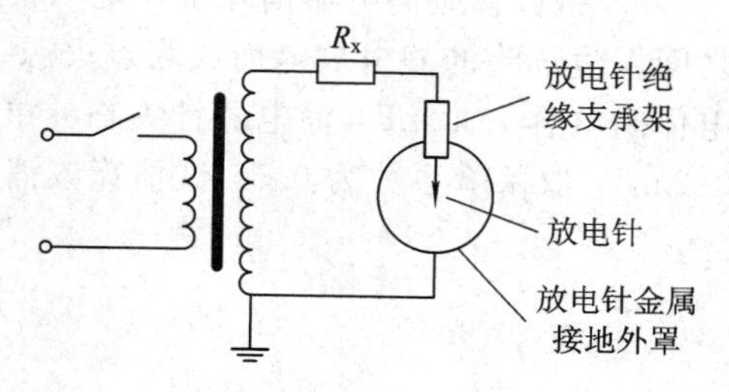

图 5.14　工频交流高压消电器

2. 送风型外接高压电源式消电器

送风型外接高压电源式消电器是一种能将电离了的空气离子用快速气流输送到较远处去消除静电的有源装置。带电离子随着空气运动即形成了所谓的离子风。其突出特点是作用距离大，在正常风压下，距消电器 30～100 cm 处均有良好的消电效果。

其基本原理结构如图 5.15 所示，主要由高压直流电源、电晕放电器(针尖)和送风系统三大部分组成。其中电晕放电器又由放电针电极、电极环和电极电阻组成。送风系统由风源、风道等组成。当高电压施加到放电针的电极后，附近空气发生高度电离，产生大量带电离子，这些离子被针电极旁的压缩空气以极快的速度吹送到较远处的带电体上，发生电中和作用而消电。

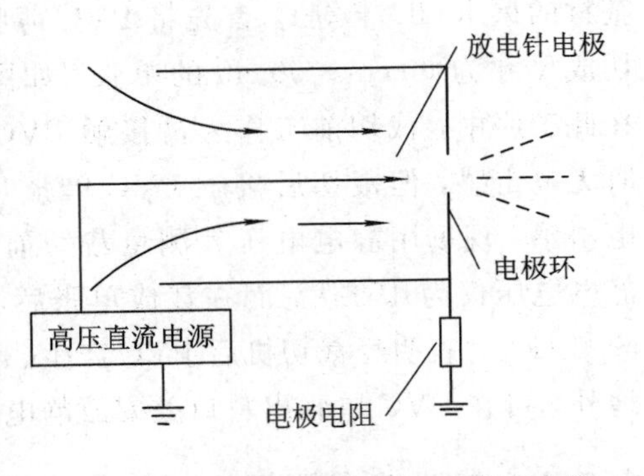

图 5.15　送风型外接高压电源式消电器

3. 放射源式消电器

放射源式消电器是利用放射性同位素发出的射线使空气电离而消除带电体的静电。放射性同位素在衰变过程中放出的射线具有电离空气的本领，其电离能力很强，在空间形成一定浓度的正、负离子云，可中和带电体上的异号电荷。放射源式消电器主要由放射源、屏蔽柜和保护网等组成。

习　题

1. 用直径为 7.6 cm 的管道输送甲苯，平均流速为 1.7 m/s，使甲苯在注入储罐前的静电荷减少至输送管道末端的 40%。试据此设计一个加装在管道末端与储罐前的静电缓和器。已知甲苯的相对介电常数 $\varepsilon_r=2.38$，电导率 $\gamma=1.5\times10^{-12}$ S/m。

2. 什么是静电接地系统？接地电阻、静电接地电阻和静电泄漏电阻这三个概念的定义分别是什么？它们之间有什么关系？若某危险场所允许的最大静电电位为 1000 V，试计算该场所的静电泄漏电阻值。

3. 用自感应消电器消除带电电压很高的带电体的静电时，有可能在放电针尖与带电体之间发生危险的静电放电而成为点火源。为此应限制带电体的静电压。若基本消电器与带电体间电容为 40 pF，消电器针尖临界电压为 2×10^3 V，周围可燃性物质的最小点火能为 0.2 mJ，取保险系数为 0.5，试估算该消电器安全使用时带电体所允许的最高静电压。

第 6 章　电子产品的静电防护技术

电子产品包括元器件、部件、半成品、电子整机及系统等。自从 20 世纪 70 年代以来，集成电路(IC)特别是大规模、超大规模以及巨大规模集成电路已越来越广泛地应用于电子计算机、广播设备、通信设备、自动控制设备乃至家用电器中，成为这些电子产品的心脏。集成电路的小功耗、低电平、高集成度和高电磁灵敏度，使其承受静电放电(ESD)的能力大为下降，极易发生静电干扰和静电击穿等损害，并进而导致了电子整机和系统的故障。另一方面，在电子产品的加工制造、运输、储存和使用过程中，广泛采用了合成橡胶、塑料、化纤等高分子合成材料制作的工具、器具、铺垫、包装等。这些高绝缘制品极易产生和积累静电，使电子产品在生产和使用环境中的静电带电水平远远超过元器件的静电损害阈值。这两种情况合在一起使产品的静电危害问题变得更为突出。

然而由于电子产品的静电危害较之其他危害具有很大的隐蔽性、潜在性、复杂性，再加上人们的一些片面认识，使得公众甚至电子行业的专业人员对静电危害的估计仍显不足。具体表现在：器件、设备出现故障后往往首先考虑的是元器件自身的质量或设计、工艺方面的问题，很少有人想到这可能是静电造成的损害。出现这种问题并不奇怪，主要有以下几方面的原因。

(1) 人体对 ESD 的感觉是相当迟钝的。前已述及，人对 ESD 的感知极限是 3 kV，所以在 1～2 kV 以下发生放电时，基本上是感觉不到的，但这种电压较低的 ESD 可能会使许多敏感器件受损。如 MOS 器件耐压值为 100～200 V，一些新技术的 MOS 器件(垂直 MOS、HMOS)其耐压值仅为几十伏，所以微电子元器件和电子整机的静电损害常常是在人们不知不觉中就发生了。

(2) ESD 对元器件和电子整机的击穿损害绝大部分属于一种潜在性的软击穿。这种损伤并不会马上影响其使用性能，而只是使有关参数有所变化，但仍在合格范围内。而随着时间的推移，ESD 再度发生，最终将导致元器件彻底失效或设备报废。所以这种软损伤在初期是极难发现的。

(3) 元器件失效的原因很多，分析也很复杂，一般要由专门的机构使用较高级的仪器和技术才能做出，否则就很难把静电损伤与其他瞬变过程的过电压造成的损伤区别开来。而一般单位不具备这种分析手段，所以人们很容易把静电损伤错误地归因于其他损伤，从而掩盖了 ESD 的损害。

(4) 有人片面地认为，现在很多静电敏感器件及静敏器件的印制线路板(PWB)在制造阶段已由厂家设计加装了 ESD 保护电路，似乎这样一来元器件就绝对安全了。然而实际上这种保护作用因受大电压和脉冲宽度限制，是十分有限的，如在使用过程中不注意防护仍会发生静电损伤。

鉴于以上情况，更有必要提高对电子产品 ESD 危害的认识，并掌握一些基本防护知识。

6.1　电子产品的静电危害形式和机理

物体带电后之所以会引发一系列生产障碍和危害，主要是基于带电体表现出的两种物理效应——力学效应和放电效应，为此可把电子产品的静电危害也分为相应的两大类。

6.1.1　由静电力的吸引或排斥引起的危害

带电体会吸引或排斥微小物体的现象叫静电的力学效应。理论计算表明：静电力力密度(带电体每单位面积上所能施加的静电力)最大约为 4 N/m²，此力很小，仅相当于磁力的万分之一。但对于粒径在 135 μm 以下的小尺寸物体，静电力约为质量力的十倍以上，从而成为支配物体运动的主要动力，导致带电体对小尺寸物体的吸附或排斥。

在电子工业中，典型的危害就是半导体芯片对浮游尘埃的吸附。在半导体材料元器件制造中，广泛使用高分子材料或无机材料制作的设施和器具，因其高绝缘性在生产过程中可积累很强的静电。表 6.1 是对半导体芯片制造工序中各种物质所带静电的实测结果。

表 6.1　半导体芯片制造工序中各种物质所带静电的实测结果

带电物体名称	静电电位/kV	带电物体名称	静电电位/kV
芯片	5.0	工作台表面	10.0
芯片载体(塑料盒)	35.0	空气过滤器上覆盖的耐热有机玻璃盖板	80.0
石英盘架	15.0	工作服	10.0

另一方面，在芯片制造的每个工序几乎都会有粉尘产生，如从人体的衣装上落下的毛发、纤维屑，晶片从一载体传送到另一载体或塑料盒打开或关闭时都会产生粉尘。这些粉尘受静电力作用被吸附在芯片或载体上面会形成各种危害。如光刻工艺中，被吸附在芯片或防护罩上的粉尘在曝光时会引起管芯图形的失效；在外延工艺中，被吸附在芯片表面的粉尘会造成晶体结构的错位和不良晶体的生长；在 MOS 器件栅极氧化工艺中，被吸附在栅氧化膜的粉尘可能破坏由硅和氧原子形成的玻璃多晶体的形态，从而影响元器件成晶率和工作可靠性。因此为了防止静电吸附，上述工艺必须在洁净或超洁净室内进行。

6.1.2　由静电放电引起的危害(ESD 危害)

在第 2 章已详细讨论了静电放电，已经知道 ESD 过程是一种强电场、瞬态大电流、宽频带电磁辐射(多数情况下也是一种高电压)的过程，不仅会产生热效应，还会形成频带很宽的电磁干扰(几百千赫兹至几千兆赫兹)。基于此，又可将 ESD 危害分为击穿损害和电磁干扰损害。

1. ESD 对元器件的击穿损害

1) 静电硬击穿

静电硬击穿是指 ESD 造成元器件自身短路或开路，导致一个或多个电参数完全不合格，使其一次性失去工作能力的损害，又称突发性完全失效。

2）静电软击穿

静电软击穿是指当ESD能量较小时，一次放电脉冲尚不足以使元器件完全失效，而只是在内部造成轻微损伤且具有可累加性，随着放电次数增加，最终导致元器件电参数完全劣化，从而丧失工作能力，又称潜在性缓慢失效。

统计表明，在ESD对元器件的击穿损害中，软击穿约占90%。由于软击穿具有很大的时间延迟性、随机性和不可预测性，因此比硬击穿更为有害。

2. 元器件ESD损害机理

1）电压型损害

带有静电高压的物体通过元器件的管脚或引线进行放电时，会导致器件受到电压型损害。其类型有以下几种。

(1) 栅氧穿通。ESD引起的MOS晶体管和MOS电容器的主要损伤机理是栅氧化层击穿。当加在栅氧化层上的静电电压超过SiO_2介质击穿电压时就会发生栅穿失效。一旦发生栅击穿，当存在足够大的静电能量时，击穿点将出现短路，如果栅氧化层上存在针孔或氧化层不均匀等工艺缺陷，击穿将发生在缺陷处。

(2) 集成电路多层布线层间介质击穿。为了提高集成电路的容量，集成电路一般采用多层布线，层与层之间由绝缘介质所分隔。当带静电高压的物体通过器件放电时，静电高压可能使层间介质击穿，造成层间短路或断路，导致器件失效。

(3) 由于静电高压的感应使相邻铝条间放电。当集成电路的输入端与铝条之间较近或相邻铝条相距较近时，从输入端进入的ESD脉冲电压会感应到邻近的铝条上，使铝电极与铝条之间发生放电，造成短路或开路。

(4) 多晶电阻与铝条间的介质击穿。多晶硅工艺的多晶电阻条是埋在氧化层内部的，且此氧化层又相当薄。同时，多晶电阻条上又常有跨越的铝金属线。当器件输入端引入的ESD脉冲电压通过铝条时就有可能导致其下部的多晶电阻的氧化层介质发生击穿而短路。

(5) 当器件芯片表面存在间距很小、表面又无钝化保护的金属化条(如铝条)时，引入器件的ESD脉冲电压还可能会使铝条之间发生电弧放电，这种放电能使金属汽化并常常使金属离开电极。

2）电流型(功率型)损害

发生在元器件上的ESD在时间和空间上的高度集中性，使脉冲放电电流瞬态功率可以达到很大的数值。芯片在强电流作用下发生高温熔蚀或部分阻值状态改变，这也是ESD使元器件受损的重要机理，称为功率型(电流型)损害。典型情况如下：

(1) ESD电流引起的局部过热使集成电路中的铝条熔化而开路，或由于熔融的铝造成连线间搭接。

(2) ESD电流引起局部过热，使PN结熔融，导致结的反向漏电流增大以致短路，或ESD能量不足以使PN结熔融而使PN结由于过热导致特性蜕化而失效。

(3) ESD电流引起的过热使薄膜电阻熔断或使阻值变化而失效。

ESD对电子元器件的击穿损害对电子、通信产业带来的影响是十分巨大的。日本NEC公司对集成电路(IC)损坏的原因分析表明：线性损坏中有12%由ESD造成，COMS器件的损坏中由ESD造成的比例为78%，系由ESD击穿造成，占故障原因的首位。国内(如陕西省)基本大型电子军工企业各类IC因ESD击穿造成的损坏率达30%～40%。20世纪90年代，国际电子防护操作协会在一份报告中指出：就全世界而言，ESD给电子行业造成的损失每年达一百多亿美元。也有资料报道，仅美国电子行业每年因ESD造成的损失即达百亿美元。

3. ESD对电子产品的电磁干扰损害

在ESD过程中产生的电磁辐射形成的静电电磁脉冲(Electrostatic Discharge/Electromagnetic Pule，ESD/EMP)干扰其频带从数百千赫兹到数千兆赫兹，幅值高达几十毫伏。这种干扰可以通过多种途径耦合到电子计算机、通信设备及其他电子设备的低电平数字电路中，导致电路电平发生翻转效应，出现误动作，还可能造成设备仪器间歇式干扰或失效、信息丢失或功能暂时遭到破坏。这些干扰性损害一般对硬件无明显损伤，一旦ESD结束干扰即停止，仪器、设备的工作可能恢复正常，但这些潜在损伤在以后的工作过程中随时可能因ESD或某些其他原因使设备过载并最终引起致命失效，且这种失效无规律可循。

ESD对电子产品电磁干扰损害最典型的是对电子计算机的危害。众所周知，电子计算机的运算装置的运算符号由"0"和"1"构成，运算时超过某个标准电压的信号用"1"表示，反之为"0"。但当发生ESD时，ESD/EMP的干扰信号叠加到其上时就会破坏上述的运算规律，运算结果本应为"1"却可能变成"0"，或者相反。这样计算机就会发出错误的信息或指令，这就是误动作。

计算机在工作时存在多种产生、积累静电的因素。如计算机内部一般采用空气强制冷却系统，当循环空气与构件、机体摩擦时将产生静电；计算机工作时各种介质与设备摩擦或磁盘驱动器高速转动时与空气摩擦也会产生静电；人员操作键盘或与台面接触、摩擦都会产生静电；还有外部偶发的ESD过程，常会成为干扰计算机的主因。

当静电积累较高发生ESD时，ESD/EMP就会通过接口电缆、终端电源线等辐射耦合到计算机内部而引起各种故障。具体故障形式又分为程序运行故障、输入输出故障、数据存储故障等三种。程序运行故障是指ESD/EMP能量造成微处理器中寄存器的内容发生变化或程序指令变化，导致程序进入死循环；输入/输出故障是指ESD/EMP尖峰干扰使计算机输入或输出瞬态错误信号，造成错误信息，在系统内或通过互联网进行传递；数据存储故障是指ESD/EMP的干扰造成存储数据发生变化，并在多种情况下经过一段时间后才显现出来，进而影响系统正常工作。

此外，ESD/EMP对其他电子产品的危害也很严重。如对通信设备的危害表现为：ESD/EMP会使信号进入发射机或接收机后产生干扰信号或杂音，从而降低通信质量或引起信息误码；ESD/EMP对IC卡的危害表现为能使卡的磁性变化或消失，导致卡内信息变化或丢失；ESD/EMP对测量仪器、仪表的危害表现为使仪表零点发生漂移或引入错误信号；有关ESD/EMP导致自动售货机、自动取款机、电子秤甚至电子游戏机发生误码动作的报道也时有耳闻。1987年6月9日，在美国肯尼迪航天中心火箭发射场上，雷雨来临之际，一声雷响过后，一枚火箭自动点火升空而去。再如，在日本曾不止一次出现机器人"发疯"而杀人之事。在苏联，国际象棋大师古德科夫与机器人对弈时，机械人在连输三盘后，突然对金属棋盘放电，将古德科夫击倒在地。其实这些小型火箭、机器人之所以出现反常现象都是由于其内部极为灵敏的计算机受到外界静电放电的电磁干扰而产生的误动作。

在当今这样一个从家用电器到人造卫星、航天飞行器都广泛应用电子计算机、通信设备和自动化仪表的时代，由 ESD 引发的故障和误动作将会带来多么严重的后果是不可想象的。例如，1971 年 11 月西方国家在发射欧罗巴 2 号运载火箭时，在 27 km 高空出现状态失控，约 1～2 分钟后，一、二级火箭自毁，发射失败。事后故障分析和模拟实验表明，火箭头部遥测仪器的电缆屏蔽套与地线间发生了静电放电，所形成的 ESD/EMP 进入与屏蔽套相连的制导计算机中，使计算机发生误操作而导致火箭飞行姿态失控。

6.2　ESD 形成条件的分析

ESD 危害与其他静电危害形成的基本条件是一样的，即环境中已出现 ESD 源，环境中存在着对 ESD 敏感的元器件(或电子整机、系统)，危险的 ESD 源放电时能将能量耦合到敏感元器件上且放电量超过元器件的静电损伤阈值。以下就这三个条件进行分析。

6.2.1　静电敏感元器件

众所周知，集成电路的发展经历了从小规模 IC(SSI)→中规模 IC(MSI) →大规模 IC (LSI) →超大规模 IC (VLSI) →特大规模 IC(ULSI) →巨大规模 IC (GLSI)的过程。规模大小通常是按每个芯片上所含门数或元件数来划分的。如对于 GLSI，其概念就是每块芯片上连线的线宽越来越细微化，美国 IBM 公司研制的 1 GB DRAM(动态存储器)可在一块芯片上集成 10 多亿个元器件，而线宽仅为 0.1～0.2 μm，至 2015 年 IBM 公司已研制首个 7 nm工艺节点的测试芯片，该芯片包含 200 亿个元器件。这种细微结构使得器件内部的连线极细，氧化层极薄，功耗极小，从而使元器件对 ESD 的承受能力降低，在制造和使用过程中极易因 ESD 而引起损伤。这些元器件称为静电敏感器件(Static Sensitive Device, SSD)。

1. 静电敏感度

静电敏感度(静电感度、器件静电损伤阈值)是表征器件对 ESD 承受能力大小的量，它是指器件所能承受的最大静电放电电压值，单位是 V。

各种器件的静电敏感度与器件的尺寸、结构及材料都有关系，同时也与规定的测试方法有关。同一器件用不同的试验方法所得到的静电敏感电压值是不同的。因为不同的试验方法规定的试验电路的充电电压、电容、放电时间常数等参数是不同的，除此之外，外加脉冲数、脉冲间隔、被试器件引线的组合方式等外部条件也不同。所以在谈到器件静电敏感度时，必须明确它是依据哪一种试验方法的标准测出的。目前，国内对器件敏感度的确定一般按照国家军用标准《GJB1649－93 电子产品防静电放电控制大纲》附录 A“静电放电敏感度分级试验”规定的方法进行。一些国家也都有各自的试验方法或标准。表 6.2 是若干静电放电试验方法的标准，这些标准都属于目前广泛采用的人体模型试验法。还应注意的是：用一定试验方法确定的器件静电敏感度因与实用条件有一定差异，所以都是用一个比较大的范围给出的，只能供实用时参考，并不具有绝对意义。

表 6.2　器件静电敏感的试验方法标准

标准号	试验条件			
	C/pF	R/kΩ	U/V	外加脉冲次数
IEC47(CO)955	100	1.5	① 2000 ② 500	5
MIL-STD-883B 方法 3015.1	100	1.5	① 20～2000 ② <2000	5
DOD-STD-1686	100	1.5	0～5000	
BS9400	100	10.0	500	

2. 静电敏感元器件(SSD)的分级

根据 SSD 静电敏感电压值的大小可将其分为若干级。《GJB1649－93 电子产品防静电放电控制大纲》规定：凡静电敏感度在 0～1999 V 的 SSD 为 1 级敏感器件；静电敏感度在 2000～3999 V 的 SSD 为 2 级敏感器件；静电敏感度在 4000～15 999 V 的 SSD 为 3 级敏感器件；静电敏感度为 16 000 V 或 16 000 V 以上的元器件、组件和设备被认为是非静电敏感产品。表 6.3 是按元器件类型列出的 SSD 的分级表。

表 6.3　SSD 的分级表

级别和静电敏感度的范围	元器件类型
1 级，静电敏感度范围 0～1999 V	微波器件(肖特基势垒二极管、点接触二极管、其他检波二极管) 离散型 MOSFET 器件 表面声波(SAW)器件 结型场效应晶体管(JFET) 电荷耦合器件(CCD) 精密稳压二极管(加载电压稳定度<0.5%) 运算放大器(OP Amp) 薄膜电阻器 集成电路(IC) 使用 1 级元器件的混合电路 可控硅整流器(SCR)(100℃时，I_D<0.175 A)
2 级，静电敏感度范围 2000～3999 V	由试验数据确定为 2 级的元器件和微电路 离散型 MOSFET 器件 结型场效应晶体管(JFET) 运算放大器(OP Amp) 集成电路(IC) 超高速集成电路(UHSIC) 精密电阻网络(RZ) 使用 2 级元器件的混合电路 低功率双极型晶体管(P_T<100 mW，I_c<100 mA)

续表

级别和静电敏感度的范围	元器件类型
3 级，静电敏感度范围 4000～15 999 V	由试验数据确定为 3 级的元器件和微电路 离散型 MOSFET 器件 运算放大器(OP Amp) 超高速集成电路(UHSIC) 所有不包含在 1 级或 2 级中的其他微电路 小信号二极管(功率小于 1 W 或 I_D<1 A) 硅整流器 可控硅整流器(I_D>0.175 A) 低功率双极型晶体管(100 mW<P_T<350 mW，100 mA<I_c<400 mA) 光电器件(LED、光晶体管、光耦合器) 使用 3 级元器件的混合电路 压电晶体

6.2.2　ESD 源

在微电子元器件、组件、电子整机生产制造和使用过程中，存在着众多 ESD 源，归纳起来有以下四类。

1. 生产车间和工作场所建筑装饰材料的带电

生产集成电路的洁净车间以及一般电子产品的装联、总装车间由于工艺的要求，常采用无机或有机的不发尘材料制作地坪、墙壁贴面或天花板等，这些材料的高绝缘性使其极易积累静电，成为危险的 ESD 源。计算机房、自动电话程控交换机房、微波通信站机房、地面卫星接收站机房、一些集中监控室、精密电子实验室、电视台或电台的测控室等情况也大体如此。

2. 被加工对象或加工设备的带电

元器件、印制板、半成品直至成品等被加工对象，其封装、包装或外壳材料一般采用高绝缘的陶瓷或工程塑料制作；而各种加工机械、设备、工具、器具如塑料贴面的工作台，塑料制作的元件箱、包装袋、印制板、插件箱等也属高绝缘材料。由于被加工对象与这些设备、器具之间在加工过程中不可避免地要发生频繁的接触—分离和摩擦作用，因此两者都会带电成为危险的 ESD 源。

3. 人体带电

人作为生产和工作的主体，活动范围广，活动频度高，需频繁接触或接近元器件、电子整机等，是主要的 ESD 源，特别当人穿着化纤衣装和绝缘底鞋时，更使带电加剧，人作为导体在静电场中会感应起电，其衣装会因极化而带电。

4. 空调、空气净化和低湿度环境引起的静电

当较干燥的空气经过滤器和风管进入洁净室、机房或其他工作间时，由于相互摩擦而产生静电。实验表明：当送风口处静电压为500 V时，风口处静电压可增大1倍，达1000 V以上。在芯片生产过程中，工艺所要求的低湿度以及晶片的高温烘烤工艺都会使晶片和载体表面带电加剧。表6.4给出了电子产品生产场所中典型的ESD源的具体情况。

表6.4　电子产品生产场所中典型的ESD源

物体或工艺	材料或活动
工作表面	封腊、涂漆或浸漆表面 普通乙烯树脂或塑料
地板	密封用混凝土 打蜡抛光木板 普通乙烯树脂基砖或薄板
工作服	普通洁净室工作服 普通合成料服装 非导电工作鞋 纯棉工作服(当RH<30%时，洁净棉制品被认为是静电源)
包装和操作	普通塑料口袋、罩、封皮、胶带 普通泡沫容器、泡沫材料 普通塑料托盘、塑料转运盒、塑料瓶、元件存储器 拉伸和收缩薄膜包装操作
组装、清洗、测试和维修区	喷雾清洗器 普通塑料焊料吸管 带有不接地焊头的烙铁 溶剂刷子(人造硬毛) 用液化或蒸发来清洗或干燥 烘箱 低温喷雾 热喷雾枪或热吹风机 喷砂 静电复印机 阴极射线管(示波器或显示器)

6.2.3　ESD源与静电敏感元器件或设备的耦合途径

即使静电敏感元器件(SSD)处于ESD源发生放电的危险环境中，但若ESD源与SSD或设备之间无耦合通道，也不会形成危害。事实上存在着多种ESD源与SSD或设备的耦合方式，大体上分为传导耦合和辐射耦合。

1. 传导耦合

这种耦合一般要求ESD源与SSD或设备之间有完整的电路连接，又分为以下三种情况：

(1) ESD 源与 SSD 或设备之间经由公共电源或公共地线回路而导致的 ESD 能量直耦合。当两个电路共电源或共地时，两电路之间就有共电源阻抗或共地回路阻抗，即公共阻抗。这时当一个电路中的电流流经公共阻抗时就会在另一个电路中形成反馈电压，进而影响该回路负载，造成干扰。

(2) ESD 源与 SSD 或设备之间通过电容(包括分布电容)或电感耦合。当两个回路距离很近时，即使未直接连接，但由于它们之间存在分布电容或电感，所以仍可通过电容耦合或电感耦合传输 ESD 能量。举例来说，如将电设备放在有缝隙的金属屏蔽盒内，则当附近物体(如人体)发生 ESD 时，由于缝隙和电容耦合将导致一部分放电电流直接流过电容内部造成损害。若是无缝隙的封闭屏蔽体，由于屏蔽体存在接地引线形成电感，因此当附近发生 ESD 时也会导致内部电路电位升高，造成危害。

2. 辐射耦合

如电子设备被封闭在完全封闭的金属壳体(机壳)中，则 ESD 的电磁能量(电磁波)首先辐射到机壳外表面，由于趋肤效应而引起部分电磁场穿透，使 ESD 能量耦合到系统内部，再通过电缆或管脚进一步引入到敏感元件上。趋肤效应是指当高频电磁波传播到导体表面时，电磁波与导体中的自由电荷作用而引起高频电流，该电流的存在使一部分电磁波透入导体内，形成随浓度按指数规律衰减的电磁波，导体电导率越大，趋肤效应越明显。

实际上许多 SSD 包装套或电子设备的机壳不是完全封闭的，而是有一些小孔和缝隙。因为 ESD 辐射实际上是传播的电磁波，按惠更斯-菲涅尔原理，当 ESD 辐射到达孔洞或缝隙时，它们就被激励成了新的辐射源，并在壳体内产生电磁场而进入元器件内造成干扰。

电路板上的导体或导线以及元器件的管脚本身就相当于接收天线，这些为 ESD 电磁能量耦合提供了重要的途径。

6.3　电子产品静电防护概论

“静电防护”这个概念在第 5 章论述防止静电引燃引爆灾害时已出现过，现在结合电子产品的静电防护对其加以较全面的说明。

一般说来，静电防护可以分为两个方面和三个目的。两个方面是指安全防护和产品防护，对不同行业有不同的侧重点。例如，对于火工、化工、采矿、粉体加工等易发生燃爆灾害的行业，以安全防护为主；对于电子、通信行业，大量发生的是静电放电对电子元器件的击穿损害和对电子、通信设备的电磁干扰，以产品防护为主。三个目的是：保证人员和生产场所的安全，防止火灾与爆炸；提高工艺成品率；确保产品、成品的可靠性。对于电子产品的静电防护显然以后两个目的为主。另外，从静电危害的两类形式来看，静电防护又可分为对力学效应引起危害的防护和对电效应引起危害的防护，对于电子产品而言，以后者为主，所以有时也把电子产品的静电防护称为 ESD 防护。

6.3.1　电子产品的环境安全电位

如前所述，电子产品的主要静电危害形式是 ESD 对元器件的击穿并进而导致电子整机性能下降或失效；另一种则是 ESD 对电子产品的电磁干扰损害。由此可见，对电子产品进行静电防护的根本目的应是通过各种手段控制ESD。控制ESD有两方面的含义：一是尽量避免ESD的发生；二是如不能避免发生，则应将其放电能量降至所有静电敏感元器件的损坏阈值以下。所谓损坏阈值是指能够使元器件发生ESD损坏所需的最小能量。

在生产中要判断ESD在什么情况下会对元器件造成损坏，什么情况下不会，需要解决两方面的问题：一是测量以能量表征的元器件的损坏阈值W_{min}；二是确定在现场工艺条件下可能出现的最大静电放电能量W_{max}。然后将二者加以比较，如果后者比前者小很多，则现场工艺对静电而言是安全的；否则，就有发生ESD损害的可能。但现场条件下带电体(ESD源)的放电能量的测量是相当困难的，所以比较实用的方法是根据ESD源放电前的带电情况(如所带静电的静电位)进行判断。但应注意，这种判断方法对带电导体和绝缘体是不同的。

在第2章已指出导体放电时能量是一次性完全释放，且是按$W=\frac{1}{2}CU^2$计算，式中C和U分别是导体的电容和静电电位。将此能量与元器件的W_{min}相比较，即要求$W=\frac{1}{2}CU^2\leqslant W_{min}$，由此可推算出带电导体发生放电时不致使器件损害的安全电位为

$$U_k\leqslant\sqrt{\frac{2W_{min}}{\alpha C}} \tag{6.1}$$

式中，α为恒大于1的安全系数。

对于带电的绝缘体，由于其放电具有明显的脉冲性质，且每次释放的能量又是随机的，所以不可能找出一个像导体那样的确定安全电位的公式。由于在电子产品的生产和使用环境中，绝大多数的带电体(ESD源)都是绝缘体，所以使得这个问题更复杂。根据国内外电子、通信行业静电防护的长期实践经验，目前一般把不致引起所有静电敏感元器件发生ESD击穿损害和不致引起所有电子、通信设备发生明显电磁干扰的环境安全电位定为100 V。也就是说，在进行ESD防护设计时，必须保证环境静电位在任何情况下都低于100 V。考虑到ESD导致电子产品损害的机理既有电压效应又有能量效应，但相比较而言，电压效应更突出，危害条件的存在更普遍，所以用环境安全电位作为评估ESD危害的指标更有实际意义。

6.3.2 电子产品ESD防护原理

前已述及，电子产品ESD防护的根本目的是要控制ESD，而要做到这一点，归根结底仍是减小物体上静电积累量，削弱带电体激发的电场强度。根据第3章关于静电起电及其流散、积累规律的讨论，做到如下的五条即可达到减小静电积累量的目的，也就是说可以提出如下五条ESD防护的基本原理。

1. 减小静电的产生量

在电子产品生产或使用过程中，适当选择参与接触、摩擦的材料(如选用在静电起电系列中相距较近的材料)，改变工艺条件(如控制运行速度、减小接触压力)都可减小带电体上静电荷的积累量。

2. 加快静电的泄漏

泄漏是静电流散的重要途径，加快静电泄漏也就是加快静电的流散，从而减小带电体

上的静电量。应当注意，对带电导体和绝缘体加快泄漏的方法是不同的：对带电导体，可采用接地的方法导走其静电；而对于绝缘体，则只能设法降低其表面或体积电阻率，使电荷在物体上容易分散并进而泄漏。

3. 创造使静电得以被中和的条件

中和也是静电流散的重要途径。通常的自然中和量太小，不足以有效地减小物体上静电荷的积累量。所以必须采用人为的方法(利用高压电场或放射性射线)使空气局部高度电离，所产生的大量带电离子就能较快地中和掉带电体上的异号电荷。

4. 屏蔽

采用静电屏蔽材料制作的容器盛放静电敏感元器件(SSD)，由于外部带电体激发的电场被阻隔在屏蔽容器之外，切断了 ESD 源与敏感元器件的耦合通道，这样就保护了敏感元器件免受 ESD 损害。但必须指出，由于 ESD 能量与 SSD 的耦合途径除传导耦合外还有辐射耦合，因此这里所说的屏蔽不仅包括对静电场的屏蔽，也包括阻断电磁场辐射的电磁屏蔽。也就是说，传统意义上的静电屏蔽只能阻隔静电场对静电敏感元器件的耦合，而不能阻隔 ESD/EMP 对静电敏感元器件的辐射耦合。

5. 整平

应尽可能使带电体及周围物体的表面保持平滑和洁净，以减小尖端放电的可能性。

6.3.3　电子产品 ESD 防护方法的分类

在 6.2 节中已知要形成 ESD 对电子产品的危害，必须同时具备三个条件，即：环境中已出现危险的 ESD 源；环境中存在着对静电放电敏感的元器件；ESD 源具备放电条件并能将能量耦合到元器件上。只要破坏这三个条件之中的一个就能防止静电危害，因此，相应地就有三种方法：通过合理化设计提高元器件、组件、整机本身承受 ESD 的能力；通过环境控制阻止 ESD 源发生危险的放电；采取措施切断 ESD 源与元器件、整机的耦合通道。后两种方法实际上都和构建一个能够防止 ESD 危害的电子产品生产的环境有关，所以这三种方法可归结为两大类：一是实施电子产品的 ESD 防护设计，二是构建电子产品的 ESD 防护环境。

电子产品的 ESD 防护设计是通过改进敏感元器件、组件和整机系统的设计，来提高产品自身对于 ESD 的防护能力，使产品在外部使用环境可能存在某些不可避免的静电放电危害时仍能稳定地工作。实施 ESD 防护设计的基本方法是加装保护电路，但这种方法有很大的局限性，表现在以下几个方面：首先，任何保护电路的保护范围都受最大电压和脉冲宽度的限制，如超过这一限制，ESD 仍可使元器件受到击穿，并可能损害保护电路本身，进而更大程度地引起元器件功能的退化；其次，在芯片上加装保护电路受到诸如尺寸、成本、技术等方面的制约，因为要制造能通过大电流的二极管和大功率电阻及截面较大的铝条，不但技术上困难而且成本也很高；另外，保护电路往往会对元器件产生许多副作用，如增大电路噪声、降低电路增益等，使元器件的正常使用和功能受到影响。

鉴于此，电子产品的 ESD 防护应重点采用第二类方法，即构建电子产品的 ESD 防护环境，实行电子产品的静电防护操作，使敏感元器件、组件、电子整机在生产加工和使用过程中能始终处于无 ESD 威胁的环境之中。显然，这类方法的根本目的是控制 ESD，而要控制 ESD，就是要减小物体上静电荷的积累水平，其所依据的基本原理也已在上面论述过。在以后各节中将阐述基于这些原理的各项具体措施，如防静电制品的应用、离子风消电器的应用、建立静电接地系统等。

6.3.4　电子产品 ESD 防护的特点

电子产品的 ESD 防护有下列特点：

(1) 需要对产品工作寿命的全过程进行防护。

(2) 需从设计开始，到加工、制造、使用、维护的所有环节上对产品进行防护。

(3) 需要从组件或设备中对静电危害最敏感的部件来确定应有的防护水平。

(4) 需要由所有相关人员共同参与实施防护措施，包括硬件和软件两方面的措施。

国家军用标准《GJB1649—93 电子产品静电放电控制大纲》系等效采用美国军用标准 MIL-STD-1686B(1988)编制，它比较充分地表达了电子产品静电防护的特点，并且对包括民用电子产品在内的所有电子产品的静电防护均具有指导意义。该标准对电子产品静电防护要求的整体性规定如表 6.5 所示。顺便指出，GJB1649 的原文版本已于 1992 年改为 MIL-STD-1686C发布，但对这个表格未加调整和修改，说明标准中的这部分内容仍然反映电子产品科技发展水平的要求。

表 6.5　静电放电(ESD)控制大纲要求

要素 / 职能部门	控制大纲计划	敏感度分级	设计保护(不包括零件保护)	保护区	操作程序	保护罩	培训	硬件标记	文件	包装	质量保证规定检查和评审	失效分析
设计	√	√	√	√	√	—	√	√	√	√	√	√
生产	√	—	—	√	√	√	√	√	√	√	√	√
检查和试验	√	—	—	√	√	√	√	√	√	√	√	√
储存和运输	√	—	—	√	√	√	√	√	√	√	√	—
安装	√	—	—	√	√	√	√	√	√	√	√	—
维护和修理	√	—	—	√	√	√	√	√	√	√	√	√

注：“√”表示考虑，“—”表示不考虑。

表 6.5 给出了电子产品静电放电各控制要素和相关职能部门的关系。所列出的各相关职能部门包括产品的设计、生产、检查和试验、储存和运输、安装、维护和修理(参见表中最左边的竖列)。所列出的控制要素包括静电放电的控制大纲计划、敏感度分级、设计保护、保护区、操作程序、保护罩、培训、硬件标记、文件、包装、质量保证规定检查和评审、失效分析等(参见表头各栏)。

在“职能部门”与“要素”的各个交叉点，凡带有“√”者表示必须作为必要因素由相应的职能部门给予考虑。例如，表 6.5 中左数第 2 列中均为“√”标记，说明各相关职能部门都必须考虑“控制大纲计划”的建立与实施；表 6.5 左数第 4 列中，只有“设计”部门标记为“√”，其余全是“—”，说明产品的设计保护问题只由设计部门负责。

6.4　电子产品 ESD 防护设计

根据前述对 ESD 危害形成条件的分析可知，防止 ESD 危害的方法可归结为两大类，即实施电子产品的 ESD 防护设计和构建电子产品的 ESD 防护环境。

电子产品的 ESD 防护设计包括电子元器件的防护设计、印制板组件的防护设计、电子整机与系统的防护设计。这项工作涉及比较专业的知识，下面仅作简单介绍。

6.4.1　电子元器件的 ESD 防护设计

任何电子整机或系统都是由元器件组成的，所以元器件的 ESD 防护设计是组件和整机防护设计的基础。这些元器件包括逻辑电路、模拟电路、运算放大器、电阻网络等。

在所有 SSD 中，CMOS(互补对称型金属氧化物半导体)器件是静电敏感性最强的，也是最具代表性的微电子产品。因其工作电流很小，从而消耗功率也很小，所以在大规模集成电路中应用很多。CMOS 电路的基本结构是将两个 MOS 晶体管制作在同一个硅片上，然后再把它们的两个栅极连接在一起作为输入端，漏极连接在一起作为输出端。由于 MOS 管的栅极与沟道之间隔有一层极薄的 SiO_2 薄层(典型厚度为 100 nm)，其理论击穿电压仅为 100 V，所以 CMOS 的输入端很易被静电击穿，加之输入端电阻很高，输入电容很小，所以在输入端极易形成静电荷的大量积累(输入端电阻高)，并建立起相当高的静电压(因输入电容很小)。如果建立起的这个静电压值超过了 SiO_2 薄膜的承受能力，就可能造成硬击穿，使电路造成永久性损伤。因此对 CMOS 电路的 ESD 防护设计重点是降低输入端出现的破坏性电压，即对输入端保护电路的基本要求是把可能出现的破坏性电压的幅度限制在栅氧化层所能承受的范围内。

为达到此目的，一般在 CMOS 的输入端串联电阻，阻值取 1.5～2.5 kΩ，它和 CMOS 器件的等效电容 C(一般为 4 pF)组成 RC 串联回路，其放电时间常数 $\tau = RC \approx 10\,\text{ns}$。根据静电流散规律可知，这个放电时间的存在一方面可使输入端出现的感应电压延迟一段时间后才作用到 MOS 管的栅极上，另一方面经过一段时间也可以使感应电压的有效幅度受到一定衰减。若感应电压脉冲持续时间小于 τ，则 MOS 栅极上受到的有效电压将远小于外界感应电压幅度，从而可旁路掉一部分 ESD 能量，同时放电电流经电阻 R 时也会形成一定压降，从而也起到减小栅极承受电压的作用。总之可以简单地认为电阻的作用是限制 ESD 电流，同时延迟感应电压作用到栅极上的时间并衰减其有效幅度，而二极管则由于其反向击穿性可旁路部分 ESD 能量。

6.4.2　印制板组件的 ESD 防护设计

印刷线路板(PWB)是最主要的电子产品组件，它是利用薄的导电线条，在各工序通过各种方法将电路布线图形复制在绝缘基板内部的一种电路，分单面板、双面板和用于复杂线路的多层板。以下从三个方面介绍印制板组件的 ESD 防护设计。

1. 元器件的选择与控制

印制板的 ESD 防护设计首先是应尽可能选用自身带有 ESD 保护电路的 SSD，特别是

CMOS电路。也就是说，在满足组件功能要求的前提下，应尽量选用静电敏感电压阈值高的元器件，因为印制板组件的静电敏感电压值取决于该组件内静电敏感电压值最低的元器件。除实施正确的选型外，对于敏感元器件的控制技术也很重要。在每批印制板组件装联之前，对敏感元器件特别是决定组件ESD防护能力的关键元器件，应采取质量抽查控制，以保证其静电敏感电压值在设计的要求之内。

2. ESD防护设计的措施

(1) 在印制板上加装瞬态抑制器，以使危险的过电压到达敏感元器件之前就被阻止。

(2) 对敏感的元器件设置专门的局部屏蔽，如屏蔽片或屏蔽罩。

(3) 尽量采用双面或多层印制板。相对于单面板，双面板和多层板不仅有一定的屏蔽效果，而且也减少了操作人员与敏感元器件管脚触碰的可能性。

(4) 应避免已装联到印制板线路上的CMOS器件的输入端被悬空；同时MOS器件所有不用的多余输入引线也不能悬空；避免把元器件的引线通到印刷板的边缘、连接器或其他人体可能触及的点。

3. 采取防止高频辐射的设计措施

作为整机系统一部分的印制板组件，其功能一方面会受到来自系统工作时发生的高频电磁辐射的影响；另一方面若有ESD发生，则因ESD总是伴随着电磁干扰辐射，所以也会对组件工作产生影响。实践表明，电子整机系统中靠近印制板组件的一些金属构件、面板、紧固装置等一旦发生ESD，总是伴随着宽频带电磁干扰辐射，很容易对印制板产生电磁干扰。所以，印制板ESD防护设计必须考虑防电磁干扰的要求。为此，可采取如下一些措施：

(1) 在可能的情况下尽量采用多层板。

(2) 加设一个边界防护环，使电子整机的面板、紧固装置等金属构件适当接地。

(3) 采用接地栅网或等电位接地平面，使信号系统对地及电源对地的路径减至最短，以最大限度地减小接地电阻，从而快速泄漏掉静电荷。

6.4.3 电子整机与系统的ESD防护设计

对电子整机或系统来说，比较有效的ESD防护方法是采用法拉第筒或笼将整机或系统予以屏蔽，但这将受到成本和本身工作条件的限制。为此可以采取一些局部的措施改善设备的ESD防护能力：

(1) 将所有电缆予以屏蔽，尽量减小其长度。

(2) 尽量减小面板和固紧装置上的机械开口以及孔、缝等。

(3) 使所有暴露的元器件和金属构件接地。

(4) 利用导电衬或类似的零件密封门和面板上的开口。

(5) 前面板上的安装零件尽量使用凹式的，以减少静电放电的可能性。

(6) 在设备上提供接地腕带的接头，以方便操作人员接地使用。

(7) 接口电路尽量采用对静电放电不敏感的元器件。

(8) 与静电放电敏感电路连接的设备外接连接器应采用静电放电保护帽或盖结构。

(9) 安装印制线路板组件的面板应采用金属制成件并接地，其上的连接端子应为凹式的。

(10) 机内元器件和组件的布置应使静电放电敏感元器件远离能产生静电场的部件，如排风扇等。

(11) 静电放电敏感产品应设置与大地或大系统金属外壳相连接的接地端子。

(12) 当设计中含有键盘、控制板、手动控制器或锁键系统时，应做到能使操作人员的人体静电荷直接释放到接地机壳，而使敏感元器件被旁路。此外，还可以考虑采用边界保护环、局部屏蔽等。

6.4.4　构建电子产品的 ESD 防护环境

此种方法的根本目的是控制 ESD，具体实施手段一是尽量避免环境中 ESD 的发生，二是如不能避免其发生则应使其能量降至所有 SSD 的损坏阈值以下。目前，一般把不致引起所有 SSD 发生 ESD 击穿损害或不致引起所有电子、通信设备发生明显电磁干扰的环境安全电位定为 100 V，也就是说在构建电子产品的 ESD 防护环境时，必须保证环境、任何物体的静电电位都要低于 100 V。但这只是一个参考数据。

构建电子产品的 ESD 防护环境的具体措施如下：

(1) 采用各种防静电器材。

构建电子产品的 ESD 防护环境有很多具体措施，其中最主要的是在电子产品的加工制造和使用过程中采用各种静电防护器材，以使人体、工装、设备等的带电减低到电子产品的 ESD 损坏阈值以下，从而对其提供保护。

静电防护器材大体上可分为两类，一是基于静电泄漏的原理，采用电阻率较低的静电导体或亚导体制作的各种防静电制品；另一种是基于静电中和原理，即采用各种静电消除器。如按照电子产品生产或使用中 ESD 源的类型，也可将静电防护器材划分为人体防静电系统、防静电建筑环境及防静电操作系统三大类。关于防静电器材的使用参见 6.5 节。

(2) 建立静电接地系统。

电子产品生产厂房的静电接地是泄漏静电工艺的重要环节，引入厂房内的静电接地线专供人体、设施、设备及各种工具、器具泄漏静电荷之用。静电接地的原理及基本概念已在前面章节专门介绍过，现仅结合电子工业实际再提出如下要点：

① 电子工业厂房的静电接地系统一般应单独设置，与其他接地系统分开。为此应单独开挖地线坑，埋设接地体，从接地体引入接地主干线到工作区，并在每层工作区构成子系统(例如，可沿墙壁设环扁钢或铝条接地带，其上安装接线柱，子系统可用接地线与主干线相连)，供工作区人体、设备、工装静电接地。

② 若实在无条件单独设置静电接地，可采用所谓“一点引出，电阻隔离”的方法，即从电源变电箱在地线处(此处至大地的接地电阻小于 4 Ω)引出电源零线的同时，在同一点经 1 MΩ电阻后再单独引出一根地线作为防静电接地的主干线，然后由此出发进行防静电系统的设计，如图 6.1 所示。接出的主干线以后应一直与电源严格分开，各走其道。

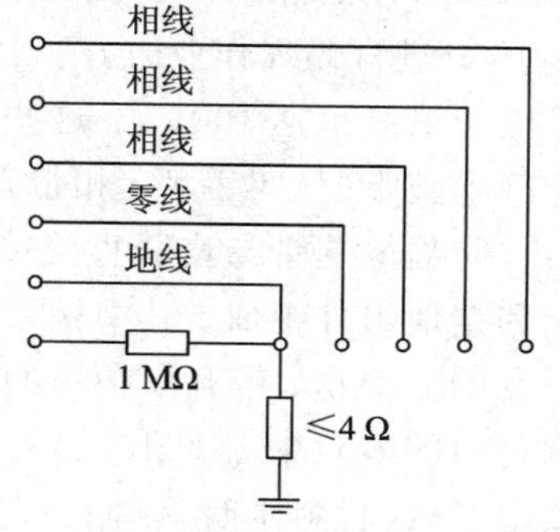

图 6.1　工频地线的使用

无论采用哪种情况的静电接地，都应注意：

a. 严禁将防静电接地地线与电源的零线接为一点。这种接法容易造成电源与防静电之间的干扰，特别是三相负载不平衡时，电源零线有电流存在，该电流可回流至静电接地的人体和设备、工装上，造成影响。特别是当电源相线与零线短路时，这种情况更危险。

b. 将电子线路的工作地、干线作为防静电接地线也是不允许的。

c. 静电接地干线与防雷接地干线间的距离应符合有关规定，防止雷电流反击。

d. 生产区内各物体应区别不同情况进行接地。凡落地式设备及烙铁、吸粉器等的外壳应实行硬接地；人体、台式设备、工作台垫必须软接地。

(3) 制定并实施严格的防静电操作规程。

管理人员应制定防静电操作规程，对相关人员进行教育和培训。在采购、运输、保管和工序流转过程中，相关人员应具有防静电知识，在装配、校验、检查、包装过程中，应在防静电环境下操作，操作人员应装备人体防静电系统和操作系统，严格按规程操作。

6.5　静电防护器材的应用

前已指出，电子产品的 ESD 防护方法可分为电子产品的 ESD 防护设计和构建电子产品的 ESD 防护环境两大类。前一种方法有很大的局限性，且有一定的被动性；后一种方法能主动地使敏感元器件、组件、整机在生产加工和使用过程中始终处于无 ESD 威胁的环境之中，因而是 ESD 防护最有效、最常用的方法。

构建电子产品的 ESD 防护环境有很多具体措施，其中最主要的措施是在电子产品的加工制造和使用过程中采用各种静电防护器件。按照电子产品生产或使用中 ESD 源的类型，可将静电防护器材划分为人体防静电系统、防静电操作系统及防静电建筑环境等几类。

6.5.1　人体防静电系统

人体防静电系统主要由防静电腕带、工作服、鞋袜等组成。必要时尚需辅以防静电的帽、手套或指套、围裙、脚套等。这种整体的防护系统兼具静电泄漏、中和与屏蔽的功能。

1. 防静电腕带

操作者皮肤上的静电是造成 ESD 损坏的最常见的原因。现场测试和有关资料表明，在未采取有效的静电防护措施的情况下，操作工手工插装印制板时，手上静电压为 140～360 V；进行锡焊作业时，手上静电压为 160～450 V；特别当操作者从坐椅上站起时，皮肤静电压最高可达 1000 V。这些都远远超过了所有静电敏感器件的安全电压值 100 V。而佩戴防静电腕带(又叫手环、扣带)是解决这一问题的有效方法。

防静电腕带与皮肤直接接触，是一种通过接地把人体皮肤静电导走的装置，它由松紧圈和接地组件组成。其中松紧圈可由多种导静电的复合材料制作，如镀银的单纤维和弹性尼龙的编织物、带有保护层的不锈钢的单纤维织物、碳浸渍的塑料软片等。一般说来，松紧圈材料的电阻率 $\rho_v < 10^2\ \Omega \cdot cm$。接地组件也是防静电腕带的重要组成部分，接地组件必须串联(或材料本身具有)一定数值的电阻，以保证操作者在意外情况下触及线电压时不致发生人身伤害事故。正确选用该电阻的数值是很关键的，其选用原则是：所串接的电阻一

方面应保证操作者触及线电压时流经人体的电流小于5 mA，另一方面又要保证人体静电能通过该电阻较快地泄放，使皮肤上积累的静电压小于100 V。经理论计算，串接电阻的阻值为$1.0\times10^{8}\ \Omega$，工程技术上的实用值为$1.0\times10^{6}\ \Omega$。

2. 防静电工作服

防静电工作服是指为防止服装的静电积累，以防静电织物为面料缝制的工作服。防静电织物是在纺织时，大致等间隔地或均匀地混入导电纤维或防静电合成纤维或两者混合交织而成的织物。导电纤维是指全部或部分使用金属或有机物的导电材料或亚导电材料制成的纤维的总称，其体积电阻率ρ_v介于$10^{4}\sim10^{9}\ \Omega\cdot cm$之间。按照导电成分在纤维中的分布情况又可将导电纤维分为导电成分均一型、导电成分覆盖型和导电成分复合型三类。目前，绝大部分防静电织物是采用导电纤维制作的，其中尤以导电成分复合型即复合纤维使用最多。

在化纤织物中加入导电纤维制成的防静电工作服，其消电是基于电荷的泄漏与中和两种机理。当接地时，织物上的静电除因导电纤维的电晕放电被中和之外，还可经由导电纤维向大地泄放；不接地时则借助于导电纤维微弱的电晕放电而消电。

实践表明，防静电工作服可有效地抑制服装静电，消除或减小ESD危害。表6.6是操作者穿不同工作服时人体带电的比较。

表 6.6　穿各种不同工作服时人体的静电压

工作服种类	内衣材料	人体静电压/V
棉工作服	合成纤维	3000
涤/棉工作服	涤/棉	3600
涤/棉工作服	合成纤维	2000
防静电工作服(涤/棉+1%不锈纤维)	涤/棉	1900
防静电工作服(涤/棉+1%不锈纤维)	合成纤维	380
防静电工作服(涤/棉+1%不锈纤维)	涤/棉	370
防静电工作服(诺梅克斯+1%不锈纤维)	涤/棉	120

国标《GB12014—2009 防静电服》对防静电服的主要技术要求见表6.7。

表 6.7　防静电工作服的防静电性能指标

性能参数	A级	B级	试验方法
带电量/(μC/件)	≤0.6	≤0.6	按GB12014—2009测试方法
耐洗涤时间/h	≥33.0	≥16.5	按GB12014—2009测试方法

对于制作防静电工作服的防静电面料也有一定要求。综合有关标准，防静电面料的分类及相应指标列于表6.8。

表 6.8　防静电面料的等级及性能指标

项目 \ 指标 \ 等级	A	B	C	D
表面电荷面密度/($\mu C/m^2$)	≤1.0	≤3.0	≤5.0	≤7.0
表面比电阻/Ω	$\leqslant 10^5$	$\leqslant 10^7$	$\leqslant 10^9$	$\leqslant 10^{11}$
静电半衰期/s	≤0.1	≤0.5	≤1.6	≤4.0
摩擦静电压/V	≤100	≤250	≤400	≤600

3. 防静电工作鞋

从将人体接地和为了防止人体和鞋子本身带电的角度考虑，在车间地坪做成导电性地面的同时，必须要求操作者穿用具有一定导电性能的防静电工作鞋，GB12014—2009 中也规定，防静电服必须与防静电鞋配套使用。

防静电工作鞋是指鞋底用电阻变化小的导电性物质制作的工作用皮鞋、布鞋、胶鞋、拖鞋等。鞋底是制作防静电鞋的关键材料，要求鞋底必须具有使人体通过鞋底与大地构成回路的材料和结构，以使人体产生的静电能向大地泄漏；同时还应使鞋垫成为静电泄漏的电气回路，至少在中底的一部分上应使用比表底电阻更小的材料，以形成人体与鞋的表底进行电气连接的结构。常用的鞋底材料是导电橡胶。

防静电胶底鞋的电阻应满足两方面的要求：一是能将人体接地和防止人体及鞋本身带电；二是保证操作者由于意外原因触及线电压时不致发生伤害事故。为此，一般规定防静电胶底鞋的电阻为 $1.0\times10^5\sim1.0\times10^8$ Ω。

表 6.9 给出了不同的鞋袜组合与人体带电的关系。可以看出，在减少人体静电方面，防静电鞋与任何袜子的组合均比一般的鞋袜组合要优越。

表 6.9　不同鞋袜组合与人体静电压的关系

鞋 \ 袜	赤脚	厚型尼龙袜	薄型毛袜	导电性袜子
普通胶底运动鞋	20.0kV	19.0kV	21.0kV	21.0kV
皮鞋(新)	5.0kV	8.5kV	7.0kV	6.0kV
防静电鞋(10^7 Ω)	4.0kV	5.5kV	5.0kV	6.0kV
防静电鞋(10^8 Ω)	2.0kV	4.0kV	3.0kV	3.5kV

4. 防静电工作帽、手套

在生产半导体和集成电路的洁净室以及高精密度电子产品的装联车间中，都要求操作者戴用防静电工作帽和手套(或指套)。它们可选用相应的防静电面料或防静电橡胶制作。

5. 防静电工作椅(凳)

为全面控制人体静电，操作者所坐的工作椅(凳)也必须是防静电的。椅(凳)面材料可选用防静电织物或防静电海绵、防静电软塑料片、胶板等，椅(凳)的支脚应当由金属材料或导电橡胶制作，以便在与防静电地面接触时能将静电荷顺畅地导入大地。

6.5.2　防静电操作系统

防静电操作系统是指在电子产品的生产操作过程中满足防静电要求的一切设施、设备、工具、器件和材料的总称。中国航天工业标准《QJ1950－90 防静电操作系统技术要求》把防静电操作系统定义为“根据防静电的要求，为建立保护面积和进行防护性操作所需配置的设施工具的统称”。这里的“保护面积”一词实际指的是一个立体空间区域，即一个旨在把 ESD 电压限制在标准所规定的静电敏感元器件的敏感电位以下，而建成的并装备必要的 ESD 保护材料和设备的一个特定区域，是一个人为创造的供静电防护操作使用的立体空间。

不同的标准、资料对防静电操作系统提出的配置要求不尽相同，综合各种情况，主要配置有以下 12 种。

1. 防静电台垫

在操作静电敏感元器件(SSD)时，工作台上应铺设用防静电材料制成的防静电台垫，使所有与之接触的 SSD 的端子、工具、器具、仪表、人体等都达到基本均一的电位，并通过适当接地使静电迅速泄放。通常是在台垫上装设若干接线端子，用以连接腕带，然后台垫通过 10^6 Ω 电阻接入静电接地干线。

制作防静电台垫的主要材料是防静电的橡胶、织物、金属丝编织物等。为使台垫既具有防静电性能，又具有良好的物理、化学性能，很多结构是多层的。防静电台垫种类甚多，兹列举以下几种。

(1) 单层结构型防静电橡胶台垫：是在橡胶材料中添加适量的炭黑、金属丝或导电纤维，使炭黑粒子等形成导电网络而导走静电。

(2) 三层结构型防静电橡胶台垫：其底层橡胶添加导电炭黑，中层添加导电纤维或直接用防静电织物，顶层添加防静电剂或导电粉末。

(3) 三层结构半导体材料台垫：底层是泡沫塑料或密实的海绵，中层是导电性织物用以接地，顶层则是既耐用又具有很低电阻率的半导体乙烯基材料。

(4) 双层防静电复合台垫：结构分上下两层，上层电阻率较大，下层电阻率较小；其材料可使用防(导)静电橡胶或塑料。

2. 防静电工作台

防静电工作台是一种适用于敏感元器件的装配、检验、测试和使用等操作过程的工作台。台面的基材一般采用三聚氰胺，内部添加导电性填充料，有的还添加阻燃剂，使台面具有防静电和阻燃的双重功能。比较高档的防静电工作台除主工作台外，还附设有照明、元件箱、工具抽筒等附属设施。

3. 防静电塑料包装袋

包装和储存静电敏感元器件、印制板以及半成品和成品的塑料包装袋具有高绝缘性，在与器件的塑料、陶瓷封装或印制板基板、塑料机壳相互摩擦时会产生很强的静电而造成 ESD 损害。为此，必须采用防静电包装袋。通常是在聚烯烃或聚氯乙烯(PVC)中填充炭黑或在聚合物内添加防静电剂，经吹塑制成防静电塑料薄膜，然后粘接成袋。

下面是几种常用的防静电塑料包装袋。

(1) 单面塑料包装袋：在聚烯烃(聚乙烯、聚丙烯)或聚氯乙烯中填充适量炭黑制作而成，使聚合物与炭黑粒子形成聚集体，为泄漏静电形成一个连续通道。由此制成的薄膜的体积电阻率可降至 10^5 Ω·cm。由于炭黑的添加量相当大，故薄膜呈全黑色，无法识别其中的盛放物，使用不方便。

(2) 双面塑料包装袋：由防静电塑料薄膜(是在聚合物内添加化学防静电剂制成的)与一厚度极薄(约为10nm)的金属外层复合而成。这种袋子既能泄放静电，又能起到静电屏蔽作用，由于金属膜极薄，故具有一定的透明性。

(3) 三层结构防静电包装袋：内层为防静电层，防止元器件在袋内摩擦积累静电；中间层为金属导电层，起屏蔽作用；最外层又是防静电层，防止袋子在储运过程中与外界介质摩擦积累静电。

化学反应法可以改善塑料膜包装袋的导电性能，使之在塑料薄膜表面形成牢固的金属化合物导电覆盖层。常用的金属化合物有锡、锑、铱的氧化物或铜、银、镍的硫化物或碘化物，其基本材料可以是PVC或PE等。化学反应法所得制品的导电层耐久性好，而且其防静电性能几乎不受空气湿度的影响。选用合适的配方和工艺可使塑料薄膜的表面电阻率达到 10^7 Ω/□。普通塑料包装袋经硫化剂处理后再用碱处理，可使其表面氧化或硫化进而获得防静电的效果。这主要是因为硫化剂中能电离的磺酸基等与高聚物表面发生化学键合后，可显著提高材料的亲水性，从而达到防静电的目的。这种方法适用于PE、聚酯类和苯乙烯共聚物薄膜的处理，例如将聚烯烃类薄膜经硫化剂处理后再用碱处理，可制成体积电阻率为 10^6 Ω·cm 的防静电制品，该方法突出的优点是完全不损坏包装袋的透明度。此外，目前国内外还正在研究采用表面物理改性法来赋予塑料制品一定的导电性能，如光辐射、超声波、表面处理、高频气体放电处理、热处理等，都呈现出良好的前景。

4. 防静电硬塑料容器

在电子产品的生产作业中，各工位、工序之间用于传递和暂时性储放静电敏感元器件和印制板的各种容器，如元件盒、含多个元件盒的元件架、能插放印制板的周转箱、周转架等一般都是硬塑料制品，使用较多的是ABS、PE、PP等材料，由于它们具有很高的电阻率(如ABS塑料的体积电阻率高达 10^{16}～10^{18} Ω·cm)，所以在使用中因接触—分离或摩擦会带上很强的静电，一般可达1～5kV或更高。为此，必须对普通塑料制品进行防静电处理或用防静电塑料容器代替普通制品。

赋予塑料制品一定导电性能的方法有以下几种。

1) 外部涂敷化学防静电剂

改善塑料导电性能的防静电剂一般均属表面活性剂(SSA)。其防静电机理是：利用分子的极化和亲水基吸附空气中微量水分的作用，在塑料制品表面形成极薄的单分子导电层而构成静电泄放通道。

外部涂敷法是将外部用防静电剂配成0.5%～2.0%浓度的溶液，然后用涂布、喷雾、浸渍等方法使之附着在塑料周转箱的表面。选择合适的防静电剂可使ABS塑料周转箱的表面电阻率下降5～8个数量级。但外部用防静电剂在使用中因摩擦等作用而逐渐脱落，同时表面吸附的分子层还有向内部迁移的趋势，致使其防静电性能逐渐降低或消失。近年来开发出了耐久型外部防静电剂，系高分子电解质和高分子表面活性剂，可以用通常方法涂布在塑料制品表面形成附着层。由于附着层与塑料有较强的附着力且坚韧，所以耐摩擦、耐热，也不会内部迁移，防静电性能持久。

外部防静电剂在使用时应与挥发性溶剂或水先配成 0.1%～0.2%的溶液，涂布前先对塑料盒、箱的表面进行预处理，即用水、醇或中性洗涤剂溶液将制品表面的污迹、尘埃等洗净，然后置于无尘室内在 50℃以下干燥，涂布时可用棉、毛刷等涂敷，也可用喷雾法。

2）内添加化学防静电剂

在塑料成型加工中将防静电剂添加到其中，在制品上会形成防静电剂分子表面浓度高而内部浓度低的分布。防静电剂表面活性越强，就越容易在表面形成强力的单分子层，也就是说，内添加防静电剂主要依靠它们在塑料制品表面的单分子导电层起作用。在使用、存放过程中，由于摩擦等原因也会导致表面防静电剂单分子层的缺损，但一段时间后，制品内部的防静电剂分子又会不断向表面迁移而使缺损的单分子层得到补充，因此防静电性能逐步得到恢复，这是与外部用防静电剂最大的不同之处。防静电性能恢复所需时间的长短取决于防静电剂分子的迁移速度和添加剂量，当然还与其他更复杂的因素有关。

选用适当的内添加型防静电剂，可使 ABS 塑料周转箱的表面电阻率降至 10^8～10^{11} Ω/□，防静电性能具有相当好的耐久性，且不影响制品的颜色和其他物理机械性能。

3）内添加炭黑

炭黑具有很低的电阻率，因此可作为防静电塑料制品的填充剂使用。例如，在 ABS 塑料元件盒或周转箱的加工成型时加入一定量炭黑可使制品表面电阻率降到 10^4～10^6 Ω/□或更低。目前我国电子工业中所用的防静电塑料储运器具大部分是内添加炭黑制成的。其存在问题是：为获得良好的防静电性能，所添加的炭黑量相当大，一般比例为 20%～30%或更高，这会降低塑料制品的物理机械性能；且制品呈现全黑色，使用不够方便。

目前正在进行用金属氧化物晶体或纳米导电材料作为添加物提高塑料导电性能的研究，具有很好的发展前景。

5. 防静电包装盒、条、管

防静电包装盒、条、管主要用于制造半导体元器件和集成电路的工厂对其产品出厂前的包装。这些包装品的材料仍为前述的防静电塑料膜或硬塑料制品。从功能上分，有分立电子元器件(其中又分小功率管、中功率管等多种)的包装盒，还有用于包装集成电路的各种包装条、管。由于集成电路的封装形式各异，即使对于同一形式的封装(如双列直插式)，其跨度也有大有小，故包装条、管的形状尺寸也各异，但一般均为加防静电剂的透明塑料制成。

6. 防静电物流车及物品存放架

物流车是用于周转元器件、半成品等的小车。其车体用金属或防静电塑料制作，车轮应采用导电橡胶制作，按结构不同分为箱式车和多层货架车。物品存放架用于储放元器件、印制板、半成品等，其框架和层板均需采用防静电材料制作，架脚要与防静电地坪保持电气上的导通。

7. 防静电维修包

在对含 SSD 的电子设备进行维修时，为防止 ESD 损害，现场维修人员应使用防静电的维修组件——防静电维修包。它包括一块可折叠的防静电地垫(尺寸通常为 610 mm×610 mm)、防静电腕带和接地导体。使用时，可利用被维修设备的金属机件作为“地”，将腕带和地垫接地后，维修者方可接触设备发生故障的组装件，把它放置于地垫上或转移至防静电安全工作区内进行修理。修理好的组装件重新装入设备中，也应在维修包上进行。

8. 防静电工具类

在电子设备的布线作业及元器件的锡焊中，使用最多的是操作简便、温度容易控制的电烙铁。虽然目前已有多种电气互连技术，但手工锡焊仍占很大的比重。为防止手工锡焊时工具带电产生的 ESD 危害，应采用防静电烙铁和防静电真空吸锡器。

1) 防静电烙铁

防静电烙铁应进行接地。烙铁的绝缘手柄上涂敷少量防静电液，为保证持续有效，每隔 2～3 个月应重涂一次。用烙铁焊接时最大的问题是多余电流(漏电流或称浪涌电流)流过元器件时引起的危害，例如 MOS 集成电路在这种情况下可能会发生栅氧化膜击穿或特性恶化。为防止漏电流的危害，一方面是提高烙铁头和电热丝间的绝缘电阻。按日本工业标准，焊接一般的 SSD，要求绝缘电阻在 10^7 Ω 以上，焊接 MOS 集成电路时要达到 10^8 Ω 以上。另一方面是要降低烙铁的供电电压，焊接 SSD 时一般采用 24 V 低压供电(也有用 36 V的)。烙铁头应有良好的接地。更为完善的做法是采用断电焊接，即为烙铁配备断电焊接控制器。如无此装置，可以给烙铁加装一个开关，但同时应再连一只发光二极管或氖灯泡。近年来国外开发出一种金属氧化物压敏电阻浪涌吸收器，可用于吸收烙铁及其他器件产生的操作过电压以保护元器件。

2) 防静电真空吸锡器

当拆卸印制板上的元器件特别是集成电路时，应使用防静电真空吸锡器。该产品由一台小型电动真空泵的主机体和一把专用吸锡烙铁组成。当拆卸元器件时，只需在焊点熔化后按动吸锡开关，气压差的作用就会使焊锡被吸入储锡罐之中。吸锡头的泄漏电阻一般为 10^5 Ω，吸锡器有良好接地，对 SSD 提供了静电防护。

9. 防静电设备类

1) 防静电清洗机

装配好的线路板清洗时，由于采用高绝缘溶液进行超声强化、气相、喷洗等过程，很容易使静敏器件如 CMOS 受到 ESD 损害。为此应使用防静电清洗机。有一种防静电清洗机配有一只专用筐，内部装有接地的导电纤维或导电织物，这实际上相当于一个自感应式消电器(原理详见第 5 章)，作为放电针的导电纤维靠近带电体时感应出较强的电场而发生电晕放电，电晕区内与带电体极性相反的离子向带电体趋近，并与之发生中和作用而消电。

2) 其他设备

电子产品加工制造中使用的所有落地式设备(如波峰焊机、贴片机等)必须实行硬接地；所有台式设备(如元器件成型机、手工插装机等)必须通过导电台垫实行软接地。对它们的基本要求是：这些设备的元器件或印制板的传送机构必须有可靠的静电泄漏点。

10. 离子风消电器

离子风消电器是一种能在较远距离起电中和作用的静电消除器，由高压直流电源、电晕放电器和送风系统组成。当高压施加到放电器针尖上时，附近空气发生电离，所产生的一种符号的离子被压缩空气送至较远处的带电体上进行电中和作用。其形式有台式、吊式、横条吸顶式等。

11. 杂品类

(1) 防静电贴墙布和贴墙纸：用于制造半导体元器件的洁净车间、精密电子产品的装联间。

(2) 防静电窗帘：用防静电布料制作，用于洁净车间、精密电子产品的装联车间及计算机房。

(3) 防静电清洗液：用于清洗波峰焊的印制板。

(4) 防静电毛刷：用于擦拭波峰焊的印制板。

(5) 防静电海绵：用于插装携带 SSD 或用来作为 SSD 的包装衬垫。

(6) 防静电胶带纸：波峰焊前用来粘贴印制板上的有关部位。

(7) 防静电胶液：用于防静电胶板之间的粘接或防静电胶板与水泥地面的粘接，也可用作表面涂料。

(8) 防静电涂料(漆)：用于绝缘物体的表面防静电处理，如烙铁手柄的处理。

12. 温、湿度调节装置

通过调节使工作区内的温度和相对湿度控制在有关标准规定的范围内。

6.5.3　防静电建筑环境

防静电建筑环境是指电子产品生产和使用场地中满足防静电要求的地面、墙壁、天花板、门窗等建筑设施，最主要的是防静电地坪。

1. 防静电地坪

为有效地使人体静电能通过地坪泄漏于大地，除操作人员穿防静电服、防静电鞋外，其先决条件是地坪必须具有一定的导电性能，即是防静电的。这种防静电地坪也能泄漏设备、工装上的静电及移动操作时不宜使用腕带的人体静电。

普通地坪材料的电阻率都较高，难以泄放人体、工装、设备上的静电。表 6.10 是各种地坪材料的泄漏电阻。

表 6.10　各种地坪的泄漏电阻

地坪材料名称	泄漏电阻/Ω	地坪材料名称	泄漏电阻/Ω
石材	$10^4 \sim 10^9$	沥青	$10^{11} \sim 10^{13}$
混凝土	$10^5 \sim 10^{10}$	聚氯乙烯(贴面)	$10^{12} \sim 10^{15}$
一般涂刷地面	$10^9 \sim 10^{12}$	导电性水磨石	$10^5 \sim 10^7$
橡胶	$10^9 \sim 10^{13}$	导电性橡胶	$10^4 \sim 10^8$
木、木胶合板	$10^{10} \sim 10^{13}$	导电性聚氯乙烯	$10^7 \sim 10^{11}$

各种地坪材料的导电性能可用材料的体积电阻率或表面电阻率表征，也可用静电半衰期表征。现场测量时一般用表面电阻和系统电阻表征。防静电地坪就是用电阻率较低的材料制作的、具有一定导电性能的地坪。其防静电性能参数的确定也是依据两个原则：既要保证在较短的时间内放电至SSD的安全电压100 V，又要保证操作人员的安全。一般说来，地坪材料的电阻率越低，地坪及置于其上的导体越不容易带电。但在被绝缘的导体(包括人体)带电的情况下，地坪电阻率越低反而越容易发生静电放电。此外，地坪导电性能过于好时(如将设备、机器直接放在大的金属板上)，则很容易因噪声而导致各种危害。综合考虑以上因素，电子工业厂房的电阻应调节在合适的范围内，通常这个范围是体积电阻率为 $10^6 \sim 10^9$ Ω·cm，表面电阻率为 $10^5 \sim 10^8$ Ω/□，表面电阻(又称极间电阻)为 $10^5 \sim 10^{10}$ Ω，系统电阻(又称板对地电阻) 为 $10^4 \sim 10^9$ Ω。

电子和通信产业中常用的防静电地坪种类有防静电板材地面、防静电现浇地面、防静电活动地板等。防静电地坪在铺装时一般都需要在找平层中设置金属的接地网，使之良好接地，然后在找平层上进行防静电面层的施工。不同的面层添加的导电材料是不同的，但一般都是无机导电材料，以保持地坪防静电性能的耐久性。

1) 防静电板材地面

防静电板材地面是在橡胶或塑料等高分子材料中加入炭黑、金属粉或防静电剂，通过充分混合、密炼塑化，再经过压延、冲切而成为具有一定形状、尺寸的板材；然后铺设在基层地面上成为防静电地坪。其中最典型的两种板材是防静电橡胶板和防静电聚氯乙烯贴面板，分别将它们铺装在基层地面上就形成防静电橡胶地坪和防静电 PVC 地坪。

防静电橡胶板的铺装方法有浮铺和粘贴两种。浮铺是将 5～10 mm 厚的胶板直接铺设于地面。其优点是灵活、方便，缺点是胶板接缝处和下面易积聚灰尘。粘贴法是将胶板用导电胶液粘贴于地面上。需要注意的是，如被铺设的基层地面是木板或沥青等绝缘地面，则铺设胶板前必须先在地面上贴铜片或铝片，并使之接地，然后把胶板铺装其上。对于水磨石类非绝缘地面，可不用金属片直接铺装胶板。

防静电 PVC 地坪的铺装程序较为复杂，需要经过基层处理、接地系统安装、胶水配制、PVC 贴面板的铺贴、清洗等工序。

2) 防静电现浇地面

目前广泛使用的防静电现浇地面，多数是将一般树脂与各导电性物质通过分散复合、层积复合或形成表面导电膜等方式构成的。其中又以导电填料分散复合法用得较多，这种方法又分为防静电剂型和添加型，前者是树脂中添加化学防静电剂，后者是添加炭黑、金属粉等填料。还有一类现浇地面是将导电性填料直接与水泥、砂子、石子等常规建筑材料按一定比例混合、搅拌后作为防静电面层，这类地坪叫防静电水磨石地坪。另外，也可直接在基层地面上涂刷防静电涂料。以下就几种主要的现浇地面作简单介绍。

(1) 防静电不饱和树脂地面：是在各种不饱和树脂中加入导电填料，以降低其电阻率，可使体积电阻率下降到 $10^5 \sim 10^7$ Ω·cm。这种地坪的优点是质轻、色浅、施工简便、耐酸碱；缺点是耐水性差。

(2) 防静电聚氨酯地面：在地面施工时所用材料系一种双组分、黏稠状的物质，其中 A 组分为聚氨酯预聚体，B 组分是由固化剂、填充剂等组成的复合物。施工时，将 A、B 两组分按一定比例混合并搅拌均匀，即可涂刷在基层地面，24 小时后地面基本固化，5～7 天后充分固化并投入使用。该地坪的电阻率为 10^5～10^8 Ω·cm。其优点是与基层地面黏结力强，耐酸、碱、水等。

(3) 防静电环氧树脂地面：由于环氧树脂具有耐久性和高冲击强度，所以制成的地面不易磨损、割裂和剥离。

(4) 涂刷防静电涂料的地面：在原地面上涂刷一层导静电、耐高温、低灰尘、阻燃的涂料，颜色包括无色、白色或彩色，一般用醇酸树脂或环氧树脂制成。

(5) 防静电水磨石地面：是将一种无机导电粉与颜料按水泥重量配比混合均匀后加入水泥、砂子、石子浆中，搅拌均匀后作为导电面层而制成的一种地面。该地面的铺设一般要经过清理基层、敷设导电网、找平层施工、镶嵌分格条、导电面层施工、磨光等工序。

需要指出，无论是何种防静电现浇地面，均须在地面下部铺设导电网络，并将其连接至接地导体上。防静电现浇地面由于是现场浇注和自然流平，所以地面无接缝，平整光滑，特别适用于洁净度要求较高的场合。

3) 防静电活动地板

防静电活动地板是由小块防静电地板粘接在金属活动支架上，按一定图案镶拼而成的防静电地坪。就防静电地板块的材料而言，可以分为金属的以及复合贴面的。金属板块的抗静电性能好、强度高、阻燃；但抗震性差、导热快、行走不舒适且成本高。复合贴面板块使用较普遍，其中又可分为橡胶、塑料、地毯贴面等数种。

这种地板的防静电机理是基于各种地板块，如防静电橡胶板、防静电塑料板或防静电地毯的防静电性能。静电泄放的路线是防静电贴面→支架→大地。地板块靠支架支撑，支架能调节上下高度以保证各板块在同一水平面上。目前国内使用的支架一般有活动式联网支架、固定式联网支架及无梁式支架等三种。

防静电活动地板的优点是防静电效果好、美观，地板与支架底面间形成的空间可用来自由铺设连接各种管、线或作为空调的静压送风、回风空间。防静电活动地板常用于计算机房和程控交换机房。

2. 防静电墙面

由于工作间的墙面与人体、工件、气流等的摩擦、碰撞，使用塑料壁纸或高绝缘涂料涂刷的墙面，其上也容易产生较高的静电电压并难以泄漏。为此，在电子产品生产和使用的场所应采用防静电墙面，该墙面主要是指使用防静电涂料、防静电贴面或防静电壁布、壁纸等并与适当的接地系统相配合的墙面。

3. 防静电门

防静电门是指在门的把手和门体上附加软接地系统的专用门，当带电人体通过该门时可使人体静电缓慢泄漏，既避免了人体遭受静电电击，又使人在进入工作间前泄漏了静电。

6.6 电子产品制造过程中的静电防护工程设计

电子产品生产过程的静电防护就是静电防护计划的实施过程，它是由一个或数个静电工程支持的。因此，电子产品生产过程的静电控制是一个系统工程。这个系统工程以静电技术标准作为依据，以工程设计为硬件，以静电防护的各项管理要求为软件来衡量防静电性能的好坏。

6.6.1 系统工程的基本程序

电子产品生产过程中的静电防护作为一项系统工程，其基本程序如下：

静电分析→产品的静电防护性能设计→静电放电控制工程计划→制订管理条例→建立静电安全作业区(点)→制订静电防护守则→静电工程的实施→工程竣工验收→全员培训→安全区启用→考核。

6.6.2 系统工程的主要内容

1. 静电分析

静电分析是制订企业静电防护计划和进行静电放电控制工程设计的重要阶段。静电分析包括对产品进行的分析和对企业环境静电场(源)的分析。

1) 产品分析的内容

(1) 对SSD及由SSD构成的产品进行分类、分级，列出清单，划出分布区，统计SSD的流量、流向及库存周转情况。

(2) 对产品电路进行分析，凡器件栅信号输入端处理以及源极、漏极处理均应处于合理状态。

(3) 对产品结构中可能存在的静电互联或感应状况作出分析处理。

(4) 对成套设备在实际使用中可能存在的静电互联或感应状态作出分析处理。

(5) 对产品的测量或试验设备在使用中本身的静电放电或静电防护要求作出分析和处理。

2) 环境静电场(源)的分析内容

(1) 将SSD(或含有SSD的产品)的生产、存储、流经场(点)中可能存在的静电源(包括感应静电场)的范围、大小、性质、存在时间等主要数据列入静电档案。

(2) 对SSD(或含有SSD的产品)的生产作业环境和存放库房的温度、湿度及其年变化状况进行统计分析，找出规律与恶劣点。

(3) 对企业在产品变更中有可能存在的静电源应作出正确估计。

(4) 对企业在大环境变更中有可能造成的静电源及时作出分析。

2. 产品的静电防护性能综合设计

首先应指出，此处的综合设计不同于6.4节中电子产品的ESD防护设计，那里主要是对 ESD 保护电路的设计，而产品的静电防护性能综合设计则包括系统设计、电路设计、结构设计、包装设计和工艺设计等。

1）设计文件

(1) 在电路原理图或逻辑图中，对于已采用了输入端保护网络同时进行了直接接地的 SSD，应在规定位置标出静电警示符号。

(2) 对涉及 SSD 的明细表、装焊图、外购件汇总表、调试检验说明、物资器材清单等文件应在规定位置标出静电警示符号，提醒操作者、管理人员、采购人员注意并作为妥善保护静电敏感器件的依据。

(3) 在产品技术说明、维修指南或安装操作说明的有关部位要作出静电警示标记，避免 SSD 产品处于非保护状态。

(4) 包装设计图纸的有关部位也要作出特别标记。

2）工艺文件

静电防护是电子产品生产过程的重要环节，防静电工艺是电子装联工艺的主要内容之一，静电防护的工艺文件是基本文件。

静电防护的基本工艺文件主要有：企业静电防护的专业工艺规程、静电安全作业区(点)的操作卡、检验卡及静电作业岗位的器件配置明细表等。与之呼应的工艺文件有：装配卡、工艺控制流程图、工艺文件目录、计量器具明细表及其他生产技术文件。

静电防护的基本文件及其呼应文件中的有关条款都是企业进行静电安全管理的技术法规，具有同等重要的地位。

(1) 工艺文件目录及其他相关文件中，在有关静电防护的文件和防静电条款的明显位置应标注防静电符号，以提醒使用人员注意。

(2) 在静电防护的专业工艺规程和防静电守则等专业文件的封面或首页应标注静电警示符号。

(3) 结合新建、扩建、技术改造采取相应的技术措施，一次性完成静电防护的整套设施建设，涉及的施工安装图必须明确技术要求，竣工时必须作为工程验收条件之一。

(4) 静电工程的配置器材应该是定点厂生产的，以确保静电防护的效果。

(5) 工艺文件中涉及防静电的检查、测试条款时，应明确仪器、设备的防静电要求，有时也需要指定仪器、设备。

(6) 静电防护的生产技术文件包含对所使用的静电控制防护器材的检查和测试文件。

3）标准化

制订和贯彻执行 ESD 控制的标准，积极推行有关静电防护的国外先进标准。对设计文件、工艺文件进行标准化审查时，涉及的防静电条款应重点予以审查。

3. 静电工程的设计、施工与验收

1）工程设计的内容

(1) 根据生产环境分析资料和产品的静电防护特性，确定静电控制方案及防护途径。

(2) 依据工艺方法及要求选择静电防护器材和静电监测与测试仪器，分别列出分类清单和器材管理方案，并推荐生产厂家。“清单”一般包含器材名称、规格、数量、价格、生产厂家，并注明主要技术参数；静电防护器材、静电监测与测试仪器的管理方案中，应明确类别和分项明细表，规定归口管理部门，使静电器材的供应与管理正常化。

静电工程设计是一条安全作业生产线(作业点)或一个静电机房的全方位立体化设计，绝不仅仅是“地板”或“桌垫”的设计。它应包含环境设计，安全门泄放效应设计，墙壁、窗户、地面的防静电设计，人体静电效应设计，工件、工具、设备、仪器的消静电设计及SSD与含SSD的产品的静电保护设计。凡需要防静电的电子产品都必须进行防静电工程设计，避免因某个环节的失误而导致损失，甚至造成前功尽弃的严重后果。

2) 工程验收

防静电工程的竣工验收一般要达到如下标准：

(1) 静电安全作业区或生产线应具有明显的静电区域界线和静电警示符号标记；

(2) 经验收测量，工程所有项目应满足防静电指标；

(3) 工程安装全部满足图纸要求；

(4) 具有静电防护监控手段；

(5) 工程工艺性好，操作方便；

(6) 技术方法和实施指导文件完整且具有可执行性；

(7) 操作和管理人员经培训考核合格；

(8) 具有管理条例。

4. 静电防护管理

企业产品生产过程中的静电防护绝不是临时性的突击工作或权宜之计，它是厂长领导下的重要工作环节。静电防护的计划、技术、物料、资金、资料等均应纳入企业的正规管理渠道。

静电防护的设计、工艺文件应纳入企业科技档案管理；防静电条例、制度等也应纳入企业有关管理档案。

企业的静电管理条例主要包括下列文件：

(1) 静电控制方面的企业标准；

(2) 静电防护守则；

(3) 关于静电防护职能的规定；

(4) 静电防护器材的供应与管理方法。

5. 全员培训与考核

企业静电防护的全员培训主要指以下对象：

(1) 新进厂工作的职工；

(2) 第一次接触及操作静电敏感器件或产品的某些工序的人员；

(3) 与SSD有关的采购、设计、操作及管理人员；

(4) 可能进入静电安全作业区的电器、仪器、设备等的维修人员及其他人员。

凡参加培训的人员都必须经考核合格后才可上岗。静电安全培训的内容根据培训对象的不同而有所区别，企业可参照表6.11组织进行。

表 6.11　企业 ESD 培训指南

培训人员	培训大纲										
	静电原理与静电危害	器件损坏与失效分析	静电防护途径与方法	防静电器材分类与性能	产品的静电防护设计	静电工程设计	环境分析技术	地线知识	防静电守则	静电敏感产品的包装与运输	企业静电防护计划
工艺人员	·	·	·	·	·	·	·	·	·	·	·
设计人员	·	·	·		·				·	·	·
管理人员	·								·		·
采购、物管人员		·		·					·	·	·
操作、检验人员	·	·		·					·	·	·
现场安装维修人员	·			·			·	·	·		·
其他涉及人员	·								·		·

思　考　题

1. 电子产品的 ESD 危害有哪几类？ESD 对元器件击穿的机理有哪些？

2. 什么是 SSD 及其静电敏感度？ESD 源与 SSD 或含 SSD 设备的耦合途径有哪些？

3. 电子产品的 ESD 防护设计分为哪几类？在元器件上加装保护电路的做法有哪些局限？

参考文献

[1] 菅义夫. 静电手册[M].《静电手册》翻译组，译. 北京：科学出版社，1983.

[2] 日本劳动省产业安全研究所. 静电安全指南[M]. 吉林化学工业公司设计院，劳动部劳动保护局，译. 北京：劳动出版社，1983.

[3] 马峰，霍善发，公崇江. 静电灾害防护[M]. 西安：陕西科学技术出版社，1997.

[4] 马峰，杨定君. 纺织静电[M]. 西安：陕西科学技术出版社，1991.

[5] 鲍重光. 电子工业防静电危害[M]. 北京：北京理工大学出版社，1987.

[6] 刘尚和. 静电理论与防护[M]. 北京：兵器工业出版社，1999.

[7] 鲍重光. 现代静电技术[M]. 北京：万国学术出版社，1988.

[8] 孙可平，宋广成. 工业静电[M]. 北京：中国石化出版社，1994.

[9] 彭力. 石油化工企业安全管理必读[M]. 北京：石油工业出版社，2004.

[10] 李翰如. 电介质物质导论[M]. 成都：成都科技大学出版社，1990.

[11] 丘军林. 气体电子学[M]. 武汉：华中理工大学出版社，1990.

[12] 蔡祖泉，陈大华. 实用霓虹灯技术[M]. 广州：华南理工大学出版社，1994.